多轴加工技术

宫　丽◎主　编
胡　宇◎副主编
秦世俊◎主　审

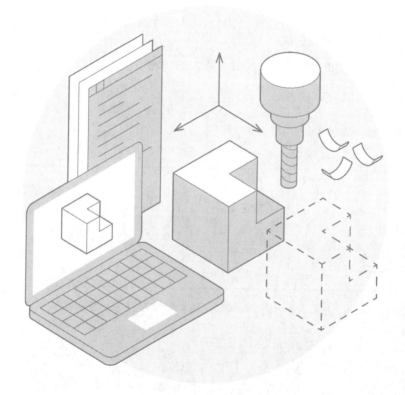

中国铁道出版社有限公司
CHINA RAILWAY PUBLISHING HOUSE CO., LTD.

内容简介

　　本书是哈尔滨职业技术学院中国特色高水平高职项目建设成果之一，依据高等职业院校数控技术及相关专业人才培养目标和定位要求，紧密对接多轴数控加工"1+X"证书的技术标准和考核标准，以多轴数控加工编程工作过程为导向构建学习领域课程架构，主要包括四轴数控编程、五轴数控编程、车铣复合加工等3个学习情境，凸轮的四轴数控编程、连接总成的四轴数控编程、叶片的四轴数控编程、模具的五轴数控编程、叶轮的五轴数控编程、叶轮轴的五轴数控编程、定位件的车铣复合加工、回转轴的车铣复合加工、航空件的车铣复合加工共9个任务。

　　本书适合作为高等职业院校数控技术等相关专业教材，属于国家职业教育倡导使用的新型活页式教材。本书也可作为多轴数控加工"1+X"证书职业技能培训教材及从事多轴数控加工、数控车削加工、数控铣削加工的企业技术人员参考书。

图书在版编目（CIP）数据

多轴加工技术 / 宫丽主编 . —北京：中国铁道出版社
有限公司，2024.1
中国特色高水平高职学校项目建设成果
ISBN 978-7-113-30659-5

Ⅰ. ①多… Ⅱ. ①宫… Ⅲ. ①数控机床 - 加工 - 高等
职业教育 - 教材 Ⅳ. ① TG659

中国国家版本馆 CIP 数据核字（2023）第 206340 号

书　　名：	多轴加工技术	
作　　者：	宫　丽	
策　　划：	祁　云　何红艳	
责任编辑：	何红艳	编辑部电话：（010）63560043
封面设计：	刘　莎	
责任校对：	安海燕	
责任印制：	樊启鹏	

出版发行：中国铁道出版社有限公司（100054，北京市西城区右安门西街8号）
网　　址：http://www.tdpress.com/51eds/
印　　刷：北京联兴盛业印刷股份有限公司
版　　次：2024年1月第1版　2024年1月第1次印刷
开　　本：787 mm×1 092 mm　1/16　印张：15.25　字数：380 千
书　　号：ISBN 978-7-113-30659-5
定　　价：66.00 元

编写说明

中国特色高水平高职学校和专业建设计划（简称"双高计划"）是我国教育部、财政部为建设一批引领改革、支撑发展、中国特色、世界水平的高等职业学校和骨干专业（群）的重大决策建设工程。哈尔滨职业技术学院（以下简称"学院"）入选"双高计划"建设单位，对学院中国特色高水平学校建设进行顶层设计，编制了站位高端、理念领先的建设方案和任务书，并扎实地开展人才培养高地、特色专业群、高水平师资队伍与校企合作等项目建设，借鉴国际先进的教育教学理念，开发中国特色、国际标准的专业标准与规范，深入推动"三教改革"，组建模块化教学创新团队，实施"课程思政"，开展"课堂革命"，出版校企双元开发活页式、工作手册式、新形态的教材。为适应智能时代先进教学手段应用，学校加大优质在线资源的建设，丰富教材的载体，为开发以工作过程为导向的优质特色教材奠定基础。

按照教育部印发的《职业院校教材管理办法》要求，教材编写总体思路是：依据学校双高建设方案中教材建设规划、国家相关专业教学标准、专业相关职业标准及职业技能等级标准，服务学生成长成才和就业创业，以立德树人为根本任务，融入课程思政，对接相关产业发展需求，将企业应用的新技术、新工艺和新规范融入教材之中。教材编写遵循技术技能人才成长规律和学生认知特点，适应相关专业人才培养模式创新和优化课程体系的需要，注重以真实生产项目、典型工作任务、生产流程及典型工作案例等为载体开发教材内容体系，理论与实践有机融合，满足"做中学、做中教"的需要。

本系列教材是哈尔滨职业技术学院中国特色高水平高职学校项目建设的重要成果之一，也是哈尔滨职业技术学院教材改革和教法改革成效的集中体现。教材体例新颖，具有以下特色：

第一，教材研发团队组建创新。按照学校教材建设统一要求，遴选教学经验丰富、课程改革成效突出的专业教师担任主编，邀请相关企业作为联合建设单位，形成了一支学校、行业、企业和教育领域高水平专业人才参与的开发团队，共同参与教材编写。

第二，教材内容整体构建创新。精准对接国家专业教学标准、职业标准、职业技能等级标准，确定教材内容体系，参照行业企业标准，有机融入新技术、新工艺、新规范，构建基于职业岗位工作需要的体现真实工作任务、流程的内容体系。

第三，教材编写模式形式创新。与课程改革相配套，按照"工作过程系统化""项目＋任务式""任务驱动式""CDIO 式"四类课程改革需要设计四种教材编写模式，创新新形态、活页式或工作手册式教材三种编写形式。

第四，教材编写实施载体创新。依据专业教学标准和人才培养方案要求，在深入企业调研岗位工作任务和职业能力分析基础上，按照"做中学、做中教"的编写思路，以企业典型工作任务为载体进行教学内容设计，将企业真实工作任务、真实业务流程、真实生产过程纳入教材之中，并开发了与教学内容配套的教学资源，以满足教师线上线下混合式教学的需要。本套教材配套资源同时在相关平台上线，可随时下载相应资源，也可满足学生在线自主学习的需要。

第五，教材评价体系构建创新。从培养学生良好的职业道德、综合职业能力、创新创业能力出发，设计并构建评价体系，注重过程考核和学生、教师、企业、行业、社会参与的多元评价，在学生技能评价上借助社会评价组织的"1+X"考核评价标准和成绩认定结果进行学分认定，每部教材根据专业特点设计了综合评价标准。

为确保教材质量，哈尔滨职业技术学院组建了中国特色高水平高职学校项目建设成果系列教材编审委员会。教材编审委员会由职业教育专家组成，同时聘用企业技术专家指导。学校组织了专业与课程专题研究组，对教材编写持续进行培训、指导、回访等跟踪服务，有常态化质量监控机制，能够为修订完善教材提供稳定支持，确保教材的质量。

本系列教材是在国家骨干高职院校教材开发的基础上，经过几轮修改，融入课程思政内容和课堂革命理念，既具教学积累之深厚，又具教学改革之创新，凝聚了校企合作编写团队的集体智慧。本套教材充分展示了课程改革成果，力争为更好地推进中国特色高水平高职学校和专业建设及课程改革做出积极贡献！

哈尔滨职业技术学院中国特色高水平

高职学校项目建设成果系列教材编审委员会

2021 年 8 月

前　言

"多轴加工技术"是高等职业院校数控技术专业的核心课程之一，同时也是当前数控加工领域的前沿技术。本教材是哈尔滨职业技术学院中国特色高水平高职学校项目建设成果，根据高等职业院校数控技术专业的人才培养目标，按照高等职业院校教学改革和课程改革的要求，深入企业调研，确定工作任务，明确课程目标，制定课程标准，以学生为中心，以立德树人为根本，以实用为标准，以能力培养为主线，校企合作，深入挖掘课程思政元素，共同进行课程的开发和设计。

对接多轴数控加工"1+X"证书的技术标准和考核标准，选择常用四轴、五轴和车铣复合加工技术的核心编程能力分别设计四轴数控编程、五轴数控编程和车铣复合加工等3个学习情境。学习情境1通过凸轮、连接总成和叶片的四轴数控编程任务，引导学生体会螺旋曲面零件的加工工艺和编程方法；学习情境2通过模具、叶轮和叶轮轴的五轴数控编程任务，强化学生复杂曲面零件的数控编程能力；学习情境3通过定位件、回转轴和航空件的车铣复合加工任务，固化学生复杂零件的数控编程思维。

本教材具体特色如下：

1. 融通岗课赛证实现教材内容创新

教材根据装备制造产业升级的人才需求，对接企业多轴数控机床操作员和工艺员岗位，校企合作开发多轴加工技术课程，融入全国职业院校技能大赛多轴数控加工技术赛项规程，融入多轴数控加工"1+X"职业技能等级证书标准，创新设计课程框架、创新制定教学目标、创新编写工作任务内容。

2. 采用新型活页实现教材形式创新

教材采用新型活页式装订，可拆解、可组合，便于因材施教。教材引入企业的新技术、新工艺和新规范，制作最新技术的知识点，动态更新数字化教学资源，便于教师灵活组织教学。

3. 融入思政元素实现教材内涵创新

教材立足装备制造产业的文化内涵，注重大国工匠精神品质的引领作用，引入工匠精神的内容和案例，融入教材的数字化资源中，包括教学工单9套、微课18个、教学课件30个、任务源文件9个、课后作业源文件9个、操作视频资源18个等。做到润物无声，既培养学生专业的职业能力，又塑造学生良好的职业精神。

　　本教材由哈尔滨职业技术学院官丽担任主编，哈尔滨电机厂有限责任公司胡宇担任副主编，参加编写的还有哈尔滨职业技术学院郝双双、王微微、张志朋，黑龙江科技大学高志强。具体编写分工如下：官丽负责制订编写提纲、统稿工作，并编写学习情境2的任务1、任务2、任务3和学习情境3的任务2；胡宇负责任务书的实践性和科学性审核工作；郝双双负责编写学习情境3的任务1和任务3；王微微负责编写学习情境1的任务1和任务3；张志朋负责编写学习情境1的任务2；高志强负责开发数字化资源及其审核工作。

　　本教材由哈尔滨飞机工业集团有限责任公司秦世俊主审，他给予各位编者提出了很多专业技术性修改建议。同时，特别感谢哈尔滨职业技术学院教材编审委员会领导给予教材编写的指导和大力帮助。

　　在编写本教材的过程中，我们参考、引用和改编了国内外出版物中的相关资料以及网络资源，在此对这些资料的作者表示诚挚的谢意。

　　尽管我们在探索职业教育特色教材的建设方面有了一定的突破，但限于水平，教材中仍可能存在疏漏之处，恳请广大读者和同仁提出宝贵意见，以便修订时改进。

编　者

2024 年 1 月

目　录

学习情境 ①

四轴数控编程

学习指南

【情境导入】

某发电设备制造公司的工艺部接到一项水力发电设备的生产任务，其中部分零件结构有螺旋曲面或者侧面凸起和凹槽，精度要求较高。工艺员需要根据零件图纸，研讨并制定数控加工工艺规程和工艺文件，编程员选用四轴数控机床、编程软件等，完成"凸轮""连接总成""叶片"等零件的四轴数控加工程序的编写和仿真加工，达到图纸要求的加工精度等要求。

● 视频

课程简介

【学习目标】

知识目标

（1）描述常用四轴数控机床的应用场景；

（2）列举机械加工工艺手册的查阅内容；

（3）编制四轴数控加工工艺的工艺文件；

（4）应用 UG 软件可变轮廓铣的数控编程方法和仿真加工方法。

能力目标

（1）能根据零件加工要求，查阅手册，制定四轴加工工艺方案；

（2）会使用 UG 软件进行四轴数控加工编程，生成刀路；

（3）会根据刀路仿真结果，优化刀路并后处理生成数控程序。

素质目标

（1）树立成本意识、质量意识、创新意识，养成勇于担当、团队合作的职业素养；

（2）初步养成工匠精神、劳动精神、劳模精神，以劳树德，以劳增智，以劳创新。

【工作任务】

任务 1	凸轮的四轴数控编程	参考学时：课内 4 学时（课外 4 学时）
任务 2	连接总成的四轴数控编程	参考学时：课内 4 学时（课外 4 学时）
任务 3	叶片的四轴数控编程	参考学时：课内 8 学时（课外 4 学时）

【"1+X"证书标准要求】

对接《多轴数控加工职业技能等级证书》标准，选取四轴数控编程相关要求如下：

（1）能根据机械制图国家标准，读懂零件图纸，分析零件的加工要求；

（2）能使用 CAD 软件，运用绘图方法和技巧，绘制符合机械制图国家标准的零件图；

（3）能使用机械加工工艺手册，执行四轴数控加工工艺规程，完成加工工艺的分析；

（4）能根据零件加工特点及任务要求，使用 CAD/CAM 软件完成四轴数控定向加工编程。

任务1　凸轮的四轴数控编程

任务工单

学习情境 1	四轴数控编程		任务 1	凸轮的四轴数控编程
任务学时			课内 4 学时（课外 4 学时）	
布置任务				
工作目标	（1）根据凸轮零件的螺旋槽结构特点，合理选择四轴加工机床； （2）根据凸轮零件螺旋槽的加工要求，制定凸轮零件的加工工艺文件； （3）使用 UG 软件，完成凸轮的四轴数控编程，生成合理的刀路； （4）使用 UG 软件，完成仿真加工，检验刀路是否正确合理			
任务描述	凸轮是凸轮机构的核心零件，某发电设备制造公司工艺部接到凸轮的生产任务，根据设计员设计的凸轮零件三维造型；工艺员查询机械加工工艺手册关于螺旋槽加工工艺信息，合理规划凸轮零件的加工工艺路线，制定加工工艺方案；编程员编制加工工艺文件，使用 UG 软件创建可变轴轮廓铣工序，设置必要的加工参数、生成刀具路径、检验刀具路径是否正确合理，并对操作过程中存在的问题进行研讨和交流，通过相应的后处理生成数控加工程序，并仿真加工			
学时安排	资讯	计划	决策	实施	检查	评价
	1 学时	0.5 学时	0.5 学时	1 学时	0.5 学时	0.5 学时
任务准备	（1）凸轮零件图纸； （2）电子教案、课程标准、多媒体课件、教学演示视频及其他共享数字资源； （3）凸轮模型； （4）游标卡尺等工具和量具				
对学生学习及成果的要求	（1）学生具备凸轮零件图的识读能力； （2）严格遵守实训基地各项管理规章制度； （3）对比凸轮零件三维模型与零件图，分析结构是否正确，尺寸是否准确； （4）每名同学均能按照学习导图自主学习，并完成课前自学的问题训练和自学自测； （5）严格遵守课堂纪律，学习态度认真、端正，能够正确评价自己和同学在本任务中的素质表现； （6）每位同学必须积极参与小组工作，承担加工工艺制定、数控编程、程序校验等工作，做到能够积极主动不推诿，能够与小组成员合作完成任务； （7）每位同学均需独立或在小组同学的帮助下完成任务工单、加工工艺文件、数控编程文件、仿真加工视频等，并提请检查、签认，对提出的建议或有错误务必及时修改； （8）每组必须完成任务工单，并提请教师进行小组评价，小组成员分享小组评价分数或等级； （9）每名同学均完成任务反思，以小组为单位提交				

学习笔记

学习导图

任务 1　凸轮的四轴数控编程

思政案例：
世界技能大赛
金牌选手成长
之路，自然流有
了努力的方向，
目标，坚心中有

知识点

- 数控加工专业术语 —— 问题1：多轴数控机床中"多轴"的含义是什么？
- 四轴数控机床
  - 问题1：多轴联动是指什么？
  - 问题2：四轴数控转台有哪些类型？
  - 问题3：数控转台的作用是什么？
- 数控编程流程
  - 问题1：四轴数控机床的应用场景有哪些？
  - 问题2：数控编程流程分为哪几步？
- 可变轴轮廓铣
  - 问题1：UG软件加工模块常有哪些加工模板？
  - 问题2：可变轴轮廓铣常用于铣削哪些结构？
  - 问题3：驱动方法有哪些？
  - 刀轴设置有哪些？

技能点

- 比较常用四轴数控机床的优缺点
- 绘制数控编程流程图
- 查询机械加工工艺手册制定凸轮的加工工艺方案
- 使用UG软件对可变轴轮廓铣进行凸轮的数控编程
- 仿真加工凸轮的数控加工过程，检查刀路是否合理

素质思政融入点

- 通过搜索常用四轴数控机床信息，引导学生思考"自主研发，民族自强"的重要性
- 通过小组讨论凸轮的加工工艺方案，树立学生良好的成本意识、质量意识、创新意识
- 通过凸轮数控编程实际操作练习，养成精益求精的工匠精神，热爱劳动的劳动精神

课前自学

视频

数控编程专业术语

文本

多轴数控加工专业术语

知识点 1   数控编程专业术语

一、数控机床专业术语

1. 数控机床

按加工要求预先编制的程序，由控制系统发出数字信息指令对工件进行加工的机床。[GB/T 6477—2008，《金属切削机床　术语》，定义 2.1.26]

2. 多轴数控机床

按加工要求预先编制的程序，由控制系统发出数字信息指令，通过驱动空间坐标系中 4~5 个坐标轴的联合运动对工件进行多轴定向或联动加工的机床。

3. 多轴联动

机床控制系统发出数字信息指令驱动空间坐标系中 4~5 个坐标轴产生各轴之间进行多轴插补运算的协调运动，从而在一台数控机床上实现多个运动坐标轴（包括直线坐标和旋转坐标）同时进行的切削运动。

4. 轴数

机床控制系统发出数字信息指令驱动空间坐标系中实现加工切削运动的坐标进给轴数量。

二、加工工艺专业术语

1. 数控加工

根据被加工零件图样和工艺要求，编制成以数码表示的程序输入到机床的数控装置或控制计算机中，以控制工件和工具的相对运动，使之加工出合格零件的方法。[GB/T 4863—2008，《机械制造工艺基本术语》，定义 3.1.29]

2. 铣削

用旋转的铣刀在工件上切削各种表面或沟槽的方法。[GB/T 6477—2008，《金属切削机床　术语》，定义 4.4.1]

3. 计算机辅助设计

计算机辅助设计是利用电子计算机的高速处理大容量存储和图形功能来辅助产品设计的技术，英文缩写 CAD。广义地说，CAD 是指一切利用计算机辅助进行的设计和分析工作。[GB/T 18726—2011，《现代设计工程集成技术的软件接口规范》，定义 3.3]

4. 计算机辅助制造

计算机辅助制造是利用电子计算机的高速处理和大容量存储功能辅助产品生产制造的技术，英文缩写 CAM。广义地说，CAM 是指一切由计算机直接或间接控制的产品生产制造过程。[GB/T 18726—2011，《现代设计工程集成技术的软件接口规范》，定义 3.5]

知识点 2   四轴数控机床

常见四轴数控机床主要有四轴卧式加工中心和四轴立式加工中心，它们具有不同的机械结构和不同的加工特点。

一、四轴数控机床的类型

1. 四轴卧式加工中心

四轴卧式加工中心是在三个直线轴的基础上增加一个绕 Y 轴旋转的 B 轴，该机床与立式加工中心相比，结构复杂，占地面积大，价格高，适用于加工结构复杂的箱体类零件，如减速器箱体、多级复合泵体等。其加工特点是通常用于箱体、支架类零件加工，主要加工大、中型零件。卧式加工中心一般带有交换工作台、大容量刀库，便于复杂零件的批量加工，减少加工辅助时间。

2. 四轴立式加工中心

四轴立式加工中心是在三个直线轴的基础上增加一个绕 X 轴旋转的 A 轴，这种类型的机床结构紧凑，占地面积小，成本低，适用于加工旋转工件、蜗轮和齿轮等机械构件。其加工特点是通常由三轴加工中心附加回转工作台组成，可使用尾座顶尖，用于轴类零件的铣削。立式加工中心的刀库容量一般不超过 30 把，常用于小型零件、细长零件的铣削。

3. 数控转台

数控转台的主轴上有定位轴孔、径向 T 形槽及固定螺孔，因此，在数控转台上可以与车床主轴一样装配卡盘。其机床常用装夹方案与车床装夹方式相同，主要有五种方式：三爪自定心卡盘、四爪单动卡盘、卡盘与顶尖、双卡盘、专用夹具。

常见的数控转台主要有谐波减速机数控转台（见图 1-1-1）、电动机直驱数控转台（见图 1-1-2）、滚子凸轮数控转台（见图 1-1-3）和蜗轮蜗杆数控转台（见图 1-1-4）等。数控转台转速较低，但定位准确。数控转台工作时，利用主机的控制系统或专门的控制系统，完成与主机相协调和分度回转运动。

● 视 频

四轴数控机床的操作1

● 视 频

四轴数控机床的操作2

● 文 本

四轴数控机床

图 1-1-1　谐波减速机数控转台　　　　图 1-1-2　电动机直驱数控转台

图 1-1-3　滚子凸轮数控转台　　　图 1-1-4　蜗轮蜗杆数控转台

二、四轴数控机床的特点

1. 适应性强

四轴数控机床适合加工单件或小批量复杂工件。数控机床能够加工很多普通机床难以加工或根本不可能加工的复杂型面的零件，高速数控雕铣机如螺旋桨。这是由于数控机床具有多轴联动的功能，刀具能够按空间曲线轨迹运动。因此，数控机床首先在航空航天等领域获得应用，在复杂曲面的模具、螺旋桨及蜗轮叶片的加工中，也得到了广泛应用。

在数控机床上改变加工零件时，只需要改变相应的加工程序，就可以实现对新零件的加工，而不需要制造或更换许多工具和夹具，也不需要重新调整机床等。所以，数控机床特别适合单件、小批量及试产新产品的零件加工。

2. 加工精度高

高速钻攻机的传动件，特别是滚珠丝杠，制造精度很高，装配时消除了传动间隙，并采用了提高刚度的措施，因而传动精度很高。数控机床导轨采用滚动导轨，减少了摩擦阻力，消除了低速爬行。在闭环、半闭环伺服系统中，装有精度很高的位置检测元件，并随时把位置误差反馈给计算机，使之能够及时地进行误差校正，因而使数控机床获得很高的加工精度。数控机床的加工过程完全是自动进行的，这就消除了操作者人为产生的误差，使同一批零件的尺寸一致性好，加工质量十分稳定。

3. 生产率高

零件加工所需时间包括机动时间和辅助时间。数控机床能有效地减少这两部分时间。数控机床主轴转速和刀具进给速度的调速范围都比普通机床的范围大，机床刚性好。快速移动和停止采用了加速、减速措施，因而既能提高空行程运动速度，又能保证定位精度，有效地降低了机动时间。

由于数控机床定位精度高，停机检测次数减少，加工准备时间也因采用通用工具夹具而缩短，因而降低了辅助时间。据统计，数控机床的生产率比普通机床高 2~3 倍，在加工某些复杂零件时，数控机床的生产率可提高十几倍或几十倍。

减轻劳动强度，改善劳动条件。数控机床主要是自动加工，能自动换刀、开关切削液、自动变速等，其大部分操作无须人工完成，因而改善了劳动条件。由于操作失误减少，也降低了废品率和次品率。

【国之利器】

查一查 中国自主研发世界最大齿轮数控加工设备，有哪些世界之最？有哪些技术优势？主要用途是什么？

文本

数控编程流程

知识点 3   数控编程流程

由于多轴数控加工零件的结构相对复杂，多数使用 CAD/CAM 软件辅助进行自动编程。这里使用 UG 软件辅助编程。编程的一般流程主要分为以下五个步骤。

第 1 步：打开模型（或者创建零件模型）并进行工艺规划。制定数控加工工艺文件，明确工件的材料、尺寸、精度等要求，确定加工方法、加工工序、加工顺序和装夹方式，选择刀具，拟定各项加工参数。

第2步：进入加工环境。选择加工模板（见表1-1-1），例如车削加工模板、2D加工模板、3D加工模板、多轴加工模板、多轴叶片模板等。

表 1-1-1　常用的加工模板

名　称	说　明
mill_planar	2D加工：用于平面铣加工，主要有面铣和平面铣
mill_contour	3D加工：用于实体或片体加工，主要类型有型腔铣、深度加工轮廓铣、区域铣等
mill_multi-axis	多轴加工：用于四轴或五轴机床的加工，主要类型有可变轮廓铣、可变流线铣等
mill_multi_blade	叶片加工：用于多轴铣叶片加工
hole_making	镗孔加工：用于工件中精度要求比较高的孔加工
turning	车削加工：用于对回转体工件加工

第3步：设置各项参数，包括创建几何体、创建刀具、创建程序、定义加工方法、创建工序等命令内部的具体参数。

第4步：生成刀具路径，进行加工仿真。如果仿真过程中出现碰撞、过切等刀具路径不合理情况，需要多次返回第三步，修改部分参数，重新生成刀具路径并加工仿真，直至刀具路径合理。

第5步：利用后处理器生成数控程序。选择适当的后处理器，生成数控机床可以识别的 NC 代码文件。将这些数控程序传输到数控机床，即可进行真实的数控加工。

一、加工环境

加工环境包括多种数控机床加工类型，选择相应的数控机床加工类型，进入与其匹配的加工操作界面。单击【应用模块】→【加工】选项，或按【Ctrl+Alt+M】组合键，弹出【加工环境】对话框，常用的加工模板见表1-1-1，选择适当的模板后，单击【确定】按钮，进入加工环境。

二、创建几何体

几何体需要定义要加工的几何对象，几何对象一般包括机床坐标系、工件几何体、切削区域、检查几何体、修剪几何体等，并指定零件几何体在数控机床上的机床坐标系（MCS）。单击【菜单】→【插入】→【几何体】选项，弹出【创建几何体】对话框，几何体子类型见表1-1-2。

1. 创建机床坐标系

在创建加工操作前，应首先创建机床坐标系，并检查机床坐标系与参考坐标系的位置和方向是否正确，要尽可能地将参考坐标系、机床坐标系、绝对坐标系统一到同一位置。其次是设置安全平面，避免在创建每一工序时都设置避让参数，一般选取模型的表面或者直接选择基准面作为参考平面，然后设定安全平面相对于所选平面的距离。

表 1-1-2　几何体子类型

选项区域	说　明	
类型	常用类型有：mill_planar、mill_contour、mill_multi-axis、mill_multi_blade、hole_making、turning 等	
几何体子类型	MCS	MCS 机床坐标系：使用此选项可以建立 MCS（机床坐标系）和 RCS（参考坐标系）、设置安全距离和下限平面以及避让参数等
		WORKPIECE 工件几何体：用于定义部件几何体、毛坯几何体、检查几何体和部件的偏置。它通常位于"MCS_MILL"父级组下，只关联"MCS_MILL"中指定的坐标系、安全平面、下限平面和避让等
		MILL_AREA 切削区域几何体：使用此选项可以定义部件、检查、切削区域、壁和修剪等。切削区域也可以在以后的创建工序对话框中指定
		MILL_BND 边界几何体：使用此选项可以指定部件边界、毛坯边界、检查边界、修剪边界和底平面几何体。一般表面区域铣削、3D 轮廓加工和清根切削等操作中会用到此选项
	A	MILL_TEXT 文字加工几何体：使用此选项可以指定 planar_text 和 contour_text 工序中的雕刻文本
位置	GEOMETRY/MCS/WORKPIECE：新的几何体的创建位置	
名称	名称可以使用默认的几何体名称或者创建新名称	

创建机床坐标系的操作方法是：在【创建几何体】对话框中，【几何体子类型】选择【机床坐标系】选项，【位置】区域选择【MCS】选项，单击【确定】按钮，弹出【MCS】对话框，如图 1-1-5 所示。这里一般需要设置【机床坐标系】和【安全设置】两个选项区域参数。

（1）【机床坐标系】选项区域：机床坐标系即加工坐标系，它是所有刀路轨迹输出点坐标值的基准，刀路轨迹中所有点的数据都是根据机床坐标系生成的。在一个零件的加工工艺中，可能会创建多个机床坐标系，但在每个工序中只能选择一个机床坐标系。软件默认的机床坐标系定位在绝对坐标系的位置。

（2）【安全设置】选项区域：包括【安全设置选项】和【安全距离】两项。【安全设置选项】下拉列表中，根据实际情况选择平面或者圆柱面，输入安全距离值，即可完成安全设置。

2. 创建工件几何体

工件几何体包括部件几何体、毛坯几何体和检查几何体。在【创建几何体】对话框中，【几何体子类型】选择【工件几何体】选项，【位置】区域选择【WORKPIECE】选项，单击【确定】按钮，弹出【工件】对话框，如图 1-1-6 所示，常用选项的含义如下：

【指定部件】选项：需要定义加工完成后的几何体，即最终的零件。它可以控制刀具的切削深度和活动范围，可以通过设置选择过滤器来选择特征、几何体（实体、面、曲线）和小平面体来定义部件几何体。

【指定毛坯】选项：需要定义将要加工的毛坯，可以设置选择过滤器来选择特征、几何体（实体、面、曲线）以及偏置部件几何体来定义毛坯几何体。

【指定检查】选项：需要定义刀具在切削过程中要避让的几何体，如夹具和其他已加工过的重要表面。

【部件偏置】文本框：用于设置在零件实体模型上增加或减去指定的厚度值。正的偏置值在零件上增加指定的厚度，负的偏置值在零件上减去指定的厚度。

图 1-1-5　MCS 对话框

图 1-1-6　工件对话框

三、创建刀具

创建刀具主要设置刀具的类型和合理的刀具参数或从刀具库中选取合适的刀具。单击【菜单】→【插入】→【刀具】选项，弹出【创建刀具】对话框，常用铣削刀具子类型见表 1-1-3。

表 1-1-3　常用铣削刀具子类型

选项区域	说　　明	
类型	常 用 类 型 有：mill_planar、mill_contour、mill_multi-axis、mill_multi_blade、hole_making、turning 等	
几何体子类型		立铣刀：在大多数加工中均可以使用这种刀具
		倒斜铣刀：带有倒斜角的端铣刀
		球头铣刀：多用于曲面以及圆角处的加工
		球形铣刀：多用于曲面以及圆角处的加工
		T 形键槽铣刀：多用于键槽加工
		桶形铣刀：多用于平面和腔槽的加工
位置	GENERIC MACHINE：新的刀具创建位置	
名称	名称可以使用默认的刀具名称或者创建新名称	

四、创建加工方法

零件加工过程一般分为粗加工、半精加工、精加工等加工步骤，而它们的主要差异在于加工后残留在工件上余量和表面粗糙度不同。需要对加工余量、几何体的内外公差和进给速度等选项进行设置，来控制加工残留余量。一般通过双击加工方法视图中的加工方法（见表 1-1-4），设置加工余量、几何体的内外公差和进给速度等参数。

表 1-1-4　定义加工方法

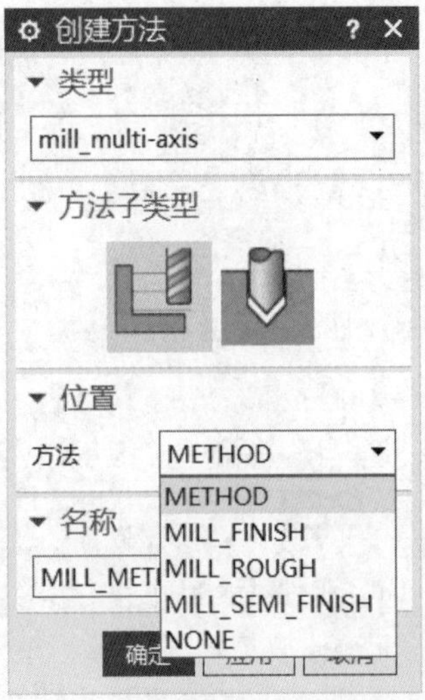

图示	选项区域	说　明
	类型	常用类型有：mill_planar、mill_contour、mill_multi-axis、mill_multi_blade、hole_making、turning 等
	方法子类型	DRILL_METHOD 钻孔粗加工 MILL_METHOD 铣削半精加工清根
	位置	METHOD：清根加工方法 MILL_FINISH：铣削精加工方法 MILL_ROUGH：铣削粗加工方法 MILL_SEMI_FINISH：铣削半精加工方法
	名称	名称可以使用默认方法名称或者创建新名称

五、创建工序

创建工序是数控编程中最重要的一个步骤。设置工序的类型、合理的工序参数和生成刀路轨迹。单击【菜单】→【插入】→【工序】选项，弹出【创建工序】对话框，见表 1-1-5。

表 1-1-5　创建工序对话框

图示	选项区域	说　明
	类型	常用类型有：mill_planar、mill_contour、mill_multi-axis、mill_multi_blade、hole_making、turning 等
	子类型	不同的工序类型有不同的常用子类型
	位置	（1）程序：选择默认的 PROGRAM，或者已创建的程序。 （2）刀具：选择已创建的刀具。 （3）几何体：选择创建的几何体。 （4）方法：选择常用的 MILL_ROUGH（粗加工）、MILL_FINISH（精加工）、MILL_SEMI_FINISH（半精加工）、MILL_METHOD（清根加工）
	名称	名称可以使用默认工序名称或者创建新名称

六、生成刀路轨迹并确认

刀路轨迹是指在图形对话框中显示已生成的刀具运动路径。刀路确认是指对毛坯进行去除材料的动态模拟仿真加工。任意一个工序对话框的参数设置成功后，单击【生成】按钮，可以生成刀路轨迹。单击【确认】按钮，打开【刀轨可视化】对话框，如图 1-1-7 所示，一般选择【3D 动态】选项卡，单击【播放】按钮，在绘图区中动态显示刀具切除工件材料的过程。此模式以三维实体方式仿真刀具的切削过程，非常直观，并且播放时允许用户在图形对话框中通过放大、缩小、旋转、移动等功能显示细节部分。

七、后处理

用户可以利用软件提供的后处理刀具路径，从而生成数控机床能够识别的 NC 程序。在工序导航器中选中一个工序后，右击工序，在弹出的快捷菜单中选择【后处理】选项，弹出【后处理】对话框，如图 1-1-8 所示，选择相应的后处理器，【单位】选择【公制 / 部件】选项，单击【确定】按钮，弹出一个信息文件，由字母、数字和一些符号组成，即加工代码文件。

图 1-1-7　刀轨可视化对话框

图 1-1-8　后处理对话框

八、工序导航器

工序导航器通过选择显示不同类型的视图，如程序顺序视图、机床视图、几何视图和加工方法视图等，见表 1-1-6，方便快捷地设置操作参数，从而提高工作效率。程序顺序视图显示程序组和所有工序，可以快速查找工序。机床视图显示所选用的刀具和所有工序，可以迅速查找刀具信息。几何视图显示所有坐标系和工件，可以设置坐标系、安全平面、部件和毛坯等参数。加工方法视图显示四类常用的加工方法，可以设置进给率、主轴转速和部件余量等。

多轴铣削
工序

可变轮轮
廓铣

表 1-1-6　工序导航器

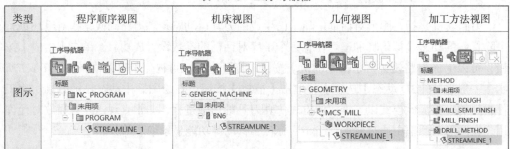

类型	程序顺序视图	机床视图	几何视图	加工方法视图
图示				

知识点4　可变轴轮廓铣

多轴联动数控加工编程最常用的加工工序是可变轴轮廓铣（简称"可变轮廓铣"）。可变轴轮廓铣沿部件轮廓切削，可以精确地控制刀轴和矢量投影使刀具沿着非常复杂的曲面运动。这是一种典型的多轴加工方法，它与普通的三轴加工不同之处在于，三轴加工的刀轴一般都是固定的，而可变轴轮廓铣的刀轴则是变化的。

单击【插入】→【工序】选项，弹出【创建工序】对话框，如图 1-1-9 所示，【类型】选择【mill_multi-axis】选项，【工序子类型】选择可变轮廓铣，设置工序的位置和名称后，单击【确定】按钮进入【可变轮廓铣】对话框。在【可变轮廓铣】对话框中常用的节点有【主要】【轴和避让】【进给率和速度】【策略】等。

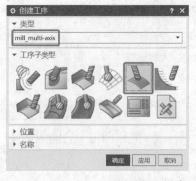

图 1-1-9　创建可变轮廓铣工序

一、【主要】节点的参数设置

1. 【主要】选项区域的参数设置

【主要】选项区域参数如图 1-1-10 所示。【刀具】选项指定当前工序使用的刀具。【指定部件】选项用于指定需要加工的区域，该区域可以是部件几何体中的几个重要部分，也可以是整个部件几何体。【指定切削区域】选项一般指定几何体或特征以创建本工序要加工的切削区域。一般可以通过选择"曲面区域""片体""面"进行定义。【部件余量】选项用于指定加工后遗留的材料量。

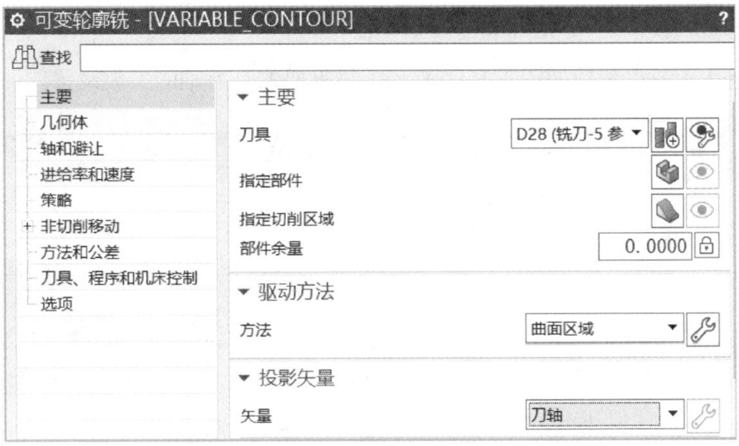

图 1-1-10　可变轮廓铣工序主要节点参数

2.【驱动方法】选项区域的参数设置

【驱动方法】用于定义创建刀轨所需的驱动点。有些驱动方法允许沿一条曲线创建一串驱动点，有些驱动方法允许在边界内或在所选曲面上创建驱动点阵列。如何选择合适的驱动方法，是由待加工表面的形状和复杂性以及刀轴和投影矢量要求决定。

可变轮廓铣工序常用的驱动方法见表 1-1-7，主要有曲线/点、曲面区域、流线、外形轮廓铣等。每一种驱动方法的参数设置各不相同，可以根据待加工表面的形状进行合理选择。

表 1-1-7　可变轮廓铣工序常用的驱动方法

	类型	说　　明
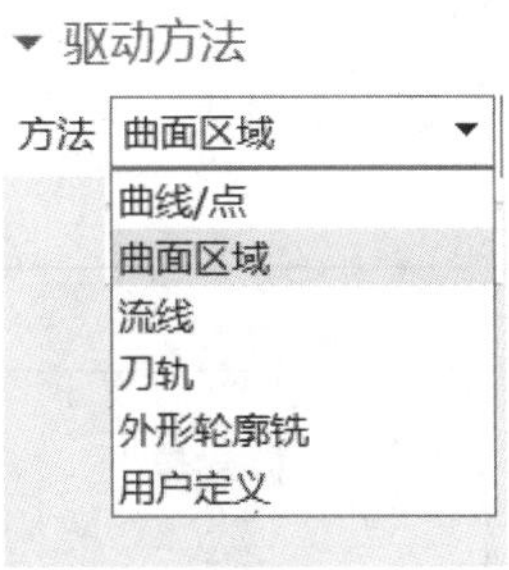	曲线/点	选择曲线时，可沿所选曲线和边生成驱动点。曲线可以是开放的或封闭的、连续的或非连续的、平面的或非平面的。选择点时，会沿指定点之间的线段创建驱动刀轨
	曲面区域	创建一个位于"驱动曲面"栅格内的驱动点阵列，适用于加工需要可变刀轴的复杂曲面
	流线	根据选中的几何体构建隐式驱动面。流线可以灵活地创建刀轨，规则面栅格无须进行整齐排列
	外形轮廓铣	外形轮廓铣驱动方法可使用刀具侧面来加工倾斜壁。选择底面后，软件可以查找所有限定底面的壁，经常调整刀轴以获得光顺刀轨；在凹角处，刀具侧面与两个相邻壁相切；在凸角处，添加一个半径并绕着它滚动刀具，以使刀轴与各个拐角壁保持相切

3.【投影矢量】选项区域的参数设置

投影矢量是大多数驱动方法的公共选项。可以确定驱动点投影到部件表面的方式，以及刀具接触部件表面的哪一侧。可用的【投影矢量】选项将根据使用的驱动方法而变化。常用的投影矢量方法有指定矢量、刀轴、远离点、朝向点、远离直线、朝向直线、垂直驱动体、朝向驱动体、刀轴向上等。选择投影矢量时应注意避免出现投影矢量平行于刀轴矢量或垂直于部件表面法向的情况。这些情况可能引起刀轨的竖直波动。

二、【轴和避让】节点的参数设置

【轴和避让】节点参数如图 1-1-11 所示，最重要的是刀轴的参数设置。

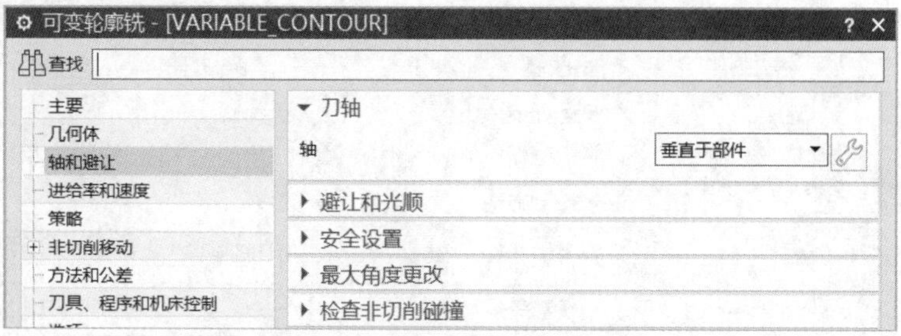

图 1-1-11　可变轮廓铣工序轴和避让节点参数

1.【刀轴】选项区域的参数设置

常用的刀轴设置方法主要有：远离点，朝向点，远离直线，朝向直线，相对矢量，垂直于部件，相对于部件，四轴、垂直于部件，四轴、相对于部件，双四轴在部件上，插补矢量，优化后驱动，垂直于驱动体，侧刃驱动，相对于驱动体，四轴、垂直于驱动体，四轴、相对于驱动体，双四轴在驱动体上等。

2.【避让和刀轴光顺】选项区域的参数设置

【避让和刀轴光顺】选项区域用于消除刀轨中的碰撞和过切，包括无、退刀、侧倾／退刀、报告碰撞等 4 个选项。【无】选项是禁用碰撞检查。【退刀】选项是启用碰撞检查。自动修剪刀轨，然后退刀以避免碰撞。【侧倾／退刀】选项是启用碰撞检查。自动修剪刀轨且刀具侧倾，然后退刀以避免碰撞。【报告碰撞】选项是启用碰撞检查。如果软件检测到碰撞，则会显示过切报告，并且用户可以决定如何更正碰撞。如果软件检测不到碰撞，则不会显示过切报告。

3.【安全设置】选项区域的参数设置

【安全设置】选项区域用于确保与几何体保持安全距离，具体参数含义见表 1-1-8。

表 1-1-8　安全设置选项区域参数含义

参　　数	说　　明	图　　例
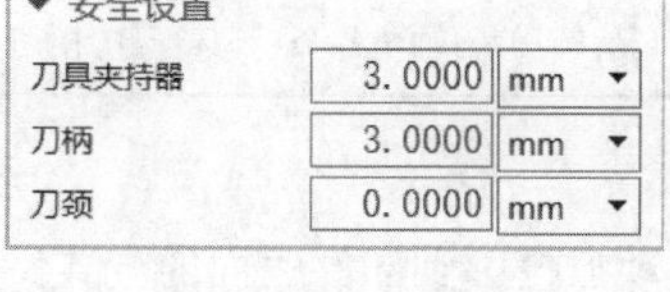 刀具夹持器	用于定义与刀具夹持器之间的安全距离	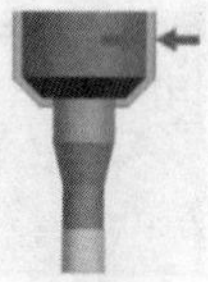
刀柄	用于定义与刀柄的安全距离	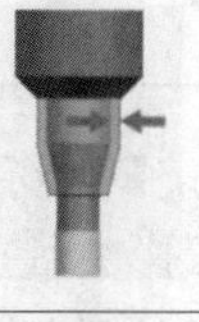
刀颈	用于定义与刀颈的安全距离	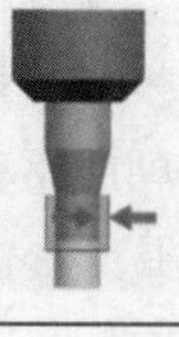

4．【最大角度更改】选项区域的参数设置

【最大角度更改】选项区域用于设置刀轴角度更改的范围，具体参数含义见表 1-1-9。

表 1-1-9　最大角度更改选项区域参数含义

	参　数		说　明	图　例
	最大刀轴更改		可以控制由曲面法向小距离突然更改引起的刀轴重大更改。指定一个值来限制可允许的刀轴角度更改，以度为单位	
	方法	每一步长	限制允许的刀轴角度变化，以度／切削步长为单位。小的每一步长值可产生更平滑的刀轴运动，从而产生更光滑的精加工曲面。但如果值太小，则可能导致刀具在一个区域驻留过久	
最大角度更改 最大刀轴更改　180.0000 方法　每一步长 □在凸角处抬刀 最小刀轴更改　45.0000		每分钟	刀轴选项为插补时不可用。限制刀轴的允许角速率，以度／分钟为单位	
	在凸角处抬刀		不勾选时，在凸角处不执行退刀／转移／进刀	
			勾选时，执行退刀／转移／进刀序列以重定位刀具。任何所需的刀轴调整都将在转移运动过程中进行	
	最小刀轴更改		指定在凸角处触发抬刀所需的刀轴最小角度更改（以度为单位）	

5．【检查非切削碰撞】选项区域的参数设置

【检查非切削碰撞】选项区域用于允许或防止非切削组件的碰撞检查，具体参数含义见表 1-1-10。

表 1-1-10　检查非切削碰撞选项区域参数含义

	参　数	说　明	图　例
检查非切削碰撞 □检查非切削碰撞	不勾选	关闭碰撞检查。如果关闭此选项，则软件将允许过切的进刀、退刀和移刀移动	
	勾选	检测与部件和检查几何体的碰撞。所有适用的余量和安全距离都添加到部件和检查几何体中用于碰撞检查。NX 始终会尝试后备移动，以便在原移动过切时，避免碰撞。如果不能进行无过切移刀运动，则会发出警告	

三、【进给率和速度】节点的参数设置

可变轮廓铣工序【进给率和速度】节点参数如图 1-1-12 所示，用于定义刀轨的进给率和主轴速度。

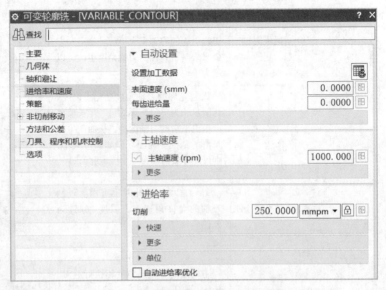

图 1-1-12   可变轮廓铣工序进给率和速度节点参数

1.【自动设置】选项区域的参数设置

【自动设置】选项区域中【设置加工数据】选项是使用加工数据库中的数据自动设置进给率、主轴速度、切削深度和步进距离。【表面速度】用于指定切削刀尖在部件表面或内部移动的速度。【每齿进给量】用于指定每齿移除的材料量。齿运动取决于主轴转速和刀具进给率。

2.【主轴速度】选项区域的参数设置

【主轴速度】选项用于指定刀具的旋转速度。

3.【进给率】选项区域的参数设置

【进给率】选项区域的【切削】选项用于设置刀具与部件几何体接触时的刀具运动进给率。【快速】仅适用于刀轨中下一个 GOTO 点和 CLSF。后续的移动使用上一个指定的进给率。【更多】可以设置指定的切削进给百分比，还可以为除第一刀切削和步距之外的所有选项指定快速移动。【单位】选项可更改所有切削和非切削运动类型的单位设置。【自动进给率优化】选项可以进一步优化进给率的相关参数。

四、【策略】节点的参数设置

可变轮廓铣工序【策略】节点参数如图 1-1-13 所示，用于定义刀轨的切削过程。

1.【多重深度】选项区域的参数设置

【多重深度】是通过逐渐地趋向部件几何体进行加工，一次加工一个切削层，来移除一定量的材料，具体参数含义见表 1-1-11。

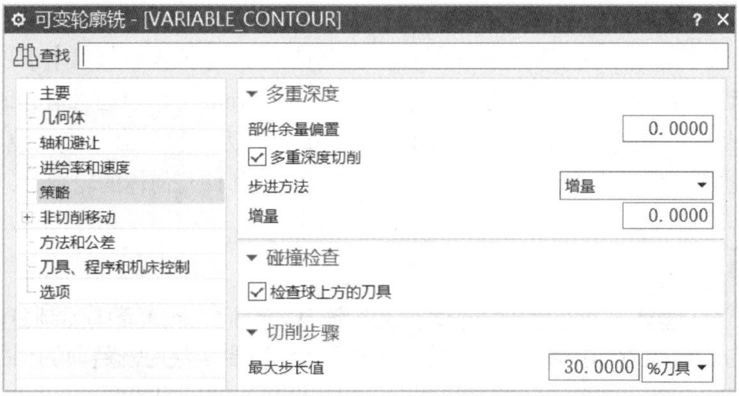

图 1-1-13　可变轮廓铣工序策略节点参数

表 1-1-11　多重深度选项区域参数含义

序号	参　数	说　　明	图　例
1	部件余量偏置	指定添加到部件余量中的附加余量，此值必须大于或等于零。用于定义安全包络，以在移刀运动期间对刀具和刀具夹持器进行碰撞检查。确定非切削运动的进刀或退刀距离。定义使用多重深度切削选项时刀具开始切削的位置	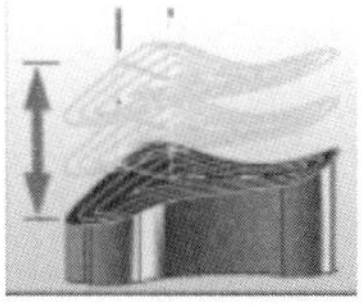
2	多重深度切削	不勾选时，停用多重深度切削。驱动几何体上仅生成一条刀轨	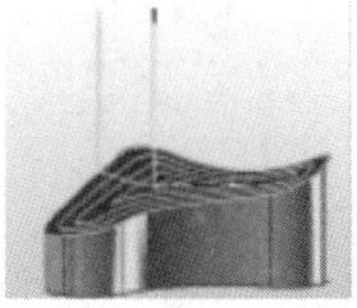
		勾选时，激活多重深度切削。使用指定的部件几何体生成工序的多重切削深度。使用指定的部件几何体生成工序的多重切削深度。没有指定部件几何体时，驱动几何体上仅生成一个刀轨	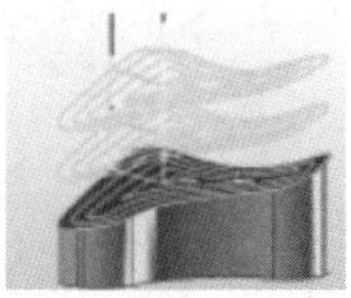
3	步进方法	增量：使用增量值指定要用于每个切削层的部件余量偏置的数量	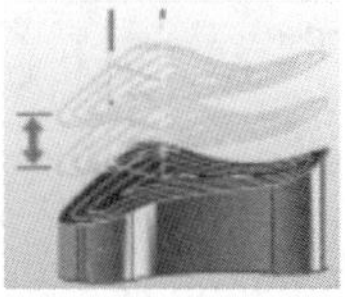
		刀路数：在刀路数对话框中指定切削层数	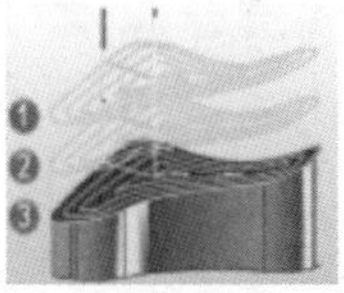

2.【碰撞检查】选项区域的参数设置

【碰撞检查】选项用于控制在工序中允许还是防止过切。【检查球上方的刀具】选项勾选时，检查所有刀具是否存在过切，并修剪刀轨以防止过切。不勾选时，仅检查刀具的球形部分是否存在过切，并修剪刀轨以防止过切。允许刀具触及可以使用其他刀轴进行安全加工的区域。

3.【切削步骤】选项区域的参数设置

【切削步骤】适用于固定轴和可变轴曲面轮廓铣工序。【最大步长值】选项控制沿切削方向、在驱动轨迹的驱动点之间测量的线性距离。可以 mm 为单位输入值，或输入刀具百分比。当最大步长值过大时，软件无法识别小特征，因为刀轨的点不直接位于特征面上。步长越小，创建的驱动点越多，驱动轨迹越能准确跟随部件几何体的轮廓。

【榜样力量】

查一查 中国队多次在世界技能大赛数控铣赛项夺冠，代表着中国制造业技术人才的技能实力。请在世界技能大赛中国组委会官方网站搜索数控铣赛项的相关信息和获奖选手的经验分享，结合自己的实际情况，写一份自己的学习规划。

自学自测

一、单选题（只有一个正确答案，每题 20 分）

1. 一般四轴卧式加工中心所带的旋转工作台为（　　　）。

　　A. 轴 A　　　　　B. 轴 B　　　　　C. 轴 C　　　　　D. 轴 D

2. 下列（　　　）不是采用多轴加工的目的。

　　A. 加工复杂型面

　　B. 提高加工质量

　　C. 提高工作效率

　　D. 促进数控技术发展

二、多选题（有至少 2 个正确答案，每题 20 分）

1. 与三轴数控加工设备相比，四轴联动数控机床的优点有（　　　）。

　　A. 保持刀具最佳切削状态，改善切削条件

　　B. 有效避免刀具干涉

　　C. 提高加工质量和效率

　　D. 缩短新产品研发周期

　　E. 缩短生产过程链，简化生产管理

2. 下列关于多轴加工工艺中粗加工原则说法正确的是（　　　）。

　　A. 尽可能用三轴加工去除较大余量

　　B. 分层加工，留够精加工余量

　　C. 尽可能采用高速加工提高粗加工效率

　　D. 遇到难加工材料时，刀具长径比较大的情况时，可采用插铣方式

3. 下列关于多轴加工工艺中精加工原则说法正确的是（　　　）。

　　A. 分层、分区域分散精加工

　　B. 模具零件、叶片、叶轮零件的加工顺序应遵循曲面—清根—曲面反复进行

　　C. 尽可能采用高速加工

　　D. 尽可能采用低速加工

任务实施

按照凸轮零件加工要求，制定凸轮加工工艺；编制凸轮加工程序；完成凸轮的仿真加工，后处理得到数控加工程序，完成凸轮加工。

一、制定凸轮四轴数控加工工艺

1. 凸轮零件分析

该零件形状看似简单，但圆柱面上的一条螺旋槽却是加工难点，主要加工内容为螺旋槽的侧面、底面、过渡圆角。

2. 毛坯选用

零件材料为 45 钢圆柱棒料，其中 ϕ100 mm 外圆、ϕ30 mm 中心孔、长度 100 mm 已经精加工到位，无须再次加工。

3. 装夹方式

凸轮毛坯使用自定心卡盘进行定位装夹，以减少定位误差。

4. 加工工序

零件选用立式四轴联动机床加工（立式加工中心，带有绕 X 轴旋转的回转台），自定心卡盘装夹，遵循先粗后精加工原则，粗精加工均采用四轴联动加工。制定凸轮加工工序，见表 1-1-12。

表 1-1-12　凸轮加工工序

凸轮示意图

序号	加工内容	刀具	主轴转速 /（r/min）	进给速度 /（mm/min）
1	凸轮槽粗加工	D28 平底铣刀	360	80
2	凸轮槽精加工	D29.8 平底铣刀	360	60

二、数控程序编制

1. 编程准备

第 1 步：启动 UG NX 软件，打开软件工作界面。依次单击【文件】→【打开】选项，打开【打开文件】对话框，选择"凸轮.prt"文件，单击【确定】按钮，打开凸轮零件模型。

第 2 步：设置加工环境。选择【应用模块】选项卡，单击【加工】选项，进入加工环境。在弹出的【加工环境】对话框中，【CAM 会话配置】选项选择【cam_general】选项，在【要创建的 CAM 设置】选项中选择【mill_multi-axis】，单击【确定】按钮，完成多轴加工模板的加载。

第 3 步：设置机床坐标系。在工具栏单击【几何视图】选项，工序导航器显示几何视图，双击【MCS_MILL】选项，弹出【MCS】对话框，如图 1-1-14 所示，双击【指定机床坐标系】右侧图标，将加工坐标系移动到圆柱面的端部，同时把旋转轴设置成 X 方向旋转。【安全设置选项】选择【圆柱】，同时【指定点】指定坐标原点，【指定矢量】指定 XC 轴，【半径】输入 100，单击【确定】按钮，完成加工坐标系的设置。

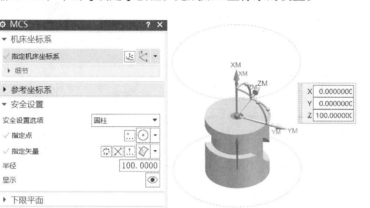

图 1-1-14　加工坐标系设定

第 4 步：设置部件和毛坯。工序导航器显示几何视图，双击【WORKPIECE】选项，弹出【工件】对话框，如图 1-1-15 所示，单击【指定部件】右侧按钮，弹出【部件几何体】对话框，在绘图区选择凸轮槽的曲面，单击【确定】按钮完成部件设置。单击【指定毛坯】右侧按钮，弹出【毛坯几何体】对话框，【类型】选择圆柱模型，单击【确定】按钮，完成毛坯设置。

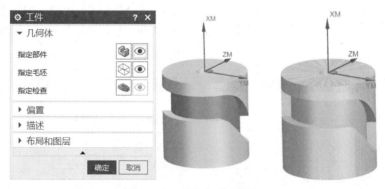

图 1-1-15　指定部件和毛坯

第 5 步：创建刀具。在工具栏单击【机床视图】选项，工序导航器显示机床视图。单击【创建刀具】选项，弹出【创建刀具】对话框，如图 1-1-16 所示。刀具子类型选择第一个【MILL】图标，刀具名称修改为 D28，单击【应用】按钮，弹出【铣刀 -5 参数】对话框，设置主要刀具参数，【直径】输入 28，【下半径】输入 0，【刀具号】输入 1，【补偿寄存器】输入 1，【刀具补偿寄存器】输入 1，其他参数默认，单击【确定】按钮，完成立铣刀 D28 的创建。

同理【创建刀具】对话框，刀具子类型选择【MILL】，刀具名称修改为 D29.8，单击【应用】按钮，弹出【铣刀 -5 参数】对话框，设置主要刀具参数，【直径】输入 29.8，【刀具号】输入 2，【补偿寄存器】输入 2，【刀具补偿寄存器】输入 2，其他参数默认，单击【确定】按钮，完成立铣刀 D29.8 的创建。

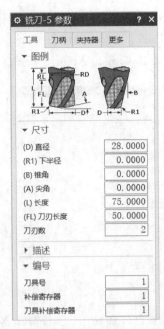

图 1-1-16 创建刀具

第6步：设置加工余量和公差。在工具栏单击【加工方法视图】选项，工序导航器显示加工方法视图。双击【MILL_ROUGH】选项，弹出【铣削粗加工】对话框，如图 1-1-17 所示。【部件余量】修改为0，【内公差】和【外公差】均修改为0.03，单击【确定】按钮，完成粗加工余量和公差设置。双击【MILL_FINISH】选项，弹出【铣削精加工】对话框，【内公差】和【外公差】均修改为0.01，单击【确定】按钮，完成精加工余量和公差设置。

图 1-1-17 设置加工余量和公差

2. 凸轮槽粗加工程序编制

第1步：创建粗加工工序。单击【创建工序】图标，打开【创建工序】对话框，如图 1-1-18 所示。【类型】选择【mill_multi-axis】，【工序子类型】选择【可变轮廓铣】图标，【程序】选择【PROGRAM】，【刀具】选择【D28】，【几何体】选择【WORKPIECE】，【方法】选择【MILL_ROUGH】，名称修改为凸轮槽粗加工，单击【确定】按钮，打开【可变轮廓铣】对话框。

● 视 频

凸轮槽粗加工程序编制

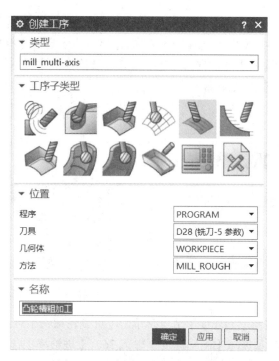

图 1-1-18　创建可变轮廓铣工序

第 2 步：设置【主要】节点。在【可变轮廓铣】对话框【主要】节点【驱动方法】选项区域，【方法】选择【曲线 / 点】，单击【编辑】图标，弹出【曲线 / 点驱动方法】对话框，【选择曲线】选择图 1-1-19 所示缠绕在圆柱表面的曲线，【驱动设置】选项区域【左偏置】输入 0，【切削步长】选择【数量】，【数量】输入 10，【刀具接触偏移】输入 0，单击【确定】按钮，返回【可变轮廓铣】对话框。【投影矢量】选项区域中【矢量】选择【刀轴】，【主要】节点参数设置完成。

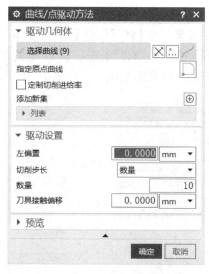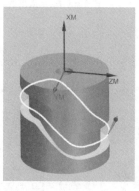

图 1-1-19　曲线 / 点驱动方法参数

第 3 步：设置【轴和避让】节点。单击【可变轮廓铣】对话框【轴和避让】节点，【刀

轴】选项区域【轴】选择【远离直线】，单击【编辑】图标，弹出【远离直线】对话框，
【指定矢量】选择图 1-1-20 所示 XM 轴正方向，【指定点】选择坐标原点，单击【确定】
按钮，返回【可变轮廓铣】对话框。勾选【检查非切削碰撞】复选框，其他采用默认参
数，【轴和避让】节点参数设置完成。

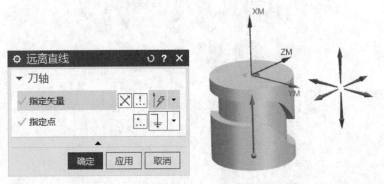

图 1-1-20　远离直线参数

　　第 4 步：设置【进给率和速度】节点。单击【可变轮廓铣】对话框【进给率和速度】
节点，【主轴速度】选项区域【主轴速度】输入 360，【进给率】选项区域【切削】输入
80，其他采用默认参数，【进给率和速度】节点参数设置完成。

　　第 5 步：设置【策略】节点。单击【可变轮廓铣】对话框【策略】节点，如图 1-1-21
所示，【多重深度】选项区域【部件余量偏置】输入 10，勾选【多重深度切削】复选框，
【步进方法】选择【刀路数】，【刀路数】输入 4。【碰撞检查】选项区域勾选【检查球上方
的刀具】复选框。【切削步骤】选项区域【最大步长值】输入 30，【策略】节点参数设置
完成。

　　第 6 步：设置【非切削移动】节点。单击【可变轮廓铣】对话框【非切削移动】节
点，如图 1-1-22 所示，【进刀 / 退刀 / 步进】选项区域不勾选【替代为光顺连接】复选框，
【转移 / 快速】选项区域不勾选【光顺拐角】复选框，【公共安全设置】选项区域【安全设
置选项】选择【使用继承的】，【区域距离】选项区域【区域距离】输入【200】【% 刀具】，
【部件安全距离】选项区域【部件安全距离】输入 3，同时【进刀】【退刀】【转移 / 快速】
【避让】参数采用默认值，【非切削移动】节点参数设置完成。

图 1-1-21　策略节点参数　　　　　　图 1-1-22　非切削移动节点参数

　　第 7 步：生成刀具路径。单击【可变轮廓铣】对话框【生成】图标，如图 1-1-23 所

示，在绘图区查看生成的刀具路径，单击【确定】按钮，完成凸轮槽粗加工可变轮廓铣工序。

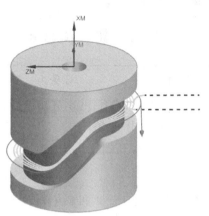

图 1-1-23　凸轮槽粗加工刀轨

3. 凸轮槽精加工程序编制

第 1 步：复制凸轮槽粗加工工序。在工具栏单击【程序顺序视图】图标，工序导航器显示程序顺序视图。右击凸轮槽粗加工工序，在弹出的快捷菜单中选择【复制】【粘贴】选项，则生成"凸轮槽粗加工 -COPY"工序。右击该工序，在弹出的快捷菜单中选择【重命名】选项，重命名为"凸轮槽精加工"。

第 2 步：修改【主要】节点。双击【凸轮槽精加工】选项，弹出【可变轮廓铣】对话框，【主要】节点【主要】选项区域【刀具】选择 D29.8 立铣刀，【主要】节点参数修改完成。

第 3 步：修改【进给率和速度】节点。单击【可变轮廓铣】对话框【进给率和速度】节点，【主轴速度】选项区域【主轴速度】输入 360，【进给率】选项区域【切削】输入 60，其他采用默认参数，【进给率和速度】节点参数修改完成。

第 4 步：修改【策略】节点。单击【可变轮廓铣】对话框【策略】节点，【多重深度】选项区域【部件余量偏置】输入 0，不勾选【多重深度切削】复选框，其他参数不变，【策略】节点参数修改完成。

第 5 步：生成刀具路径。单击【可变轮廓铣】对话框【生成】图标，如图 1-1-24 所示，在绘图区查看生成的刀具路径，单击【确定】按钮，完成凸轮槽精加工工序。

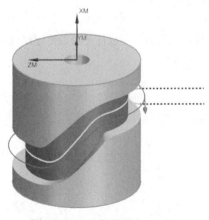

图 1-1-24　凸轮槽精加工刀轨

学习笔记

凸轮的四轴数控编程工单

●●● 计 划 单 ●●●●

文本

凸轮的四轴
数控编程工单

学习情境1	四轴数控编程	任务1	凸轮的四轴数控编程
工作方式	组内讨论、团结协作共同制订计划：小组成员进行工作讨论，确定工作步骤	计划学时	0.5 学时
完成人	1.　　　　　　　2.　　　　　　　3. 4.　　　　　　　5.　　　　　　　6.		

计划依据：1.某凸轮零件图；2.机械零件的数控加工工艺表

序号	计划步骤	具体工作内容描述
1	准备工作 （准备软件、图纸、工具、量具，谁去做）	
2	组织分工 （成立组织，人员具体都完成什么）	
3	制定数控加工工艺方案 （先粗加工什么，再半精加工什么，最后精加工什么）	
4	软件编程与仿真加工 （加工准备什么，如何创建粗加工工序、如何创建半精加工工序、如何创建精加工工序、最后仿真加工找到哪些问题，如何解决）	
5	整理资料 （谁负责？整理什么）	
制订计划说明	（写出制订计划中人员为完成任务的主要建议或可以借鉴的建议、需要解释的某一方面）	

● ● ● ● 决 策 单 ● ● ● ●

学习情境 1	四轴数控编程		任务 1	凸轮的四轴数控编程
决策学时			0.5 学时	

决策目的：凸轮的数控工艺方案对比分析，比较加工质量、加工时间、加工成本等

	组号 成员	工艺的可行性 （加工质量）	加工的合理性 （加工时间）	加工的经济性 （加工成本）	综合评价
工艺方案 对比	1				
	2				
	3				
	4				
	5				
	6				
	⋮				

决策评价	结果：（根据组内成员工艺方案对比分析，对自己的工艺方案进行修改并说明修改原因，最后确定一个最佳方案）

学习笔记

●●●● 检 查 单 ●●●●

学习情境1		四轴数控编程	任务1	凸轮的四轴数控编程			
评价学时			课内 0.5 学时	第　　　组			
检查目的及方式		教师过程监控小组的工作情况，如检查等级为不合格小组需要整改，并拿出整改说明					
序号	检查项目	检查标准	检查结果分级 （在检查相应的分级框内划"√"）				
			优秀	良好	中等	合格	不合格
1	准备工作	资源是否已查到、材料是否准备完整					
2	分工情况	安排是否合理、全面，分工是否明确					
3	工作态度	小组工作是否积极主动、全员参与					
4	纪律出勤	是否按时完成负责的工作内容、遵守工作纪律					
5	团队合作	是否相互协作、互相帮助、成员是否听从指挥					
6	创新意识	任务完成不照搬照抄，看问题具有独到见解创新思维					
7	完成效率	工作单是否记录完整，是否按照计划完成任务					
8	完成质量	工作单填写是否准确，工艺表、程序、仿真结果是否达标					
检查评语							
教师签字：							

●●●● 任 务 评 价 ●●●●

1. 小组工作评价单

学习情境 1	四轴数控编程		任务 1	凸轮的四轴数控编程	
评价学时			课内 0.5 学时		
班级：			第　　　　组		
考核情境	考核内容及要求	分值（100）	小组自评（10%）	小组互评（20%）	教师评价（70%）	实得分（∑）
汇报展示（20）	演讲资源利用	5				
	演讲表达和非语言技巧应用	5				
	团队成员补充配合程度	5				
	时间与完整性	5				
质量评价（40）	工作完整性	10				
	工作质量	5				
	报告完整性	25				
团队情感（25）	核心价值观	5				
	创新性	5				
	参与率	5				
	合作性	5				
	劳动态度	5				
安全文明（10）	工作过程中的安全保障情况	5				
	工具正确使用和保养、放置规范	5				
工作效率（5）	能够在要求的时间内完成，每超时 5 min 扣 1 分	5				

学习笔记

2. 小组成员素质评价单

学习情境 1		四轴数控编程	任务 1	凸轮的四轴数控编程
班级		第 组	成员姓名	

评分说明	每个小组成员评价分为自评和小组其他成员评价两部分，取平均值计算，作为该小组成员的任务评价个人分数。评价项目共设计 5 个，依据评分标准给予合理量化打分。小组成员自评分后，要找小组其他成员不记名方式打分

评分项目	评分标准	自评分	成员1评分	成员2评分	成员3评分	成员4评分	成员5评分
核心价值观（20分）	是否有违背社会主义核心价值观的思想及行动						
工作态度（20分）	是否按时完成负责的工作内容、遵守纪律，是否积极主动参与小组工作，是否全过程参与，是否吃苦耐劳，是否具有工匠精神						
交流沟通（20分）	是否能良好地表达自己的观点，是否能倾听他人的观点						
团队合作（20分）	是否与小组成员合作完成任务，做到相互协作、互相帮助、听从指挥						
创新意识（20分）	看问题是否能独立思考，提出独到见解，是否能够创新思维解决遇到的问题						
最终小组成员得分							

●●●● 课 后 反 思 ●●●●

学习笔记

学习情境 1	四轴数控编程	任务 1	凸轮的四轴数控编程
班级	第　　组	成员姓名	

情感反思	通过对本任务的学习和实训，你认为自己在社会主义核心价值观、职业素养、学习和工作态度等方面有哪些需要提高的部分？
知识反思	通过对本任务的学习，你掌握了哪些知识点？请画出思维导图。
技能反思	在完成本任务的学习和实训过程中，你主要掌握了哪些技能？
方法反思	在完成本任务的学习和实训过程中，你主要掌握了哪些分析和解决问题的方法？

课后作业

● 源文件

凸轮轴

编程题

如图 1-1-25 所示的凸轮轴结构，进行多轴数控加工分析，制定加工工艺文件，使用 UG 软件进行数控编程，生成合理的刀路轨迹，后处理成数控程序。

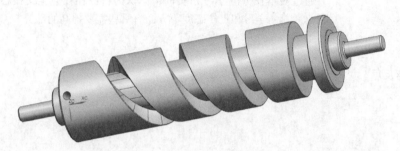

图 1-1-25　凸轮轴结构

任务 2　连接总成的四轴数控编程

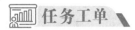

任务工单

学习情境 1	四轴数控编程	任务 2	连接总成的四轴数控编程
任务学时		**课内 4 学时（课外 2 学时）**	
布置任务			
工作目标	（1）根据零件侧面凸起和凹槽结构特点，合理选择四轴加工机床； （2）根据零件的加工要求，制定连接总成零件的加工工艺文件； （3）使用 UG 软件，完成连接总成的四轴数控编程，生成合理的刀路； （4）使用 UG 软件，完成仿真加工，检验刀路是否正确合理		
任务描述	连接总成零件是常见的连接和固定零件，某发电设备制造公司工艺部接到连接总成的生产任务，根据设计员设计的连接总成零件三维造型；工艺员查询机械加工工艺手册关于侧面凸起和凹槽的加工工艺信息，合理规划连接总成零件的加工工艺路线，制定加工工艺方案；编程员编制加工工艺文件，使用 UG 软件创建四轴定向加工操作，设置必要的加工参数、生成刀具路径、检验刀具路径是否正确合理，并对操作过程中存在的问题进行研讨和交流，通过相应的后处理生成数控加工程序，并仿真加工		

学时安排	资讯	计划	决策	实施	检查	评价
	1 学时	0.5 学时	0.5 学时	1 学时	0.5 学时	0.5 学时

任务准备	（1）连接总成零件图纸； （2）电子教案、课程标准、多媒体课件、教学演示视频及其他共享数字资源； （3）连接总成模型； （4）游标卡尺等工具和量具
对学生学习及成果的要求	（1）学生具备连接总成零件图的识读能力； 　　（2）严格遵守实训基地各项管理规章制度； 　　（3）对比连接总成零件三维模型与零件图，分析结构是否正确，尺寸是否准确； 　　（4）每名同学均能按照学习导图自主学习，并完成课前自学的问题训练和自学自测； 　　（5）严格遵守课堂纪律，学习态度认真、端正，能够正确评价自己和同学在本任务中的素质表现； 　　（6）每位同学必须积极参与小组工作，承担加工工艺制定、数控编程、程序校验等工作，做到能够积极主动不推诿，能够与小组成员合作完成任务； 　　（7）每位同学均需独立或在小组同学的帮助下完成任务工单、加工工艺文件、数控编程文件、仿真加工视频等，并提请检查、签认，对提出的建议或有错误务必及时修改； 　　（8）每组必须完成任务工单，并提请教师进行小组评价，小组成员分享小组评价分数或等级； 　　（9）每名同学均完成任务反思，以小组为单位提交

学习笔记

学习导图

任务2　连接总成的四轴数控编程

知识点

型腔铣
- 问题1: 型腔铣工序常用于铣削哪些结构?
- 问题2: 在多轴数控编程时, 型腔铣工序的刀轴设置常用哪些方式?

平面铣
- 问题1: 平面铣工序常用于铣削哪些结构?
- 问题2: 在多轴数控编程时, 平面铣工序的刀轴设置常用哪些方式?

底壁铣
- 问题1: 底壁铣工序常用于铣削哪些结构?
- 问题2: 在多轴数控编程时, 底壁铣工序的刀轴设置常用哪些方式?

技能点

- 比较型腔铣、平面铣、底壁铣的适用范围
- 查询机械加工工艺手册并定连接总成的加工工艺方案
- 使用UG软件对型腔铣、平面铣、底壁铣等工序进行连接总成的数控编程
- 仿真加工连接总成的数控加工过程, 检查刀路是否合理

素质思政融入点

- 通过学习世界技能大赛数控铣金牌选手的先进事迹, 榜样的力量激发学生"练好一技之长, 为国争光"
- 通过小组讨论连接总成的加工工艺方案, 树立学生良好的成本意识、质量意识、创新意识
- 通过连接总成数控编程实际操作练习, 养成精益求精的工匠精神、热爱劳动的劳动精神

思政案例: 世界技能大赛金牌选手成功秘诀: 坚持, 每天进步一点点。

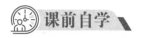课前自学

知识点 1　型腔铣

　　型腔铣工序在垂直于固定刀轴的平面去除材料，常用于粗加工。型腔铣是最常用的加工操作，只需要定义工件和毛坯即可计算刀位轨迹。加工原理是毛坯除去工件材料后的剩余材料作为被加工区域。型腔铣常用于开粗、二次开粗、等高和精加工。

　　单击【插入】→【工序】选项，弹出【创建工序】对话框。按照图 1-2-1 所示【类型】选择【mill_contour】选项，【工序了类型】选择型腔铣，设置工序的位置和名称后，单击【确定】按钮进入【型腔铣】对话框。在【型腔铣】对话框中常用的节点有【主要】【几何体】【刀轴和刀具补偿】【进给率和速度】【切削层】【策略】【非切削移动】等。

● 视　频
轮廓铣工序

● 文　本
型腔铣工序

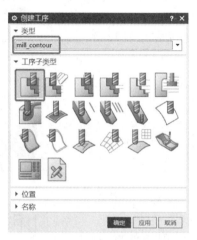

图 1-2-1　创建型腔铣工序

一、【主要】节点的参数设置

1.【主要】选项区域的参数设置

　　图 1-2-2 所示的【刀具】选项用于选择要指派到当前工序的刀具。可以从该列表中选择一个刀具，也可以创建新刀具，或编辑选定的刀具。

图 1-2-2　型腔铣对话框主要节点参数

2.【刀轨设置】选项区域的参数设置

【切削模式】选项用于选择加工切削区域适用的刀轨模式，具体参数含义见表 1-2-1。

表 1-2-1　切削模式参数含义

对 话 框	参 数	说 明	图 例
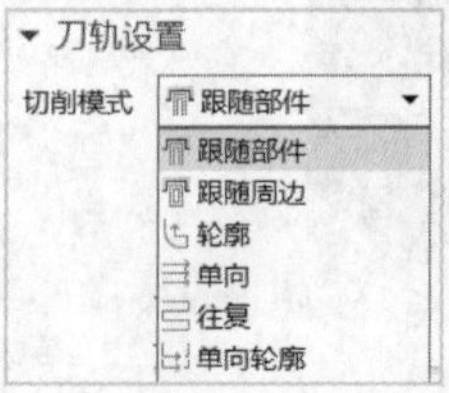	跟随部件	沿所有指定部件几何体的同心偏置进行切削。最外侧的边和所有内部岛及型腔用于计算刀轨	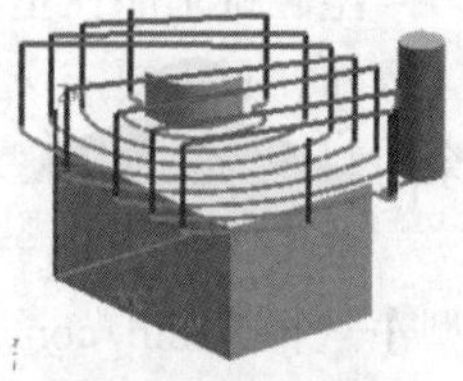
	跟随周边	沿着由部件或毛坯几何体定义的最外层边所成的偏置进行切削。内部岛和型腔需要有岛清根或清根轮廓刀路	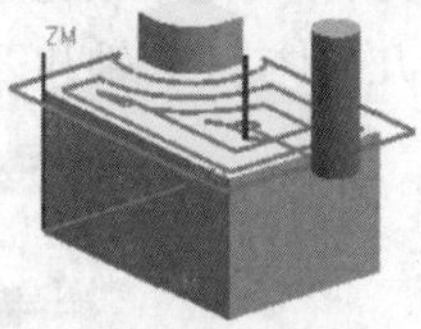
	轮廓	沿部件壁加工，由刀具侧创建精加工刀路。刀具跟随边界方向	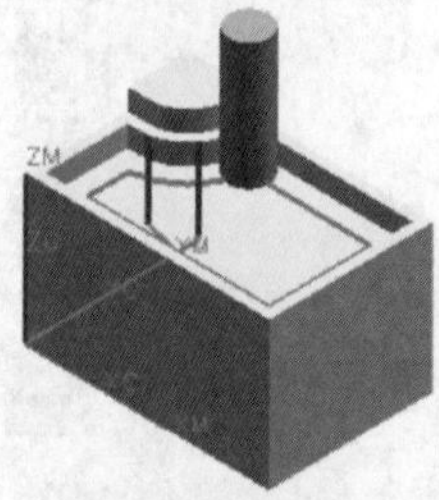
	单向	始终沿一个方向切削。刀具在每个切削结束处退刀，然后移到下一切削刀路的起始位置	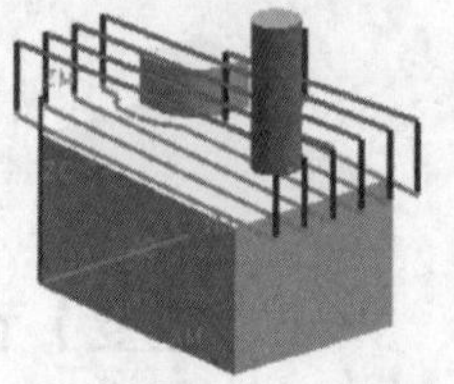
	往复	以一系列相反方向的平行直线刀路切削，同时向一个方向步进。此切削模式允许刀具在步进过程中连续进刀	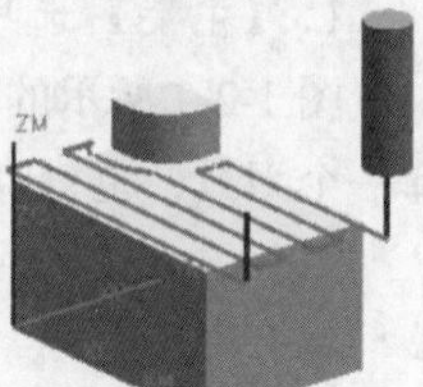
	单向轮廓	以一个方向的切削进行加工。沿线性刀路的前后边界添加轮廓加工移动。在刀路结束的地方，刀具退刀并在下一切削的轮廓加工移动开始的地方重新进刀	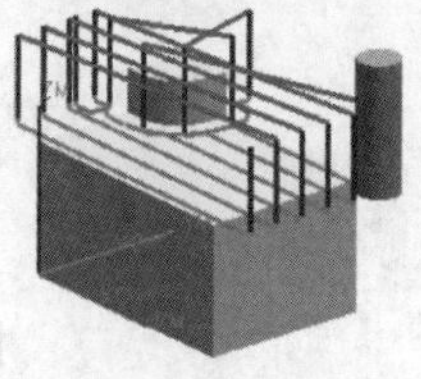

▼ 刀轨设置
切削模式　跟随部件　▼
　　跟随部件
　　跟随周边
　　轮廓
　　单向
　　往复
　　单向轮廓

【步距】选项用于指定切削刀路之间的距离。可以直接通过输入一个常数值或刀具直径的百分比来指定该距离，也可以间接地通过输入残余高度经过计算切削刀路间的距离来指定步距，具体参数含义见表 1-2-2。

表 1-2-2　步距参数含义

序号	参　数	说　明	图　例
1	恒定	用于指定连续切削刀路之间的最大距离。可以按当前单位或当前刀具的百分比指定距离。如果指定的刀路间距不能平均分割所在区域，软件将减小刀路间距以保持恒定步距	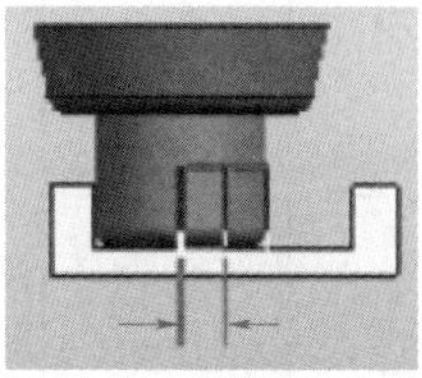
2	残余高度	用于指定刀路之间可遗留的最大材料高度。软件将计算所需的步距，从而使刀路间的残余高度不超过指定高度。所计算出的切削步距可能根据边界形状而变化	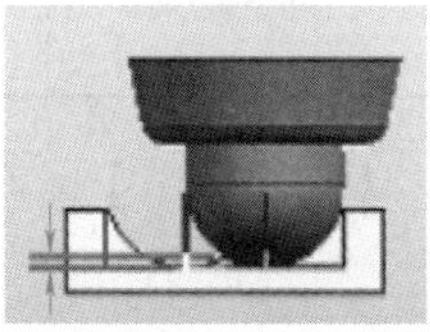
3	% 刀具平直	用于指定连续切削刀路之间的固定距离作为有效刀具直径的百分比。有效刀具直径是指实际上接触到腔底部的刀刃的直径	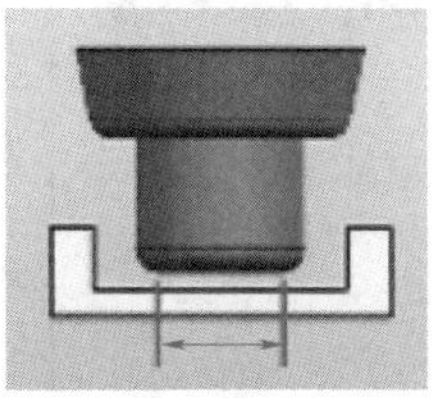
4	多重变量	用于为各大小指定多个步距和相应的刀路数。刀路列表中的第一行对应于最靠近边界的刀路。后续行会朝着腔中心行进。所有刀路的总数不等于要加工的区域时，软件会对切削区域中心添加或去掉刀路	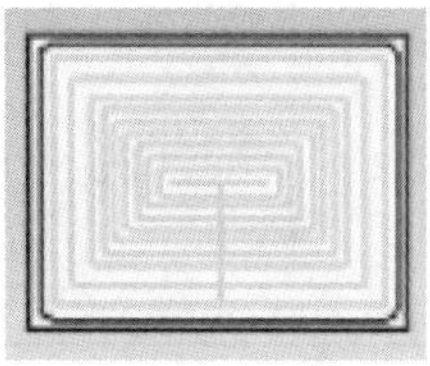

【公共每刀切削深度】选项用于确定如何测量默认切削深度值。实际深度将尽可能接近公共每刀切削深度值，并且不会超出该值。

【最大距离】选项用于指定所有范围的默认最大切削深度。

3．【切削】选项区域的参数设置

【切削】选项区域如图 1-2-3 所示，需要设置切削方向、切削顺序。

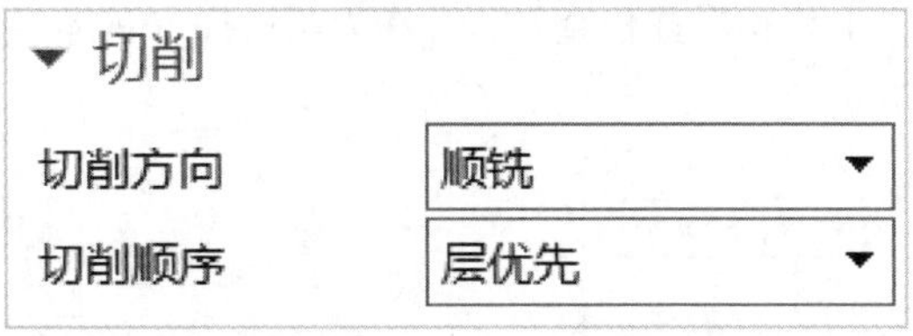

图 1-2-3　切削选项区域参数

【切削方向】选项根据材料侧或边界方向，以及主轴旋转方向计算切削方向，具体参数含义见表 1-2-3。

表 1-2-3　切削方向参数含义

序号	参　数	说　　明	图　例
1	顺铣	指定主轴顺时针旋转时，材料在刀具右侧	
2	逆铣	指定主轴顺时针旋转时，材料在刀具左侧	

【切削顺序】选项指定如何处理具有多个区域的刀轨，具体参数含义见表 1-2-4。

表 1-2-4　切削顺序参数含义

序号	参　数	说　　明	图　例
1	层优先	切削最后深度之前在多个区域之间精加工各层。该选项可用于加工薄壁腔	
2	深度优先	移动到下一区域之前切削单个区域的整个深度	

4. 【冷却液】选项区域的参数设置

图 1-2-4 所示【冷却液】选项区域用于为工序中的开放区域和封闭区域分别设置冷却液。如果为区域设置冷却液，则在该区域的结尾处冷却液会关闭自动。可为开放和封闭区域指定冷却液。【冷却液类型】主要有关、喷出、中冷、冷却液雾、空冷、空气中冷等。

5. 【空间范围】选项区域的参数设置

【空间范围】选项区域如图 1-2-5 所示，【过程工件】选项用于可视化先前工序遗留的材料（剩余材料）、定义毛坯材料并检查是否存在刀具碰撞，具体参数含义见表 1-2-5。

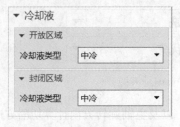

图 1-2-4　冷却液选项区域参数　　　图 1-2-5　空间范围选项区域参数

表 1-2-5　过程工件参数含义

序号	参　数	说　明	图　例
1	无	使用现有的毛坯几何体，或切削整个型腔	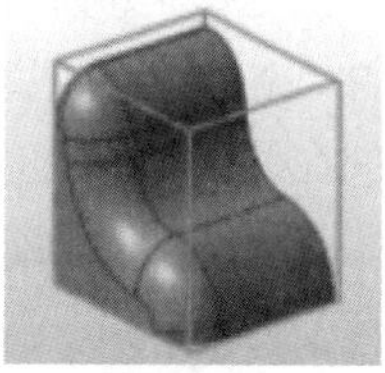
2	使用 3D	使用相同几何体组而非初始毛坯中先前工序的 3D IPW 几何体	
3	使用基于层的	基于层的 IPW 使用先前工序的 2D 切削区域，这些工序被引用以标识剩余的余量	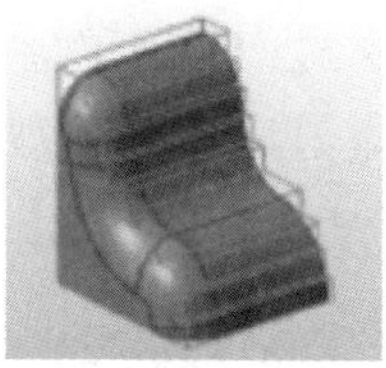

【最小除料量】选项在使用 3D 或使用基于层的时可用。用于过滤掉仅切削极少量材料的切削区域。

【修剪方式】用于定义和生成可加工的切削区域，具体参数含义见表 1-2-6。

表 1-2-6　修剪方式参数含义

序号	参　数	说　明	图　例
1	无	切削部件的现有形状	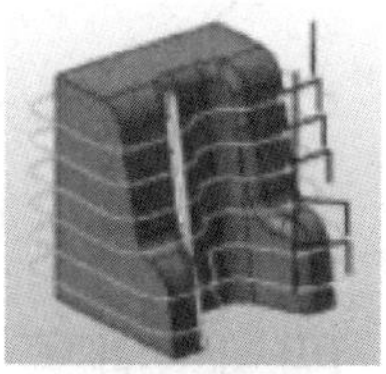
2	轮廓线	根据所选部件几何体的外边缘（轮廓线）创建毛坯几何体	

二、【几何体】节点的参数设置

1.【几何体】选项区域的参数设置

【几何体】选项区域如图 1-2-6 所示，【几何体】选项用于指定要指派为当前工序的几何体组。可从该列表中选择几何体组，或创建新的几何体组。【指定部件】选项用于选择要加工的部件。

当勾选【使底面余量与侧面余量一致】复选框时，将部件底面余量值设为与部件侧面余量值相同。当不勾选【使底面余量与侧面余量一致】复选框时，【部件侧面余量】选项用于指定壁上剩余的材料，所有能够进行水平测量的部件表面上（平面、非平面、竖直、倾斜等）。在竖直壁为主体的部件上使用部件侧面余量。在倾斜或轮廓曲面上，实际侧面余量在侧面余量和底面余量值之间变化。【部件底面余量】选项用于指定底面上遗留的材料。此余量沿刀轴竖直测得。部件底面余量仅应用于定义切削层的部件表面，是平面的且垂直于刀轴。

【指定毛坯】选项用于如果毛坯几何体未在工件父项中定义，则用于选择要切削掉的材料。

【毛坯余量】选项用于指定刀具偏离已定义毛坯几何体的距离，尤其具有相切条件的毛坯边界或毛坯几何体。

2.【可选几何体】选项区域的参数设置

【可选几何体】选项区域如图 1-2-7 所示，【指定切削区域】选项用于指定要加工的部件区域。【指定检查】选项用于选择不想加工的区域，如夹具组件。【检查余量】选项用于指定刀具放置位置距自定义检查边界的距离。【指定修剪边界】选项用于选择或编辑修剪边界。【修剪余量】选项用于指定自定义的修剪边界放置刀具的距离。

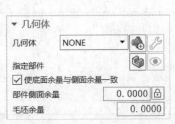
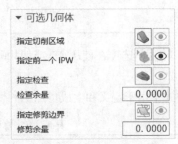

图 1-2-6　几何体选项区域参数　　　图 1-2-7　可选几何体选项区域参数

三、【进给率和速度】节点的参数设置

与可变轮廓铣的【进给率和速度】节点参数含义相比，基本相同。

四、【切削层】节点的参数设置

【切削层】节点【范围】选项区域参数如图 1-2-8 所示，【公共每刀切削深度】选项用于确定如何测量默认切削深度值。实际深度将尽可能接近公共每刀切削深度值，并且不会超出该值。【最大距离】选项用于指定所有范围的默认最大切削深度。

五、【策略】节点的参数设置

1.【延伸路径】选项区域的参数设置

【延伸路径】选项区域参数如图 1-2-9 所示，【在边上延伸】选项用于使刀具超出切削区域外部边缘以加工部件周围的多余材料。还可以使用此选项在刀轨刀路的起点和终点添加切削移动，以确保刀具平滑地进入和退出部件。此选项需要切削区域几何体。

当不勾选【在延展毛坯下切削】复选框时，优化切削运动，以避免 IPW 下出现空切。此选项可缩短加工时间，并延长刀具的使用寿命，但可能会增加生成刀轨所需的时间。当前一工序中的除料从对侧进行时，则可以使用此选项。一般仅在 IPW 具有延展毛坯材料时才取消选中此复选框。当勾选【在延展毛坯下切削】复选框时，无论 IPW 的状态如何，均在毛坯材料下方进行所有层面的切削运动。此选项可缩短生成刀轨所需的时间，但会延长加工时间。一般在 IPW 没有重要的或延展的毛坯材料时选中此复选框。

图 1-2-8　范围选项区域参数　　　　图 1-2-9　延伸路径选项区域参数

2．【修剪行为】选项区域的参数设置

【修剪行为】选项区域如图 1-2-10 所示，【修剪行为】选项用于控制带修剪边界的切削和非切削运动。在跟随部件和轮廓铣切削模式可用的修剪行为选项包括默认、修剪NCM 和跟随周边。在跟随周边、单向、往复和单向轮廓切削模式可用的修剪行为选项包括默认和跟随周边。

【默认】选项用于切削移动受修剪边界的限制。非切削移动不受修剪边界的限制。

【修剪 NCM】选项用于非切削移动受修剪边界的限制。切削移动不受修剪边界的限制。

【跟随边界】选项用于切削移动和非切削移动受修剪边界的限制。

3．【拐角处的刀轨形状】选项区域的参数设置

【拐角处的刀轨形状】选项区域如图 1-2-11 所示，【光顺】选项用于提供添加圆弧到刀轨的选项，包括无、所有刀路、所有刀路（最后一个除外）等三个选项。【无】选项是对刀轨拐角和步距不应用光顺半径。【所有刀路】选项是应用光顺半径到刀轨拐角和步距。【所有刀路（最后一个除外）】选项是将进行光顺切角，最后的刀路除外。

【调整进给率】选项包括无、在所有圆弧上等两个选项。【无】选项是不应用进给率调整。【在所有圆弧上】选项是应用补偿因子以保持内、外接触面处的进给率近似恒定。最小补偿因子指定增大或减小进给率的最小补偿因子。最大补偿因子指定增大或减小进给率的最大补偿因子。

【减速距离】包括无、当前刀路、上一个刀具等三个选项。【无】选项是不应用进给率减速。【当前刀具】选项是设置当前刀具参数。【上一个刀具】选项是使用上一个刀具的直径作为减速距离。

图 1-2-10　修剪行为选项区域参数　　　图 1-2-11　拐角处的刀轨形状选项区域参数

4．【开放刀路】选项区域的参数设置

【开放刀路】选项区域如图 1-2-12 所示，【开放刀路】是在部件的偏置刀路与区域的毛坯部分相交时形成的。【保持切削方向】选项是指定移动开放刀路时保持切削方向。【变换切削方向】选项是移动开放刀路时变换切削方向。

5.【小区域避让】选项区域的参数设置

【小区域避让】选项区域如图 1-2-13 所示，【小封闭区域】选项用于指定如何处理腔或孔之类的小特征。【切削】选项只要刀具适合，即可切削小封闭区域。【忽略】选项忽略小封闭区域。刀具在该区域上方切削。

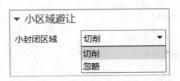

图 1-2-12　开放刀路选项区域参数　　图 1-2-13　小区域避让选项区域参数

6.【精加工刀路】选项区域的参数设置

【精加工刀路】选项区域如图 1-2-14 所示，【精加工刀路】选项控制刀具在完成主要切削刀路后所作的最后切削的一条或多条刀路。当不勾选【添加精加工刀路】复选框时，不添加精加工刀路。当勾选【添加精加工刀路】复选框时，为工序添加一个或多个精加工刀路。【刀路数】选项指定要添加的精加工刀路数。可以通过中心线刀具补偿请求多条精加工刀路。通过接触轮廓刀具补偿，只能请求一条精加工刀路。【精加工步距】选项指定仅应用于精加工刀路的步距值。此值必须大于零。

图 1-2-14　精加工刀路选项区域参数

7.【区域序列】选项区域的参数设置

【区域排序】选项提供了几种自动和手工指定切削区域加工顺序的方法，具体参数含义见表 1-2-7。

表 1-2-7　区域排序参数含义

序号	参　数	说　　　明	图　　例
1	标准	确定切削区域的加工顺序。当使用层优先选项作为切削顺序来加工多个切削层时，处理器将针对每一层重复相同的加工顺序	
2	优化	根据最有效加工时间设置加工切削区域的顺序。处理器确定的加工顺序可使刀具尽可能少地在区域之间来回移动，并且当从一个区域移到另一个区域时刀具的总移动距离最短	
3	跟随起点	根据指定区域起点的顺序设置加工切削区域的顺序。这些点必须处于活动状态，以便区域排序能够使用这些点	
4	跟随预钻点	根据指定预钻进刀点的顺序设置加工切削区域的顺序。跟随预钻点应用相同规则作为跟随起点	

六、【非切削移动】节点的参数设置

1.【进刀】节点的参数设置

【封闭区域】选项区域用于刀具到达当前切削层之前必须切入部件材料中的区域，具体参数含义见表 1-2-8。

表 1-2-8　封闭区域选项区域参数含义

	参　数	说　明	图　例
▼ 封闭区域 进刀类型　　　螺旋　▼ 直径　　90.0000 %刀具 ▼ 🔒 斜坡角　　　　15.0000 🔒 高度　　　3.0000 mm ▼ 高度起点　　前一层　　▼ 最小安全距离　0.0000 mm ▼ 最小斜坡长度 70.0000 %刀具 ▼ 🔒 如果进刀不适合　跳过　　▼ ☐ 定制进给和速度	进刀 类型	螺旋：在第一个切削运动处创建无碰撞的、螺旋线形状的进刀移动。使用最小安全距离可避免使用部件和检查几何体	
	直径	指定进刀移动螺旋的直径，该螺旋绕固定轴以圆形向材料倾斜	
	斜坡角	控制刀具切入材料的倾斜角度。该角度必须大于 0° 且小于 90°	
	高度	指定要在切削层的上方开始进刀的距离	
	高度起点	指定测量封闭区域进刀移动高度的位置	
	最小安全距离	指定刀具可以逼近不要加工的部件区域的最近距离	
	最小斜坡长度	控制自动斜削或螺旋进刀切削材料时刀具必须移动的最短距离	
	如果进刀不适合	当螺旋移动进刀或沿形状斜进刀不合适时，用于控制是否带插铣移动进刀，或者跳过该区域	
	定制进给和速度	开启或关闭定制进给和速度控制	

【开放区域】具体参数含义见表1-2-9。

表 1-2-9　开放区域选项区域参数含义

参　数	说　明	图　例
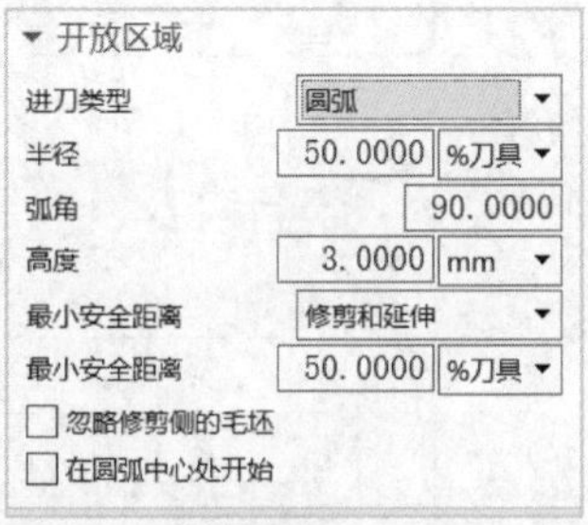 进刀类型	圆弧：创建一个与切削移动的起点相切（如果可能）的圆弧进刀移动。圆弧角度和圆弧半径将确定圆周移动的起点	
半径	圆弧半径确定圆周移动的起始位置	
弧角	圆弧角度确定圆周移动的起始位置	
高度	指定要在切削层的上方开始进刀的距离	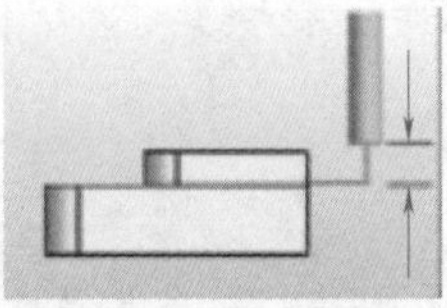
最小安全距离	修剪和延伸：使用最小安全距离值将未接触部件的运动修剪为最小安全距离，或将穿过部件的运动延伸为最小安全距离	
忽略修剪侧的毛坯	不勾选：包含修剪边界外部的隐藏形状	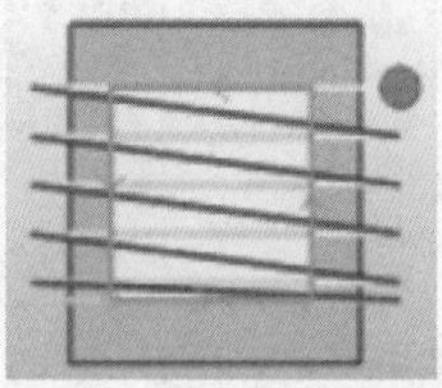
在圆弧中心处开始	不勾选：进刀类型设为圆弧时可用	

开放区域
进刀类型　圆弧
半径　50.0000 %刀具
弧角　90.0000
高度　3.0000 mm
最小安全距离　修剪和延伸
最小安全距离　50.0000 %刀具
□ 忽略修剪侧的毛坯
□ 在圆弧中心处开始

2.【退刀】节点的参数设置

【退刀】选项区域用于使刀具远离刀路末端，具体参数含义见表1-2-10。

表 1-2-10　退刀选项区域参数含义

参　数	说　明	图　例
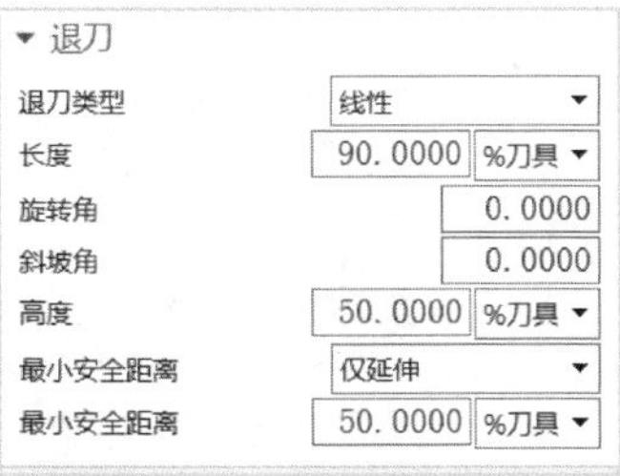 退刀类型	线性：在指定距离处创建一个退刀移动，方向与第一个切削运动的方向相同	
长度	设置退刀的线性长度	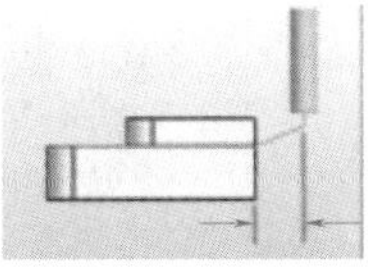
旋转角	设置此值，以在与切削层相同的平面中以该角度退刀	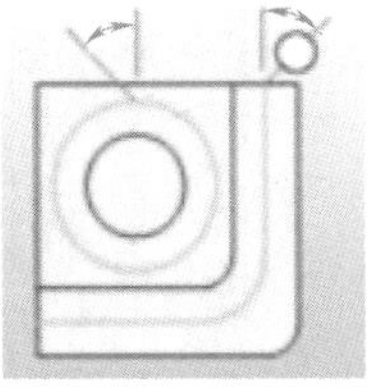
斜坡角	设置此值，以在切削层上方退刀	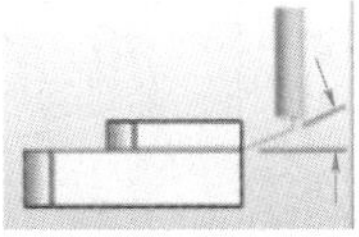
高度	指定要在切削层的上方开始退刀的距离	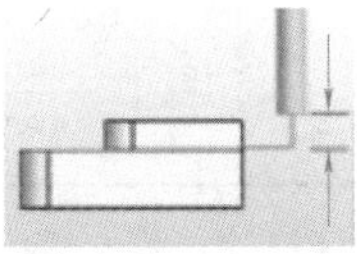
最小安全距离	仅延伸：使用最小安全距离值将穿过部件的运动延伸为最小安全距离	
最小安全距离	指定刀具可以逼近不要加工的部件区域的最近距离	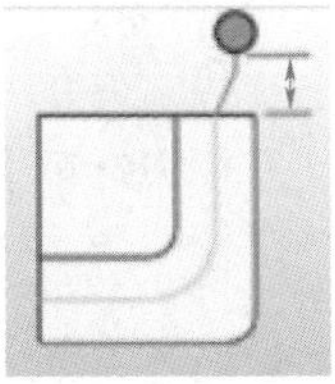

退刀

退刀类型	线性
长度	90.0000 %刀具
旋转角	0.0000
斜坡角	0.0000
高度	50.0000 %刀具
最小安全距离	仅延伸
最小安全距离	50.0000 %刀具

【最终】选项区域用于跟随切削移动的最后一个退刀移动指定参数。与退刀有相同的选项。

3.【避让】节点的参数设置

【出发点】选项区域用于指定新刀轨开始处的初始刀具位置，具体参数含义见表 1-2-11。

表 1-2-11　出发点参数含义

序号	参　数		说　明	图　例
1	点选项	无	不使用指定的出发点	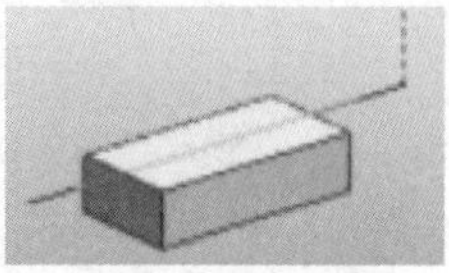
		指定	设置出发点位置	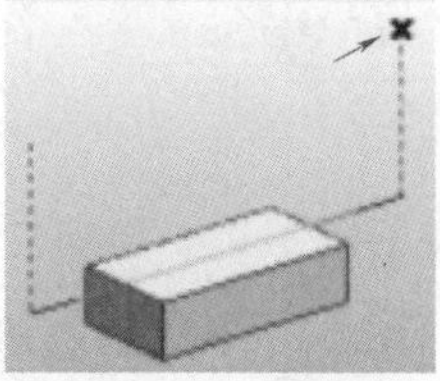
2	刀轴	无	将刀轴出发点设为 0，0，1	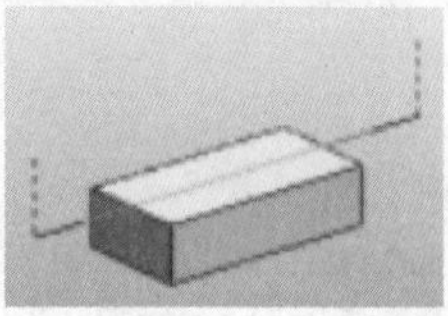
		指定	设置刀轴方位	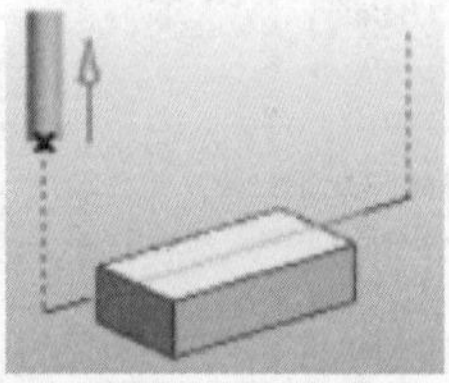

【起点】选项区域用于指定起点位置，具体参数含义见表 1-2-12。

表 1-2-12　起点参数含义

序号	参　数		说　明	图　例
1	点选项	无	不使用指定的起点	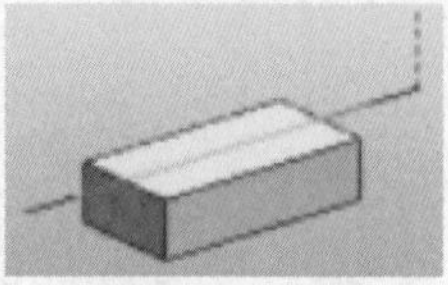
		指定	设置起点位置	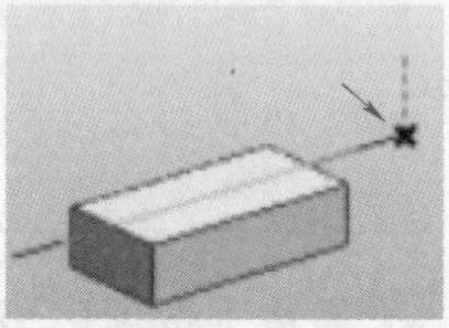

【返回点】选项区域用于指定新刀轨结束处的初始刀具位置，具体参数含义见表 1-2-13。

表 1-2-13　返回点参数含义

序号	参　数		说　明	图　例
1	点选项	无	不使用指定的返回点	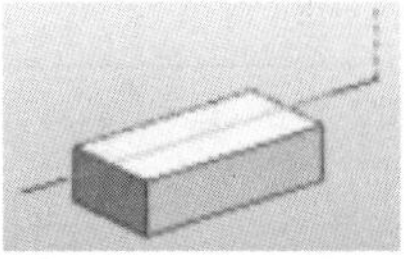
		指定	设置返回点位置	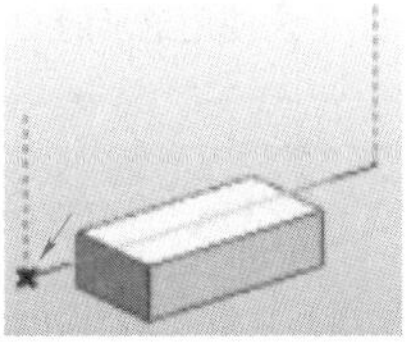

【回零点】选项区域用于指定最终刀具位置，具体参数含义见表 1-2-14。

表 1-2-14　回零点参数含义

序号	参　数		说　明	图　例
1	点选项	无	不使用指定的回零点	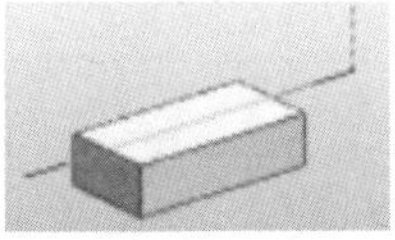
		与起点相同	使用指定的出发点位置作为回零点位置	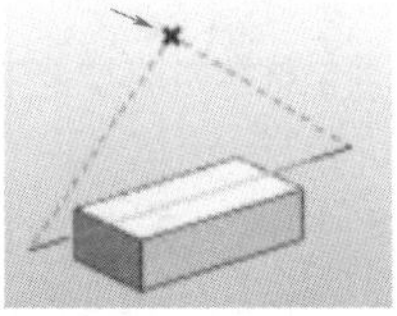
		回零 - 没有点	使用在后处理器中定义的回零移动。默认值为（0,0,0）。该点在刀轨中不显示	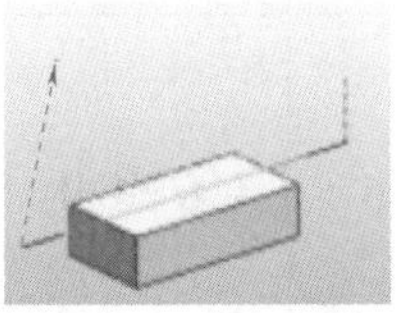
		指定	设置回零点位置	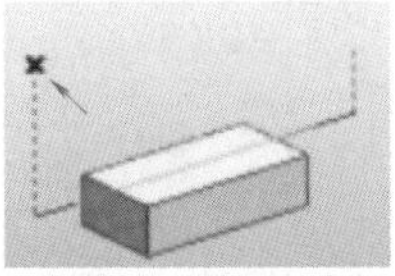
2	刀轴	无	使用当前刀轴方位	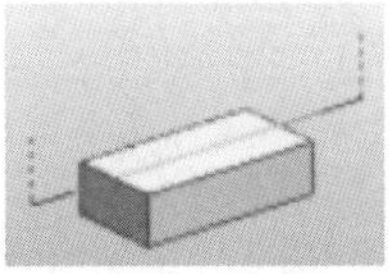
		指定	设置刀轴方位	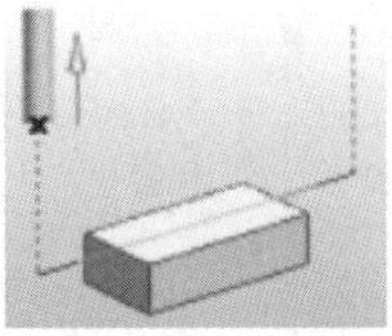

4.【转移／快速】节点的参数设置

【安全距离】选项区域用于刀具移动时的安全设置，具体参数含义见表 1-2-15。

表 1-2-15　安全设置选项参数含义

序号	参　数	说　明	图　例
1	使用继承的	使用在 MCS 中指定的安全平面	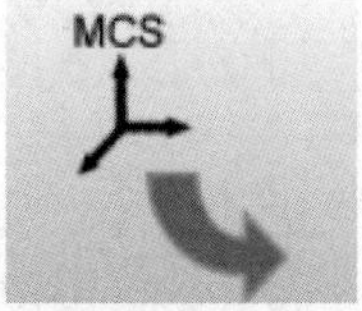
2	无	不使用安全平面	
3	自动平面	将安全距离值添加到清除部件几何体的平面中	
4	平面	指定此工序的安全平面。使用平面对话框定义安全平面	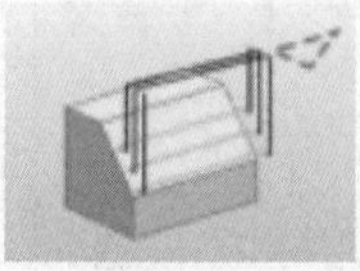
5	点	指定要转移到的安全点。可以选择预定义点或使用点构造器指定点	
6	包容圆柱体	指定圆柱形状作为安全几何体。圆柱尺寸由部件形状和指定的安全距离决定	
7	圆柱	指定圆柱形状作为安全几何体。此圆柱的长度是无限的。软件通常假设圆柱外的体积为安全距离	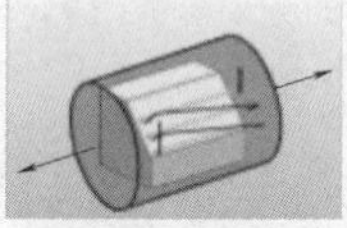
8	球体	指定球形作为安全几何体。球尺寸由半径值决定。软件通常假设球外的体积是安全距离	
9	包容块	指定包容块形状作为安全几何体。包容块尺寸由部件形状和指定的安全距离决定	

【转移 / 快速】选项区域当不勾选【光顺拐角】复选框时，不将光顺应用于切削区域之间的运动。当勾选【光顺拐角】复选框时，将光顺应用于切削区域之间的运动。

【区域之间】选项区域用于控制添加以清除不同切削区域之间障碍的退刀、转移和进刀。【传递类型】选项用于指定要将刀具移动到的位置，具体参数含义见表 1-2-16。

● 视 频

平面铣工序

表 1-2-16　传递方式选项参数含义

序号	参　数	说　明	图　例
1	安全距离 - 刀轴	所有移动都沿刀轴方向返回到安全几何体	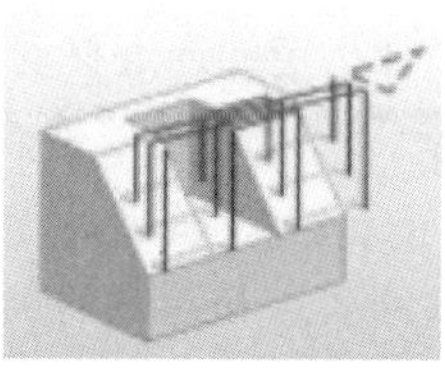
2	安全距离 - 最短距离	所有移动都根据最短距离返回到已标识的安全平面	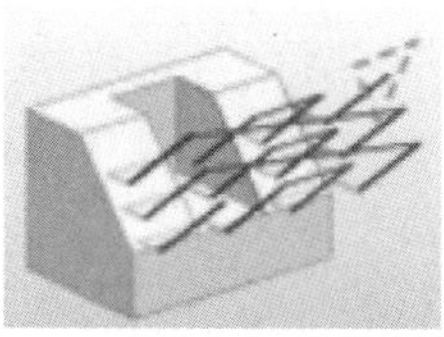
3	安全距离 - 切削平面	所有移动都沿切削平面返回到安全几何体	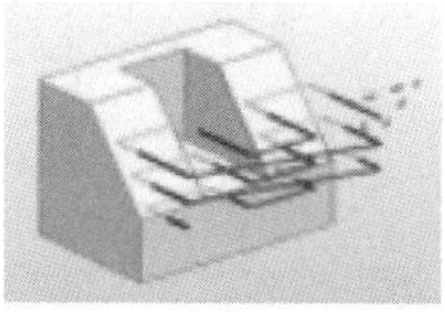
4	前一平面	所有移动都返回到前一切削层，此层可以安全移刀以使刀具沿平面移动到新的切削区域	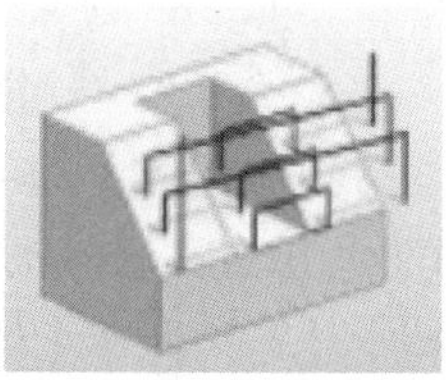
5	直接	在两个位置之间进行直接转移。直接选项会忽略安全距离	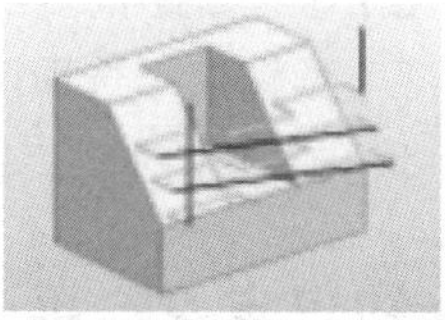
6	直接 / 上一个备用平面	首先应用直接移动。如果移动无过切，则使用前一安全深度加工平面	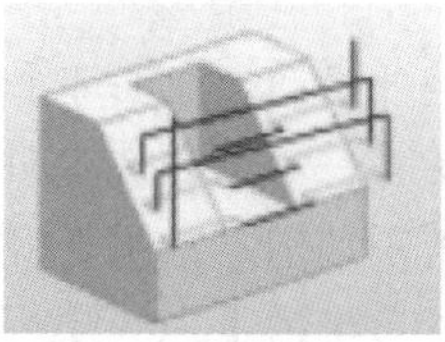
7	毛坯平面	沿要除料的上层定义的平面创建逼近移动	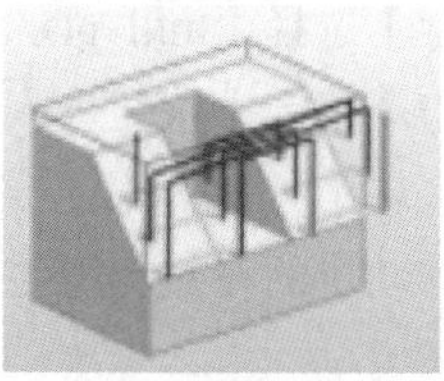

学习笔记

【区域内】选项区域用于控制添加以清除切削区域内或切削特征各层之间材料的退刀、转移和进刀移动。【传递方法】指定如何转移，包括进刀／退刀、抬刀和插削、无等三个选项。【进刀／退刀】选项是使用默认进刀／退刀定义。【抬刀和插削】选项是以竖直移动产生进刀和退刀，输入抬刀／插削高度。【无】选项是不在区域内添加进刀或退刀移动。【传递类型】选项可用类型选项与【区域之间】的选项相同。

　　【初始和最终】选项区域是控制工序到第一切削区域／第一切削层的初始移动，并使工序的最终移动远离最后一个切削位置。【逼近类型】选项是软件在进行进刀移动之间将添加指定的逼近移动。【离开类型】与退刀转移方式相似。

　　5.【起点／钻点】节点的参数设置

　　【起点／钻点】节点的参数如图 1-2-15 所示，【重叠距离】选项区域是指定要倒圆的切削结束点和起点的重叠深度。【重叠距离】选项确保在发生进刀和退刀移动的点进行完全清理。刀轨在切削刀轨原始起点两侧同等地重叠。

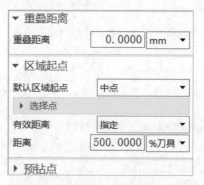

图 1-2-15　起点／钻点节点参数

　　【区域起点】选项区域是用于定义区域的起点。【中点】（默认）在切削区域内最长的线性边中点开始刀轨。【拐角】从指定边界的起点开始。【选择点】用于为区域起点位置选择点。【有效距离】可以选择【指定】或【无】，【指定】限制手动指定的点所产生的影响。【无】不设置距离。

　　【预钻点】选项区域是代表预先钻好的孔，刀具将在没有任何特殊进刀的情况下下降到该孔并开始加工。【选择点】用于为预钻点位置选择点。【指定点】指定预钻点位置。

知识点 2　平面铣

文　本

平面铣工序

　　平面铣只能加工与刀轴垂直的部件几何体，所以平面铣加工出来的是直壁垂直于底面的零件。平面铣的加工边界可以通过面、边界、曲线或点来指定，刀具在加工边界限定的范围切削。常用于粗加工带直壁的棱柱部件上的大量材料。

　　单击【插入】→【工序】选项，弹出【创建工序】对话框。按照图 1-2-16 所示【类型】选择【mill_planar】选项，【工序子类型】选择平面铣，设置工序的位置和名称后，单击【确定】按钮进入【平面铣】。常用的节点有【主要】【几何体】【进给率和速度】【切削区域】【策略】【连接】【非切削移动】等，其中【进给率和速度】【策略】【连接】【非切削移动】的参数与型腔铣相应参数相同。

图 1-2-16 创建平面铣工序

一、【主要】节点的参数设置

1.【主要】选项区域的参数设置

【主要】选项区域参数如图 1-2-17 所示。与型腔铣工序相应参数比较，刀具、步距、平面直径百分比等参数含义相同，下面详细解释其他参数。

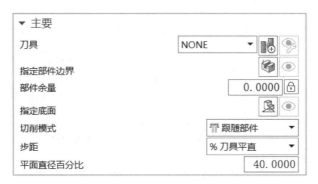

图 1-2-17 平面铣工序主要节点参数

【指定部件边界】选项用于指定要加工的部件。首选几何体选择为面。其他有效的几何体包括：曲线、边、永久边界和点。

【部件余量】选项用于指定加工后部件上剩余的材料量。默认情况下，如果不指定最终底面余量值，软件会使用默认值。

【指定底面】选项用于指定切削区域的底平面。底平面可定义"平面铣"工序的最低（最后）切削层。

【切削模式】选项用于选择加工切削区域适用的刀轨模式。与"型腔铣"工序的【切削模式】参数含义相同，只是增加了【标准驱动】和【自适应铣削】选项。【标准驱动】选项是沿指定的边界创建轮廓铣切削，而不进行自动修剪边界或过切检查。可以指定刀轨是否允许自相交。【自适应铣削】选项是基于恒定切屑量计算。它可用于创建高速粗加工刀轨。

2.【余量】选项区域的参数设置

【余量】选项根据材料侧或边界方向，以及主轴旋转方向计算切削方向，具体参数含义见表 1-2-17。

表 1-2-17　余量选项区域参数含义

对 话 框	参 数	说 明	图 例
	最终底面余量	设置未切削的材料量值。底面余量从面平面测量并沿刀轴偏置	
	毛坯余量	指定刀具偏离已定义毛坯几何体的距离。毛坯余量应用于具有相切条件的毛坯边界或毛坯几何体	
▼ 余量 最终底面余量　0.0000 毛坯余量　0.0000 检查余量　0.0000 修剪余量　0.0000 增量侧面余量　0.0000	检查余量	指定刀具位置与已定义检查边界的距离	
	修剪余量	指定自定义的修剪边界放置刀具的距离	
	增量侧面余量	可以在各切削层附加余量。此选项允许刀刃长度较短的刀具存在安全距离，但不移除边界的所有余量	

　　3.【刀轨设置】选项区域的参数设置

　　【刀轨设置】选项区域参数如图 1-2-18 所示，【切削深度】选项用于定义顶部切削层和最后一个切削层之间各切削的切削深度。【用户定义】选项用于指定切削深度的通用增量值和最小值。此选项的适用范围是从顶部切削层到与最终底平面相距的指定距离。【仅底面】选项是只在底层创建刀轨。【底面及临界深度】选项是先在底面创建刀轨，然后按照每个临界深度创建清理刀轨。【临界深度】选项是在每个临界深度顶部创建平面切削。在移到下一个更深层之前，刀轨会在每一层完全切断。此选项的适用范围是从顶部切削层到与最终底平面相距的指定距离。【恒定】选项用于指定切削深度的通用增量值。【公共】选项是定义每个切削层的最大切削深度。【Z 向深度偏置】选项是指定部件边界以下的距离以偏置刀轨。

二、【几何体】节点的参数设置

　　【几何体】节点参数如图 1-2-19 所示，【几何体】选项用于指定平面铣几何体。【指定毛坯边界】选项用于指定要切削的材料。【指定检查边界】选项用于指定不想加工的区域，如夹具组件。【指定修剪边界】选项用于选择将限定所生成刀轨的边界的类型。

图 1-2-18　刀轨设置选项区域参数　　　　图 1-2-19　几何体节点参数

三、【切削区域】节点的参数设置

【切削区域】节点的参数如图 1-2-20 所示，【毛坯距离】指定应用于部件边界或部件几何体以生成毛坯几何体的偏置距离。对于"平面铣"，默认的毛坯距离应用于封闭部件边界。【合并距离】设置用于将各刀轨段连接在一起的距离，以消除刀轨中的缝隙。当勾选【自动保存边界】复选框时，基于当前指定的参数自动保存边界。

图 1-2-20　切削区域节点参数

【毛坯】选项区域用于移除不接触材料的切削运动，精加工工序不考虑毛坯。【过程工件】用于可视化先前工序遗留的未切削材料、定义毛坯材料并检查是否存在刀具碰撞，包括无、使用 2D IPW、使用参考刀具三种选项。【无】选项是切削整个部件边界或部件轮廓。【使用 2D IPW】选项是通过跟踪受支持的工序中的剩余材料来避免其中材料已移动的刀具运动。【使用参考刀具】选项可以引用较大的刀具以使当前工序仅移除可能不会被较大刀具切削的材料。

知识点 3　底壁铣

底壁铣是平面铣工序中比较常用的铣削方式之一，它通过选择加工平面来指定加工区域，一般选用端铣刀。底壁铣可以进行粗加工，也可以进行精加工。

单击【插入】→【工序】选项，弹出【创建工序】对话框。按照图 1-2-21 所示【类型】选择【mill_planar】选项，【工序子类型】选择底壁铣，设置工序的位置和名称后，单击【确定】按钮进入【底壁铣】对话框。常用的节点有【主要】【几何体】【进给率和速度】【切削区域】【策略】【连接】【非切削移动】等，其中【几何体】【进给率和速度】【非切削移动】的参数与型腔铣相应参数相同。

● 文本

底壁铣工序

图 1-2-21　创建底壁铣工序

一、【主要】节点的参数设置

【主要】选项区域参数如图 1-2-22 所示，其中刀具、切削模式等参数与平面铣相同，这里重点介绍其他参数。

图 1-2-22　底壁铣工序主要选项区域参数

【指定切削区底面】选项用于指定用于定义切削区域的底面。当勾选【使用与部件相同的最终底面余量】复选框时，将最终底面余量设为与指定部件余量的值相同。【最终底面余量】选项用于设置未切削的材料量值。底面余量从面平面测量并沿刀轴偏置。

【指定壁几何体】选项用于指定环绕切削区域的壁。可以将壁分成集进行管理。可以拥有一个壁集或多个壁集。使用多个壁集时，每个集都有自己的隐含底面和每个集的底层。勾选【自动壁】复选框可从与所选切削区域面相邻的面中自动查找壁。要激活自动壁识别功能，必须使用【指定切削区底面】选项定义部件体上的加工底面，并且必须将部件体选为部件几何体。

【将底面延伸至】选项是调整底面区域大小以与指定部件或毛坯的轮廓相吻合，主要包括【无】【部件轮廓】【毛坯轮廓】等三个选项。【无】选项保持所选面上的原始切削区域。【部件轮廓】选项将切削区域延伸至部件轮廓，如同沿刀轴方向看到的一样。【毛坯轮廓】选项将切削区域延伸至毛坯轮廓，如同沿刀轴方向看到的一样。

勾选【使用与部件相同的壁余量】复选框时，将壁余量设为与指定部件余量的值相同。【壁余量】选项向各个壁应用唯一的余量。配合使用"壁几何体"可替代全局部件余量。切削平面与壁相交时，就将壁余量应用到切削平面。

二、【切削区域】节点的参数设置

【切削区域】节点参数如图 1-2-23 所示，【合并距离】将两个以上切削区域合并为一个切削区域（如果它们在指定的值范围内）。合并切削区域可减少不必要的进刀和退刀。要防止合并，将合并距离设为 0。

【简化形状】修改已定义的切削区域的形状。使用此选项可为复杂的部件形状生成有效的刀轨，还可以减少机床运动并缩短切削时间，具体参数含义见表 1-2-18。

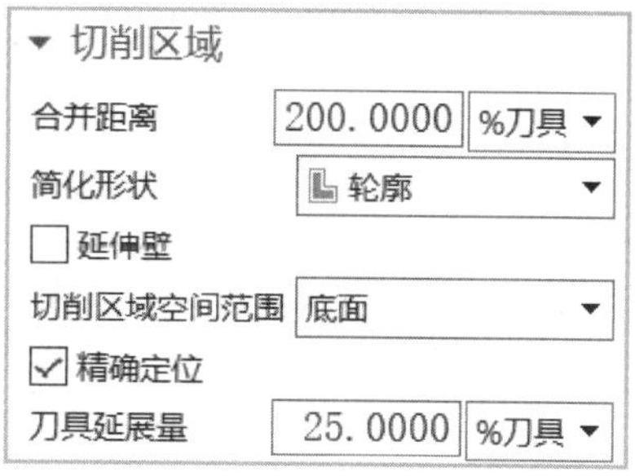

图 1-2-23　切削区域参数

表 1-2-18　简化形状参数含义

序号	参 数	说 明	图 例
1	轮廓	基于底面的精确形状来定义切削区域。刀轨包含在切削区域内	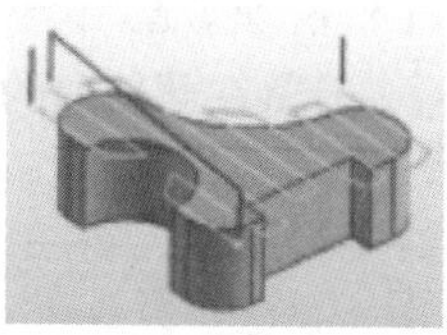
2	凸包	基于部件的简化凸面形状来定义切削区域。边界的凹部分将替换为直线。刀轨包含在切削区域内	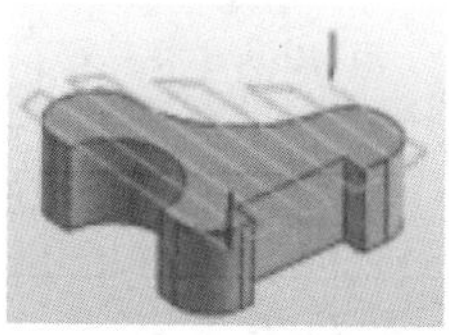
3	最小包围盒	将切削区域定义为包含要加工的整个面的包容块	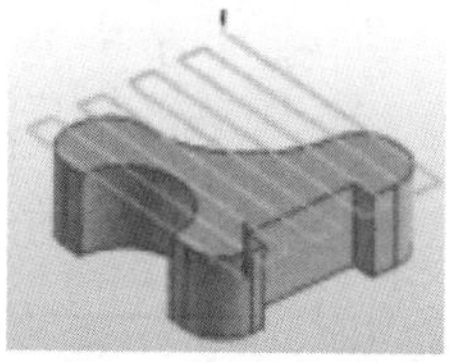

勾选【延伸壁】复选框时，用于延伸选定的壁以限制切削区域。不勾选时，不延伸选定的壁。选定的底面用于定义切削区域。

【切削区域空间范围】选项是可基于底面几何图形或壁几何图形来关注刀轨空间范围。【底面】选项是基于所选底面或侧壁，通过刀轨在选定底面上方的竖直方向进行加工来包含刀轨。【壁】选项是基于所选底面或侧壁，通过刀轨在竖直方向跟随部件几何体来包含刀轨。

勾选【精确定位】复选框时，将刀具精确定位到壁几何体，并定位到壁与底面之间的圆角。精确定位需要更长的处理时间。不勾选时，如果在定位刀具时忽略刀具半径和壁与底面之间的圆角，则可能会遗留少量余量。如果精确定位不重要，则取消勾选此复选框，以缩短刀轨生成时间。

【刀具延展量】选项用于指定刀具沿着初始刀路边界延展的距离。

三、【策略】节点的参数设置

【策略】节点参数如图 1-2-24 所示，其中切削方向、刀路方向等参数与型腔铣相同，这里详细介绍其他参数。

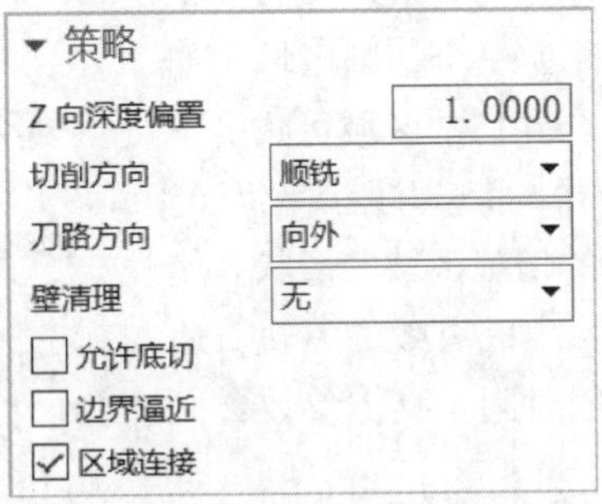

图 1-2-24　策略选项区域参数

【Z 向深度偏置】在所选壁的底边下设置隐式偏置，且每刀切削深度刀路将从此处开始。

【壁清理】适用于单向、往复和跟随周边切削模式。在各切削层插入最终轮廓铣刀路，以除去遗留在部件壁的凸部。壁清理刀路不同于轮廓铣刀路，具体参数含义见表 1-2-19。

表 1-2-19　壁清理参数的含义

序号	参　数	说　　明	图　例
1	无	并非总是移除所有材料，但是可以借助较少的进刀创建更短的刀轨	
2	在起点	在刀轨起点沿部件壁生成额外的轮廓铣刀路，以移除未切削的材料和重新切削某些外部跟随周边铣刀路	
3	在终点	在刀轨终点沿部件壁生成额外的轮廓铣刀路，以移除未切削的材料和重新切削某些外部跟随周边铣刀路	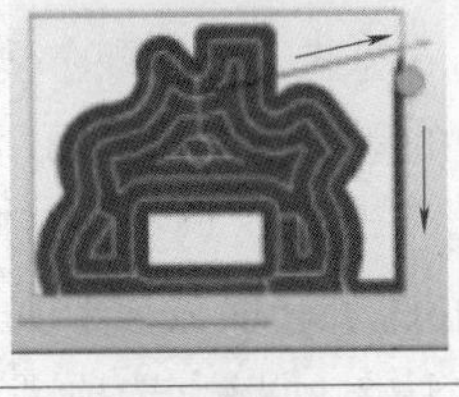
4	自动	适用于跟随周边切削模式。使用轮廓铣刀路移除所有材料，而不重新切削材料。刀具绕开放拐角壁滚动，并直接移动到下一个区域，无须抬刀	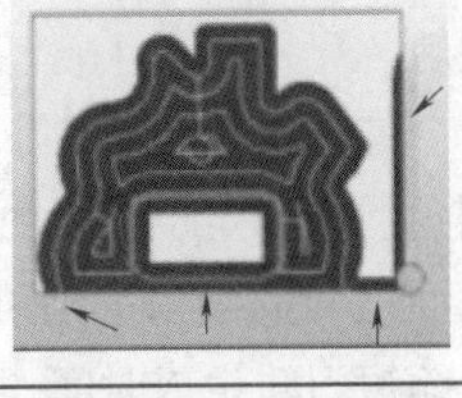

　　勾选【允许底切】复选框时，要加工位于部件凸缘下面的面。不勾选时，可避免刀具在凸缘下方进行切削。

　　勾选【边界逼近】复选框时，当边界或岛包含二次曲线或 B 样条时，缩短处理时间及刀轨长度。

　　勾选【区域连接】复选框时，最小化发生在一个部件的不同切削区域之间的进刀、退刀和移刀移动数。

四、【连接】节点的参数设置

1.【跨空区域】选项区域的参数设置

【运动类型】选项用于指定存在空区域时的刀刃移动，具体参数含义见表 1-2-20。

表 1-2-20　运动类型参数的含义

对 话 框	参 数	说 明	图 例
跨空区域 运动类型　切削 　　　跟随 　　　切削 　　　移刀 壁 □ 岛清根	跟随	指定存在空区域时必须抬刀	
	切削	指定以相同方向跨空切削时刀具保持切削进给率	
	移刀	指定刀具完全跨空时，刀具从切削进给率更改为移刀进给率。刀具按相同方向继续切削	

　　当选择【移刀】选项后，【最小移刀距离】选项指定软件允许刀具按切削进给率空切的最长距离。如果最小移刀距离被超出，进给率将从切削进给率改为移刀进给率。

2.【壁】选项区域的参数设置

　　勾选【岛清根】复选框时，绕岛插入一个附加刀路以移除可能遗留下来的所有多余材料。

【榜样力量】

查一查 中国队在第 45 届世界技能大赛数控铣赛项谁获得金牌？这位选手夺冠之路上，经历过哪些曲曲折折？

学习笔记 **自学自测**

一、单选题（只有一个正确答案，每题 10 分）

1. 与三轴加工相比，（ ）不属于多轴加工的三要素之一。

　　A. 走刀方式　　　B. 刀轴方向　　　C. 刀具类型　　　D. 刀具运动

2. 多轴加工与三轴加工不同之处在于对刀具轴线（ ）的控制。

　　A. 距离　　　　　B. 角度　　　　　C. 矢量　　　　　D. 方向

3. 复杂曲面加工过程中往往通过改变刀轴（ ）来避免刀具、工件、夹具和机床间的干涉和优化数控程序。

　　A. 距离　　　　　B. 角度　　　　　C. 矢量　　　　　D. 方向

4. 下面对于多轴加工的论述错误的是（ ）

　　A. 多轴数控加工能同时控制 4 个或 4 个以上坐标轴的联动

　　B. 能缩短生产周期，提高加工精度

　　C. 多轴加工时刀具轴线相对于工件是固定不变的

　　D. 多轴数控加工技术正朝着高速、高精、复合、柔性和多功能方向发展

二、多选题（有至少 2 个正确答案，每题 15 分）

1. 下面（ ）属于 RTCP 功能的优点。

　　A. 能够有效地避免机床超程

　　B. 简化了 CAM 软件后置处理的设定

　　C. 增加了数控程序对五轴机床的通用性

　　D. 使得手工编写五轴程序变得简单可行

2. 目前多轴加工技术存在的难点（ ）。

　　A. 经验丰富的编程与操作人员的缺乏

　　B. 多轴数控编程抽象、操作困难

　　C. 刀具半径补偿困难

　　D. 购置机床需要大量投资

三、判断题（对的划 √，错的划 ×，每题 10 分）

1. UG、Cimatron、Mastercam 三个软件均能够进行多轴编程。　　　　　　　　（　　）

2. 在多轴加工曲面时，使用球刀加工一定比平底刀加工的表面质量高。　　　　（　　）

3. 多轴加工中常采用定制刀具对一些复杂零件进行特定特征的加工。　　　　　（　　）

![任务实施]

按照零件加工要求，制定六面连接总成的加工工艺；编制六面连接总成的加工程序。

一、制定连接总成四轴数控加工工艺

1. 零件分析
该零件形状相对比较复杂，主要由六边体组成，主要加工内容为六边体。

2. 加工方法
六面连接总成的数控加工方法主要使用四轴数控机床进行四轴定向加工，首先依次定向加工每个局部凸台或者凹槽，最后进行孔加工。

3. 加工工序
零件选用立式四轴数控机床加工，专用夹具的装夹方式。遵循先粗后精加工原则，粗加工均采用三轴联动加工，精加工采用四轴定向加工。制定连接总成加工工序见表 1-2-21。

表 1-2-21　连接总成加工工序

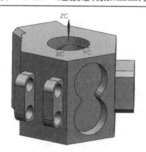

连接总成示意图

序号	加工内容	刀具	主轴转速 /（r/min）	进给速度 /（mm/min）
1	连接总成粗加工	D8	4 000	2 000
2	连接总成面精加工	D4	12 000	1 200
3	孔加工	STD_DRILL_D8	8 000	1 000

二、数控程序编制

1. 编程准备
第 1 步：启动 UG NX 软件，打开软件工作界面。依次单击【文件】→【打开】选项，打开【打开文件】对话框，选择"连接总成 .prt"文件，单击【确定】按钮，打开连接总成零件模型。

第 2 步：设置加工环境。选择【应用模块】选项卡，单击【加工】按钮，进入加工环境。在弹出的【加工环境】对话框中，在【CAM 会话配置】选项中选择【cam_general】选项，在【要创建的 CAM 设置】选项中选择【mill_contour】选项，单击【确定】按钮，完成轮廓铣加工模板的加载。

第 3 步：设置机床坐标系。在工具栏单击【几何视图】按钮，工序导航器显示几何视图，双击【MCS_MILL】选项，弹出【MCS 铣削】对话框，如图 1-2-25 所示，双击【指定机床坐标系】右侧图标，将加工坐标系移动到圆柱面的端部，同时把旋转轴设置成 X 方向旋转。【安全设置选项】选择【圆柱】选项，同时【指定点】指定坐标原点，【指定矢量】指定 ZC 轴，【半径】输入【60】，单击【确定】按钮，完成加工坐标系的设置。

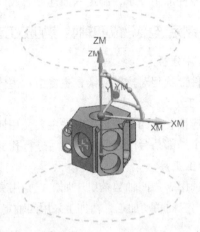

图 1-2-25　加工坐标系设定

第 4 步：设置部件和毛坯。工序导航器显示几何视图，双击【WORKPIECE】选项，弹出【工件】对话框，单击【指定部件】右侧按钮，弹出【部件几何体】对话框，在绘图区选择图 1-2-26 所示连接总成模型，单击【确定】按钮完成部件设置。单击【指定毛坯】右侧按钮，弹出【毛坯几何体】对话框，【类型】选择【几何体】，选择毛坯模型（外径62× 内径 18× 高 36），单击【确定】按钮完成图 1-2-26 所示毛坯设置，返回【工件】对话框，单击【确定】按钮完成部件和毛坯的设置。

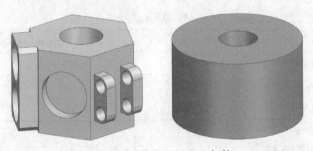

图 1-2-26　指定毛坯和几何体

第 5 步：创建刀具。在工具栏单击【机床视图】按钮，工序导航器显示机床视图。单击【创建刀具】选项，弹出【创建刀具】对话框，【类型】选择【mill_contour】，【刀具子类型】选择第一个【MILL】图标，刀具名称修改为 D8，单击【应用】按钮，弹出【铣刀 -5 参数】对话框，设置刀具参数如图 1-2-27 所示，【直径】输入 8，【下半径】输入 0，【刀具号】【补偿寄存器】【刀具补偿寄存器】三个参数均输入 1，其他参数默认，单击【确定】按钮，完成立铣刀 D8 的创建。

同理【创建刀具】对话框，【类型】选择【mill_contour】，【刀具子类型】选择第一个【MILL】图标，刀具名称修改为 D4，单击【应用】按钮，弹出【铣刀 -5 参数】对话框，设置【直径】输入 4，【下半径】输入 0，【刀具号】【补偿寄存器】【刀具补偿寄存器】三个参数均输入 2，其他参数默认，单击【确定】按钮，完成立铣刀 D4 的创建。

同理【创建刀具】对话框，【类型】选择【hole_making】，【刀具子类型】选择第二个

【STD_DRILL】，刀具名称修改【STD_DRILL_D8】，单击【应用】按钮，弹出【钻刀】对话框，如图 1-2-28 所示，设置刀具参数，【直径】输入 8，【刀具号】【补偿寄存器】两个参数均输入 3，其他参数默认，单击【确定】按钮，完成钻刀 STD_DRILL_D8 的创建。

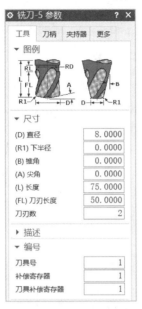
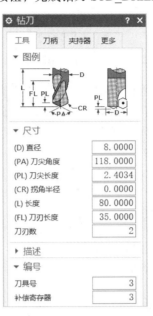

图 1-2-27　创建刀具　　　　图 1-2-28　创建刀具

2．连接总成粗加工程序编制

（1）侧面 1 粗加工的程序编制

第 1 步：创建型腔铣工序。单击【创建工序】图标，打开【创建工序】对话框，如图 1-2-29所示，【类型】选择【mill_contour】，【工序子类型】选择【型腔铣】图标，【程序】选择【PROGRAM】，【刀具】选择【D8（铣刀 -5 参数）】，【几何体】选择【WORKPIECE】，【方法】选择【MILL_ROUGH】，名称侧面 1 粗加工，单击【确定】按钮，打开【型腔铣】对话框。

第 2 步：设置【主要】节点。【型腔铣】对话框【主要】节点【刀轨设置】选项区域如图 1-2-30 所示，【切削模式】选择【跟随周边】，【步距】选择【% 刀具平直】，【平面直径百分比】输入 70，【公共每刀切削深度】选择【恒定】，【最大距离】输入 1。【切削】选项区域【切削方向】选择【顺铣】，【切削顺序】选择【深度优先】，【刀路方向】选择【向内】，取消勾选【岛清根】复选框，【壁清理】选择【自动】，其他采用默认参数，【主要】节点参数设置完成。

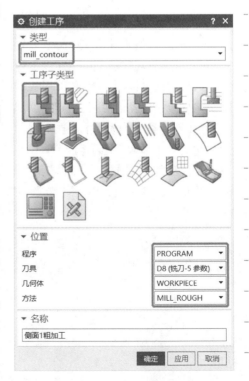

图 1-2-29　创建型腔铣工序

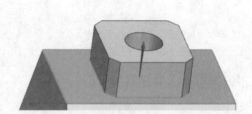

图 1-2-30   主要节点参数

第 3 步：设置【几何体】节点。单击【型腔铣】对话框【几何体】节点，【几何体】选项区域中勾选【指定部件使底面余量与侧面余量一致】复选框，【部件侧面余量】输入0.3，其他默认参数，【几何体】节点参数设置完成。

第 4 步：设置【刀轴和刀具补偿】节点。单击【型腔铣】对话框【刀轴和刀具补偿】节点，【刀轴】选项区域【轴】选择【指定矢量】，单击【矢量对话框】图标，弹出【矢量】对话框，【面 / 平面法向】的【选择对象】选择图 1-2-31 所示平面，核对箭头所指方向，其他采用默认参数，【刀轴和刀具补偿】节点参数设置完成。

图 1-2-31   矢量对话框参数

第 5 步：设置【进给率和速度】节点。单击【型腔铣】对话框【进给率和速度】节点，【主轴速度】选项区域【主轴速度】输入 4 000，【进给率】选项区域【切削】输入 2 000，其他采用默认参数，【进给率和速度】节点参数设置完成。

第 6 步：设置【切削层】节点。单击【切削层】节点，【范围】选项区域如图 1-2-32所示，【范围类型】选择【用户定义】，【切削层】选择【恒定】，【公共每刀切削深度】选择【恒定】，【最大距离】输入 1。【范围定义】选项区域【选择对象】选择图 1-2-32 所示平面，【范围深度】输入 11，【测量开始位置】选择【顶层】，【每刀切削深度】输入【1】，其他采用默认参数，【切削层】节点参数设置完成。

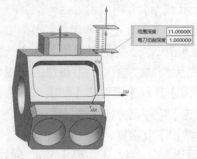

图 1-2-32   切削层节点参数

第 7 步：生成刀具路径。单击【型腔铣】对话框【生成】图标，如图 1-2-33 所示，在绘图区查看生成的刀具路径，单击【确定】按钮，完成侧面 1 粗加工型腔铣工序。

（2）侧面 2 粗加工的程序编制

第 1 步：复制侧面 1 粗加工工序。在工具栏单击【程序顺序视图】图标，工序导航器显示程序顺序视图。右击侧面 1 粗加工工序，依次选择【复制】【粘贴】选项，则生成"侧面 1 粗加工 -COPY"工序。右击该工序，选择【重命名】选项，重命名为"侧面 2 粗加工"。

图 1-2-33　侧面 1
粗加工刀轨

第 2 步：修改【刀轴和刀具补偿】节点。双击"侧面 2 粗加工"工序打开【型腔铣】对话框，【刀轴和刀具补偿】节点【刀轴】选项区域【轴】选择【指定矢量】，单击【矢量对话框】图标，弹出【矢量】对话框，删除已选择的平面，在【选择对象】选择图 1-2-34 所示平面，核对箭头所指方向，其他采用默认参数，刀轴参数修改完成。

第 3 步：修改【切削层】节点。单击【切削层】节点，【范围定义】选项区域【选择对象】选择图 1-2-34 所示平面，【范围深度】输入 11，其他采用默认参数，【切削层】节点参数修改完成。

第 4 步：生成刀具路径。单击【型腔铣】对话框【生成】图标，如图 1-2-35 所示，在绘图区查看生成的刀具路径，单击【确定】按钮，完成侧面 2 粗加工型腔铣工序。

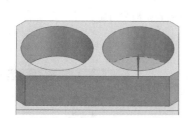

图 1-2-34　侧面 2 指定矢量参数

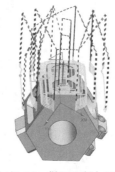

图 1-2-35　侧面 2 粗加工刀轨

（3）侧面 3、4、5、6 粗加工的程序编制

与侧面 2 粗加工工序操作同理，依次选择【复制】【粘贴】【重命名】选项，创建侧面 3 粗加工工序。修改刀轴的方向如图 1-2-36 所示，修改切削层平面如图 1-2-36 所示，生成刀轨图 1-2-37 所示。按照以上规律，分别生成图 1-2-38、图 1-2-39、图 1-2-40 所示侧面 4、侧面 5、侧面 6 粗加工的刀轨。

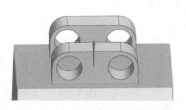

图 1-2-36　侧面 3 指定矢量参数

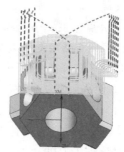

图 1-2-37　侧面 3 粗加工刀轨

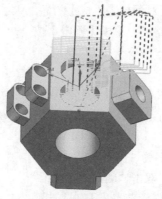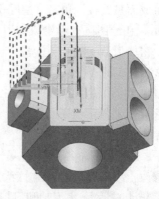

图 1-2-38　侧面 4 粗加工刀轨　　图 1-2-39　侧面 5 粗加工刀轨

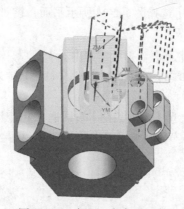

图 1-2-40　侧面 6 粗加工刀轨

3. 连接总成面精加工程序编制

（1）侧面 1 精加工的程序编制

第 1 步：创建平面铣工序。单击【创建工序】图标，打开【创建工序】对话框，如图 1-2-41 所示，【类型】选择【mill_planar】，【工序子类型】选择【平面铣】图标，【程序】选择【PROGRAM】，【刀具】选择【D8（铣刀 -5 参数）】，【几何体】选择【WORKPIECE】，【方法】选择【MILL_FINISH】，名称侧面 1 精加工，单击【确定】按钮，打开【平面铣】对话框。

第 2 步：设置【主要】节点。在【平面铣】对话框【主要】节点【主要】选项区域，【指定部件边界】选择侧面 1 凸台的底边，【部件余量】输入 0，【指定底面】选择凸台底面，【切削模式】选择【轮廓】，其他采用默认参数，【主要】节点参数设置完成。

第 3 步：设置【刀轴和刀具补偿】节点。单击【平面铣】对话框【刀轴和刀具补偿】节点，

图 1-2-41　创建平面铣工序

【刀轴】选项区域【轴】选择【指定矢量】，与侧面 1 粗加工的刀轴相同。

第 4 步：设置【进给率和速度】节点。单击【平面铣】对话框【进给率和速度】节点，【主轴速度】选项区域【主轴速度】输入 12 000，【进给率】选项区域【切削】输入 1 200，其他采用默认参数，【进给率和速度】节点参数设置完成。

第 5 步：生成刀具路径。单击【平面铣】对话框【生成】图标，如图 1-2-42 所示，在绘图区查看生成的刀具路径，单击【确定】按钮，完成侧面 1 精加工平面铣工序。

（2）侧面 2 精加工的程序编制

第 1 步：复制侧面 1 精加工工序。在工具栏单击【程序顺序视图】图标，工序导航器显示程序顺序视图。右击侧面 1 精加工工序，依次选择【复制】【粘贴】选项，则生成"侧面 1 精加工 -COPY"工序。右击该工序，选择【重命名】选项，重命名为"侧面 2 精加工"。

第 2 步：修改【主要】节点。双击"侧面 2 精加工"工序打开【平面铣】对话框，【主要】节点【指定部件边界】选择侧面 2 凸台外轮廓底边和凸台内孔底边，【部件余量】输入 0，【指定底面】选择凸台底面，其他采用默认参数，部件边界参数修改完成。

第 3 步：修改【刀轴和刀具补偿】节点。【刀轴和刀具补偿】节点【刀轴】选项区域【轴】选择【指定矢量】，单击【矢量对话框】图标，弹出【矢量】对话框，在【选择对象】选择侧面 2 凸台底面，核对箭头所指方向，其他采用默认参数，刀轴参数修改完成。

第 4 步：生成刀具路径。单击【平面铣】对话框【生成】图标，如图 1-2-43 所示，在绘图区查看生成的刀具路径，单击【确定】按钮，完成侧面 2 精加工平面铣工序。

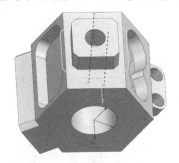
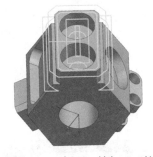

图 1-2-42　侧面 1 精加工刀轨　　　　图 1-2-43　侧面 2 精加工刀轨

（3）侧面 3、4、5、6 精加工的程序编制

与侧面 2 精加工工序操作同理，依次选择【复制】【粘贴】【重命名】选项，创建侧面 3 精加工工序。修改部件边界，修改刀轴的方向，生成刀轨如图 1-2-44 所示。按照以上规律，分别生成图 1-2-45、图 1-2-46、图 1-2-47 所示侧面 4、侧面 5、侧面 6 精加工的刀轨。

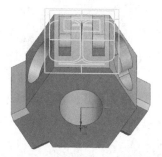

图 1-2-44　侧面 3 精加工刀轨　　　　图 1-2-45　侧面 4 精加工刀轨

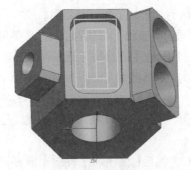
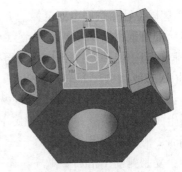

图 1-2-46　侧面 5 精加工刀轨　　　　图 1-2-47　侧面 6 精加工刀轨

（4）侧面 3 局部圆角精加工的程序编制

第 1 步：复制侧面 1 精加工工序。右击侧面 1 精加工工序，依次选择【复制】【粘贴】选项，则生成"侧面 1 精加工 -COPY"工序。右击该工序，选择【重命名】选项，重命名为"侧面 3 局部圆角精加工"。

第 2 步：修改【主要】节点。双击"侧面 3 局部圆角精加工"工序打开【平面铣】对话框，【主要】节点单击【指定部件边界】右侧图标，弹出【部件边界】对话框，【选择曲线】选择图 1-2-48 所示圆弧边，【边界类型】选择【开放】，【刀具侧】选择【左】，【平面】选择【自动】，单击【确定】按钮返回【平面铣】对话框，【指定底面】选择圆角下底面，其他采用默认参数，部件边界参数修改完成。

第 3 步：修改【刀轴和刀具补偿】节点。【刀轴和刀具补偿】节点【刀轴】选项区域【轴】选择【指定矢量】，单击【矢量对话框】图标，弹出【矢量】对话框，在【选择对象】选择图 1-2-48 所示平面，核对箭头所指方向，其他采用默认参数，刀轴参数修改完成。

第 4 步：生成刀具路径。单击【平面铣】对话框【生成】图标，如图 1-2-49 所示，在绘图区查看生成的刀具路径，单击【确定】按钮，完成侧面 3 局部圆角精加工平面铣工序。

图 1-2-48　部件边界参数　　　　图 1-2-49　侧面 3 局部圆角精加工刀轨

4．孔加工程序编制

（1）侧面 1 孔加工的程序编制

第 1 步：创建钻孔工序。单击【创建工序】图标，打开【创建工序】对话框，如图 1-2-50 所示，【类型】选择【hole_making】，【工序子类型】选择【钻孔】图标，【程序】选择【PROGRAM】，【刀具】选择【STD_DRILL_Z8】，【几何体】选择【WORKPIECE】，【方法】选择【DRILL_METHOD】，名称侧面 1 孔加工，单击【确定】按钮，打开【钻孔】对话框。

第 2 步：设置【主要】节点。在【钻孔】对话框【主要】节点【主要】选项区域，

【指定特征几何体】选择侧面 1 凸台内孔孔壁，【运动输出】选择【单步移动】，【循环】选择【钻】，其他采用默认参数，【主要】节点参数设置完成。

第 3 步：设置【进给率和速度】节点。单击【钻孔】对话框【进给率和速度】节点，【主轴速度】选项区域【主轴速度】输入 8 000，【进给率】选项区域【切削】输入 1 000，其他采用默认参数，【进给率和速度】节点参数设置完成。

第 4 步：生成刀具路径。单击【钻孔】对话框【生成】图标，在绘图区查看生成的刀具路径，单击【确定】按钮，完成侧面 1 钻孔工序。

（2）侧面 3 孔加工的程序编制

第 1 步：创建孔铣工序。单击【创建工序】图标，打开【创建工序】对话框，如图 1-2-51 所示，【类型】选择【hole_making】，【工序子类型】选择【孔铣】图标，【程序】选择【PROGRAM】，【刀具】选择【D4（铣刀 -5 参数）】，【几何体】选择【WORKPIECE】，【方法】选择【MILL_FINISH】，名称侧面 3 孔加工，单击【确定】按钮，打开【孔铣】对话框。

第 2 步：设置【主要】节点。在【孔铣】对话框【主要】节点【主要】选项区域，【指定特征几何体】选择侧面 3 的孔壁，【切削模式】选择【螺旋】，其他采用默认参数，【主要】节点参数设置完成。

第 3 步：设置【进给率和速度】节点。单击【孔铣】对话框【进给率和速度】节点，【主轴速度】选项区域【主轴速度】输入 8 000，【进给率】选项区域【切削】输入 1 000，其他采用默认参数，【进给率和速度】节点参数设置完成。

第 4 步：生成刀具路径。单击【孔铣】对话框【生成】图标，如图 1-2-52 所示，在绘图区查看生成的刀具路径，单击【确定】按钮，完成侧面 3 钻孔工序。

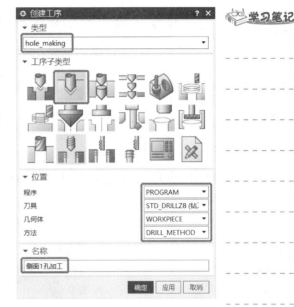

图 1-2-50　创建钻孔工序

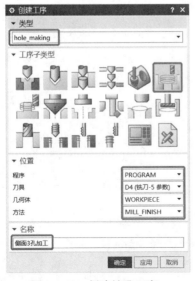

图 1-2-51　创建钻孔工序

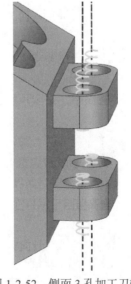

图 1-2-52　侧面 3 孔加工刀轨

连接总成的四轴数控编程工单

连接总成的四轴数控编程工单可扫描二维码查看。

课后作业

编程题

如图 1-2-53 所示的工字形零件结构，进行多轴数控加工分析，制定加工工艺文件，使用 UG 软件进行数控编程，生成合理的刀路轨迹，后处理成数控程序。

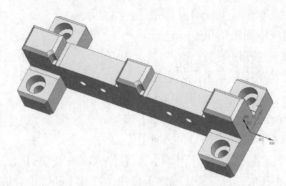

图 1-2-53　工字形零件结构

▌任务 3　叶片的四轴数控编程

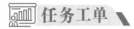

📊 **任务工单**

学习情境 1	四轴数控编程	任务 3	叶片的四轴数控编程
任务学时		课内 8 学时（课外 2 学时）	
布置任务			
工作目标	（1）根据零件结构特点，合理选择四轴加工机床； （2）根据零件的加工要求，制定叶片零件的加工工艺文件； （3）使用 UG 软件，完成叶片的四轴数控编程，生成合理的刀路； （4）使用 UG 软件，完成仿真加工，检验刀路是否正确合理		
任务描述	叶片零件是水力发电设备的核心零件，某发电设备制造公司工艺部接到叶片的生产任务，根据设计员设计的叶片零件三维造型；工艺员查询机械加工工艺手册关于螺旋曲面的加工工艺信息，合理规划叶片零件的加工工艺路线，制定加工工艺方案；编程员编制加工工艺文件，使用 UG 软件创建四轴联动加工操作，设置必要的加工参数、生成刀具路径、检验刀具路径是否正确合理，并对操作过程中存在的问题进行研讨和交流，通过相应的后处理生成数控加工程序，并仿真加工		

学时安排	资讯	计划	决策	实施	检查	评价
	1 学时	0.5 学时	0.5 学时	5 学时	0.5 学时	0.5 学时

任务准备	（1）叶片零件图纸； （2）电子教案、课程标准、多媒体课件、教学演示视频及其他共享数字资源； （3）叶片模型； （4）游标卡尺等工具和量具
对学生学习及成果的要求	（1）学生具备叶片零件图的识读能力； （2）严格遵守实训基地各项管理规章制度； （3）对比叶片零件三维模型与零件图，分析结构是否正确，尺寸是否准确； （4）每名同学均能按照学习导图自主学习，并完成课前自学的问题训练和自学自测； （5）严格遵守课堂纪律，学习态度认真、端正，能够正确评价自己和同学在本任务中的素质表现； （6）每位同学必须积极参与小组工作，承担加工工艺制定、数控编程、程序校验等工作，做到能够积极主动不推诿，能够与小组成员合作完成任务； （7）每位同学均需独立或在小组同学的帮助下完成任务工单、加工工艺文件、数控编程文件、仿真加工视频等，并提请检查、签认，对提出的建议或有错误务必及时修改； （8）每组必须完成任务工单，并提请教师进行小组评价，小组成员分享小组评价分数或等级； （9）每名同学均完成任务反思，以小组为单位提交

学习笔记

学习导图

任务3　叶片的四轴数控编程

知识点

区域轮廓铣
- 问题1：区域轮廓铣工序常用于铣削哪些结构？
- 问题2：在多轴区域轮廓铣工序时，区域轮廓铣工序的刀轴设置常用哪些方式？

曲面区域轮廓铣
- 问题1：曲面区域轮廓铣工序常用于铣削哪些结构？
- 问题2：在多轴数控编程时，曲面区域轮廓铣工序的刀轴设置常用哪些方式？

深度轮廓铣
- 问题1：深度轮廓铣工序常用于铣削哪些结构？
- 问题2：在多轴数控编程时，深度轮廓铣工序的刀轴设置常用哪些方式？

技能点
- 比较区域轮廓铣、曲面区域轮廓铣、深度轮廓铣的适用范围
- 查询机械加工工艺手册制定叶片的加工工艺方案
- 使用UG软件深度轮廓铣、区域轮廓铣等工序进行叶片的数控编程
- 仿真加工叶片的数控加工过程，检查刀路是否合理

素质思政融入点
- 通过学习大国工匠攻克发动机叶片打磨难关先进事迹，引导学生感悟"艰苦奋斗、勇于创新"的劳模精神
- 通过小组讨论叶片的加工工艺方案，树立学生良好的成本意识、质量意识、创新意识
- 通过叶片数控编程实际操作练习，养成精益求精的工匠精神、热爱劳动的劳动精神

思政案例：世界技能大赛数控铣要项金牌获得者的数控编程训练过程——勤学苦练，把技术学到极致

区域轮廓铣
工序

知识点 1　区域轮廓铣

区域轮廓铣（简称"区域铣"）指刀具根据部件轮廓形状以特定的步距和角度进行加工。切削区域可以通过选择曲面区域、片体或面来指定，也可以通过指定修剪边界进一步约束切削区域。修剪边界总是封闭的，刀具位置始终为上。主要用于浅平曲面和流线曲面加工，适用于半精加工和精加工，加工刀具一般使用球刀。

依次单击【插入】【工序】选项，弹出【创建工序】对话框。按照图 1-3-1 所示选择【mill_contour】选项，【工序子类型】选择区域铣，设置工序的位置和名称后，单击【确定】按钮进入【区域铣】对话框。常用的节点有【主要】【几何体】【刀轴】【进给率和速度】【策略】【非切削移动】等，与型腔铣工序比较，【几何体】【刀轴】【进给率和速度】节点参数相同。

图 1-3-1　创建区域铣工序

一、【主要】节点的参数设置

1. 【主要】选项区域的参数设置

【刀具】选项用于选择要指派到当前工序的刀具。可以从该列表中选择一个刀具，也可以创建新刀具，或编辑选定的刀具。

2. 【空间范围】选项区域的参数设置

【空间范围】选项区域参数如图 1-3-2 所示，用于根据刀轨的陡峭度限制切削区域。

【方法】选项主要包括【非陡峭】【陡峭和非陡峭】【陡峭】等三个选项。【非陡峭】选项只在部件表面角度小于陡峭壁角度值的切削区域内加工。【陡峭和非陡峭】选项对陡峭和非陡峭区域进行加工。软件为陡峭和非陡峭区域创建单独的切削区域。【陡峭】选项只在部件表面角度大于陡峭壁角度值的切削区域内加工。

【陡峭壁角度】指定将区域视为陡峭所需的角度。

【区域排序】在将空间范围方法设为【陡峭和非陡峭】时可用，包括【先陡】【自上而下层优先】【自上而下深度优先】等三个选项。【先陡】选项首先切削符合陡峭准则的区域。【自上而下层优先】选项首先切削各组面中的最高区域，然后逐层递进，直至切削到最低层。【自上而下深度优先】选项首先在一组面中从最高区域切削至最低区域，然后移至下一组面。

【重叠区域】用于指定重叠区域，包括【无】【距离】等两个选项。【无】相邻区域之间没有重叠。【距离】可以为重叠指定刀具直径的百分比或固定距离。

3.【非陡峭切削】选项区域的参数设置

【非陡峭切削】选项区域的参数如图 1-3-3 所示，用于为部件表面角度小于陡峭壁角度值的切削区域指定各种切削参数。

【非陡峭切削模式】指定用于加工非陡峭切削区域的切削模式，包括【跟随周边】【平面螺旋】【轮廓】【单向】【往复】【往复上升】【单向轮廓】【单向步进】等选项。其中【平面螺旋】用于切削连续螺旋，在切削区域的外边处开始，在切削区域的中间结束，消除刀路之间的步距。【往复上升】用于创建沿相反方向切削的刀路。步进是非切削移动。在各刀路结束处，刀刃将退刀、移刀和反向切削。

【步进清理】适用于跟随周边切削模式。勾选时，在刀路之间刀具由于步距而没有切削到的地方添加清理刀路。【刀轨光顺】勾选时，可用于除轮廓加工以外的所有切削模式。在尖角添加径向平滑移动以避免突然改变加工方向。

图 1-3-2　空间范围选项区域参数　　　图 1-3-3　非陡峭切削选项区域参数

4.【陡峭切削】选项区域的参数设置

【陡峭切削】选项区域的参数如图 1-3-4 所示，【陡峭切削模式】选项指定用于对陡峭切削区域进行加工的深度加工切削模式，包括【单向深度加工】【往复深度加工】【往复上升深度加工】【螺旋深度加工】等选项。

【深度切削层】选项包括【恒定】【优化】等两个选项。【恒定】用于指定一个值，使连续切削层之间的距离保持恒定。【优化】选项可确定连续切削层之间的切削深度，从而实现理想清理效果。

【深度加工每刀切削深度】选项用于按刀具直径的百分比或按距离值，为陡峭区域切削层指定

图 1-3-4　陡峭切削选项区域参数

切削深度。【合并距离】选项用于将小于指定分隔距离的切削移动的结束点连接起来以消除不必要的退刀。【最小切削长度】选项用于消除小于指定值的刀轨段。

二、【策略】节点的参数设置

1.【延伸路径】选项区域的参数设置

【延伸路径】选项区域的参数如图 1-3-5 所示，【在凸角上延伸】选项不勾选时，在切

削运动通过内凸边时不提供对刀轨的额外控制，以防止刀具驻留在这些边上。勾选时，在切削运动通过内凸边时提供对刀轨的额外控制，以防止刀具驻留在这些边上。【最大拐角角度】选项指定的最大夹角被超出后则不发生抬刀。

【跨底切延伸】选项不勾选时，在刀具由于部件中的底切而不能切削的区域中不延伸刀轨。底切可能有或可能没有剩余余量。勾选时，在刀具由于部件中的底切而不能切削的区域中延伸刀轨。底切可能有或可能没有剩余余量。

【在边上滚动刀具】选项不勾选时，防止允许刀具在部件边缘滚动时发生过切。此选项需要切削区域几何体。勾选时，尝试完成刀轨，同时保持与部件表面接触。

2.【倾斜】选项区域的参数设置

【倾斜】选项区域参数如图 1-3-6 所示，用于指定刀具的向上和向下角度运动限制。角度是从垂直于刀轴的平面测量的。【向上斜坡角】选项允许刀具向上倾斜0°（平面垂直于固定刀轴）到指定值。一般输入0°到90°之间的值。【向下斜坡角】选项允许刀具向下倾斜0°（平面垂直于固定刀轴）到指定值。

【优化刀轨】不勾选时，未应用优化，否则会使刀具偏离预期刀轨。勾选时，使刀具尽可能多地接触部件并最小化刀路之间的非切削移动。

【延伸至边界】不勾选时，在部件顶部结束"仅向上"切削的刀路，或者在部件底部结束"仅向下"切削的刀路。勾选时，将"仅向上"或"仅向下"切削的切削刀路末端延伸至部件边界。

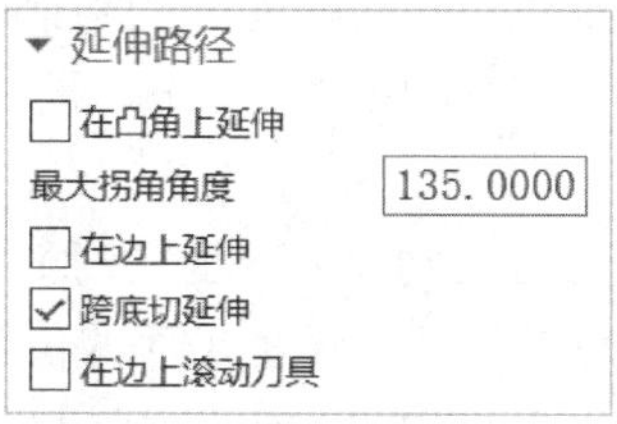

图 1-3-5　延伸路径选项区域参数 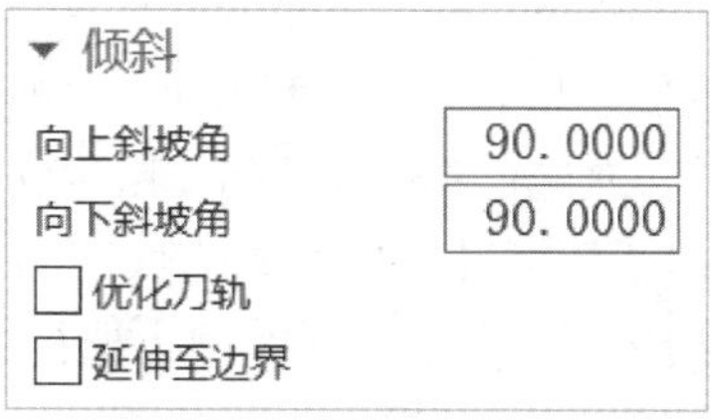　　　　图 1-3-6　倾斜选项区域参数

3.【圆弧上进给调整】选项区域的参数设置

【圆弧上进给调整】选项区域的参数如图 1-3-7 所示，【调整进给率】选项包括【无】【在所有圆弧上】两个选项。

【无】选项不应用进给率调整。【在所有圆弧上】选项使用补偿因子以保持内、外接触面处的进给率近似恒定。当中心线刀轨上的刀尖按恒定进给率移动时，沿外接触面的进给率较慢，沿内接触面的进给率较快。

4.【拐角处进给减速】选项区域的参数设置

【拐角处进给减速】选项区域的参数如图 1-3-8 所示，【减速距离】选项包括【无】【当前刀具】【上一个刀具】等三个选项。

【无】选项不应用进给率减速。

【当前刀具】选择后，【刀具直径百分比】选项是使用刀具直径百分比作为减速距离，默认设为110%。【减速百分比】选项是设置原有进给率的减速百分比，默认设为10%。【步数】选项是设置应用到进给率的减速步数，默认设为一步。【最小拐角角度】选项是设置识别为拐角的最小角度，默认值为0度。【最大拐角角度】选项是设置识别为拐角的最大角度，默认值为175°。

【上一个刀具】选项是使用上一个刀具的直径作为减速距离。

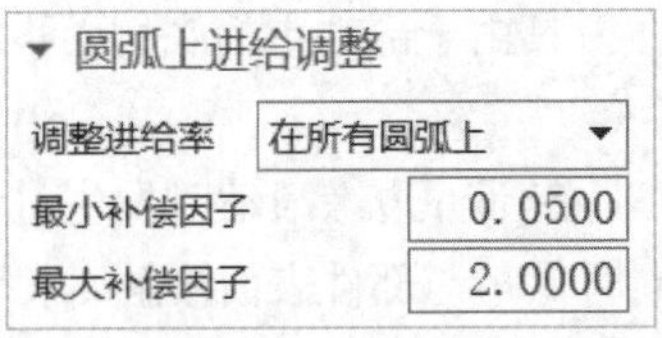

▼ 圆弧上进给调整	
调整进给率	在所有圆弧上 ▼
最小补偿因子	0.0500
最大补偿因子	2.0000

图 1-3-7　圆弧上进给调整选项区域参数

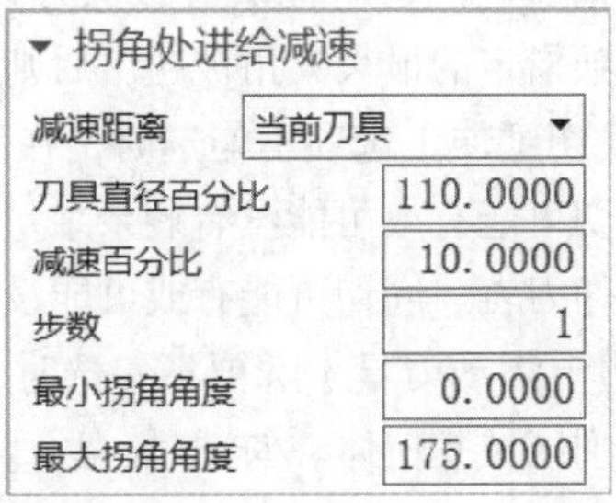

▼ 拐角处进给减速	
减速距离	当前刀具 ▼
刀具直径百分比	110.0000
减速百分比	10.0000
步数	1
最小拐角角度	0.0000
最大拐角角度	175.0000

图 1-3-8　拐角处进给减速选项区域参数

三、【非切削移动】节点的参数设置

【光顺】节点【进刀／退刀／步进】选项区域的【替代为光顺连接】选项勾选时，使用专用于生成安全、光顺和高效运动的半自动方法代替大部分非切削运动创建。其他参数含义与"型腔铣"相应参数相同。

文本
曲面区域轮廓铣工序

知识点 2　曲面区域轮廓铣

曲面区域轮廓铣是一种用于精加工由轮廓曲面所形成区域的加工方式。它通过精确控制刀具轴和投影矢量，使刀具沿着非常复杂曲面的轮廓进行切削运动。曲面区域轮廓铣通过定义不同的驱动几何体来产生驱动点阵列，并沿着指定的投影矢量方向投影到部件几何体上，然后将刀具定位到部件几何体以生成刀轨。

依次单击【插入】【工序】选项，弹出【创建工序】对话框。按照图 1-3-9 选择【mill_contour】选项，【工序子类型】选择曲面区域轮廓铣，设置工序的位置和名称后，单击【确定】按钮进入【曲面区域轮廓铣】对话框。常用的节点有【主要】【几何体】【刀轴】【进给率和速度】【策略】【非切削移动】等。

图 1-3-9　创建曲面区域轮廓铣工序

与区域铣工序相比，仅增加了【主要】节点【驱动方法】选项区域的参数。

【驱动方法】选项区域用于定义创建刀轨所需的驱动点，方法主要包括【曲线／点】

【区域铣】【引导曲线】【曲面区域】【流线】【刀轨】【文本】【用户定义】等选项。

【曲线 / 点】选项是通过指定点和选择曲线来定义驱动几何体。【区域铣】选项是沿轮廓面创建固定轴刀轨。【引导曲线】选项是创建固定轴刀轨时，通过一条或多条引导曲线来定义切削区域、切削方向和切削距离。【曲面区域】选项是定义位于驱动面栅格中的驱动点阵列。这是曲面区域轮廓铣工序的默认驱动方法。【流线】选项是根据所选几何体构建隐式驱动面。流线可以灵活地创建刀轨。【刀轨】选项是沿着现有的 CLSF 的"刀轨"定义"驱动点"，以在当前工序中创建类似的"曲面轮廓铣刀轨"。【文本】选项是用于直接在轮廓曲面上雕刻制图文本，如零件号和模具型腔 ID 号。【用户定义】选项是用于创建曲面轮廓铣模板工序，而不必指定初始驱动方法。可以在从模板创建工序时指定相应的驱动方法。

知识点 3　深度轮廓铣

• 文本

深度轮廓铣
工序

深度轮廓铣指刀具根据工件轮廓形状进行深度分层切削。可以通过指定陡角来区分陡峭和非陡峭区域。将陡峭空间范围设为仅陡峭时，只有陡峭度大于指定陡角区域才执行深度加工。将陡峭空间范围设为无时，将对整个部件执行深度加工。主要用于陡峭区域加工，适用于开粗、二次加工、半精加工和精加工。加工刀具一般使用飞刀、圆鼻刀、球刀或平底刀。开粗时，深度分层参数的设置需要根据所选刀具直径、刀具类型和机床性能来决定；半精加工的深度分层一般设置为 0.15~0.3 mm，精加工一般设置为 0.05~0.15 mm。精加工的每层下刀深度要比开粗的每层下刀深度小，这样才能有效去除开粗后的残余量。

依次单击【插入】【工序】选项，弹出【创建工序】对话框。按照图 1-3-10 所示选择【mill_contour】选项，【工序子类型】选择深度轮廓铣，设置工序的位置和名称后，单击【确定】按钮进入【深度轮廓铣】对话框。常用的节点有【主要】【几何体】【刀轴和刀具补偿】【进给率和速度】【切削层】【策略】【非切削移动】等，其中【几何体】【刀轴和刀具补偿】【进给率和速度】【非切削移动】等参数与型腔铣相同。

图 1-3-10　创建深度轮廓铣工序

一、【主要】节点的参数设置

【主要】节点中【主要】和【空间范围】选项区域参数含义与型腔铣相应参数相同。

　　【刀轨设置】选项区域的参数设置如图 1-3-11 所示，【陡峭空间范围】选项是根据部件的陡峭度限制切削区域。使用陡峭空间范围控制残余高度并避免将刀具插入到陡峭曲面上的材料中，包括【无】【仅陡峭的】两个选项。【无】选项是加工部件的所有切削区域。【仅陡峭的】选项是仅加工陡峭度大于或等于指定角度的区域。

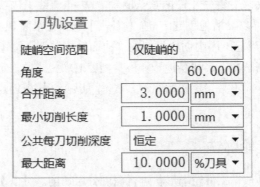

图 1-3-11 　刀轨设置选项区域参数

　　【角度】选项是刀轴和定义部件陡峭度的曲面法向矢量之间的夹角。曲面法向矢量与曲面成 90° 角。【合并距离】选项是将小于指定分隔距离的切削移动的结束点连接起来以消除不必要的刀具退刀。【最小切削长度】选项是消除小于指定值的刀轨段。【公共每刀切削深度】选项是确定如何测量默认切削深度值。实际深度将尽可能接近公共每刀切削深度值，并且不会超出该值。

　　【最大距离】选项是指定所有范围的默认最大切削深度。

二、【策略】节点的参数设置

　　1.【切削方向和顺序】选项区域的参数设置

　　【切削方向】选项比型腔铣工序增加【混合】选项，【混合】选项适用于深度加工工序。各层之间交替切削方向。除顺铣和逆铣外，还可通过向前和向后切削在各切削层中交替改变切削方向。还可以用往复模式切削开放区域的一个壁，以避免在各层之间进行移刀。

　　【切削顺序】选项比型腔铣工序增加【始终深度优先】选项，【始终深度优先】选项是移动到下一区域之前切削单个区域的整个深度。

　　2.【层之间】选项区域的参数设置

　　【层到层】选项可以切削所有层而无须抬刀以回到安全平面，参数含义见表 1-3-1。

表 1-3-1 　切削模式参数的含义

序号	参　　数	说　　明	图　例
1	使用转移方法	各刀路之后抬刀至安全平面。软件使用"非切削移动"对话框中指定的安全设置信息	

续上表

序号	参　数	说　明	图　例
2	直接对部件进刀	跟随部件，类似步距移动。提示：使用切削区域的起点来定位这些移动	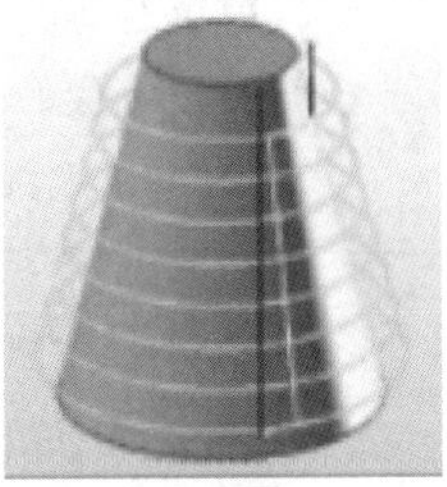
3	沿部件斜进刀	跟随部件，从一个切削层到下一个切削层，斜削角度为进刀参数和退刀参数中指定的斜坡角。这种切削具有更恒定的切削深度和残余高度，并且能在部件顶部和底部生成完整刀路	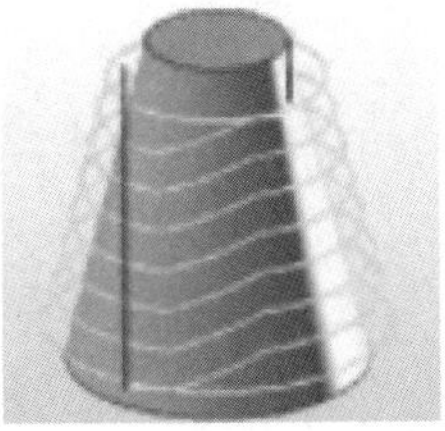
4	沿部件交叉斜进刀	类似于"沿部件斜进刀"选项，只不过它在斜进刀到下一层之前完成每条刀路	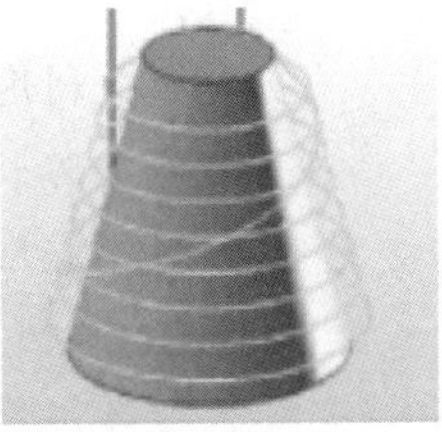

【层间切削】选项不勾选时，指定切削层之间存在缝隙时如何加工，勾选时，切削层之间存在缝隙时不创建额外切削。

其他参数与型腔铣的相应参数含义相同。

【榜样力量】

中国最年轻的中国工匠，攻克发动机叶片的打磨难关，39 岁获国家科技奖。

查一查 这位大国工匠是谁？这位大国工匠毕业于哪所技校？他是如何从一名技术工人成长为大国工匠的？他付出了什么？收获了什么？你从这位大国工匠身上学习到了什么？

学习笔记

自学自测

一、**单选题**（只有一个正确答案，每题 10 分）

1. 相对于一般的三轴加工，以下关于多轴加工的说法（　　）是正确的。
   A. 加工精度提高
   B. 工艺顺序与三轴相同
   C. 加工质量相同
   D. 加工工序相同

2. 区域轮廓铣工序适合于铣削（　　）。
   A. 平面　　　　　B. 陡峭面　　　　C. 螺旋曲面　　　D. 平缓曲面

3. 深度轮廓铣工序适合于铣削（　　）。
   A. 平面　　　　　B. 陡峭面　　　　C. 螺旋曲面　　　D. 平缓曲面

二、**多选题**（有至少 2 个正确答案，每题 10 分）

1. 多轴加工能够提高加工效率，下列说法正确的是（　　）。
   A. 可充分利用切削速度
   B. 可充分利用刀具直径
   C. 可减小刀长，提高刀具强度
   D. 可改善接触点的切削面积

2. 使用 UG 软件编程时，下列（　　）工序用于曲面精加工。
   A. 底壁铣工序
   B. 深度轮廓铣工序
   C. 区域轮廓铣工序
   D. 可变轴轮廓铣工序

3. 曲面区域轮廓铣的驱动方法有（　　）。
   A. 曲线 / 点
   B. 曲面区域
   C. 流线
   D. 刀轨

三、**判断题**（对的划 √，错的划 ×，每题 20 分）

1. 多轴加工工艺中，尽可能先安排三轴机床进行粗加工。　　　　　　　　　　　　　（　　）

2. 多轴加工可以利用刀具端面和侧刃切削，但相对三轴机床不能提高表面质量。（　　）

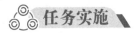

按照零件加工要求，制定叶片的加工工艺；编制叶片加工程序；完成叶片的仿真加工，后处理得到数控加工程序，完成叶片加工。

一、制定叶片四轴数控加工工艺

1. 叶片零件分析

该零件形状比较简单，需要加工叶片所有曲面和 R58 圆弧面。底座的孔已经加工完成，用于装夹。

2. 毛坯选用

零件材料为 304 号不锈钢精铸。底座的孔已经加工完成，用于装夹。

3. 装夹方式

夹具采用专用工装，采用一面两孔的定位方式，用 2 个 M10 螺钉紧固在工装上。

4. 加工工序

零件选用立式四轴联动机床加工（立式加工中心，带有绕 X 轴旋转的回转台），专用夹具夹持，遵循先粗后精加工原则，粗精加工均采用四轴联动加工。制定叶片加工工序见表 1-3-2。

表 1-3-2　叶片加工工序

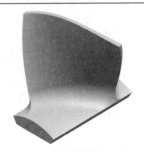

叶片示意图

序号	加工内容	刀具	主轴转速 /（r/min）	进给速度 /（mm/min）
1	叶片粗加工	D16R8	2 000	1 600
2	过渡面粗加工	D16	2 400	2 000
3	叶片精加工	D16R8	2 400	1 200
4	过渡面精加工	D16	2 400	1 200

二、数控程序编制

1. 编程准备

第 1 步：启动 UGNX 软件，打开软件工作界面。依次单击【文件】【打开】选项，打开【打开文件】对话框，选择"叶片 .prt"文件，单击【确定】按钮，打开叶片零件模型。

第 2 步：设置加工环境。选择【应用模块】选项卡，单击【加工】按钮，进入加工环境。在弹出的【加工环境】对话框中，在【CAM 会话配置】选项中选择【cam_general】

● 视 频

叶片的四轴数控编程

● 源文件

叶片

学习笔记

选项，在【要创建的 CAM 设置】选项中选择【mill_multi_axis】，单击【确定】按钮，完成多轴加工模板的加载。

第 3 步：设置机床坐标系。根据叶片的结构，需要创建三个坐标系。在工具栏单击【几何视图】按钮，工序导航器显示几何视图，双击【MCS_MILL】选项，弹出【MCS】对话框，如图 1-3-12 所示，双击【指定 MCS】右侧图标，将加工坐标系零点设置在工件底面 φ11 孔中心点，并调整 X、Y、Z 轴的方向。【安全设置选项】选择【圆柱】，同时【指定点】指定坐标原点，【指定矢量】指定 XC 轴，【半径】输入 100，单击【确定】按钮，完成加工坐标系 MCS 的设置。

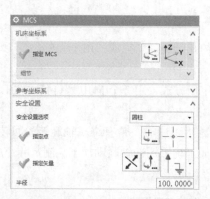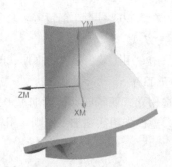

图 1-3-12　加工坐标系 MCS 设定

单击【创建几何体】图标，弹出【创建几何体】对话框，【类型】选择【mill_multi_axis】，【子类型】选择【MCS】，【位置】选择【MCS】，【名称】输入【MCS_90】，单击【确定】按钮，弹出【MCS】对话框，单击【指定机床坐标系】右侧图标，弹出【坐标系】对话框，调整 X、Y、Z 轴的方向，如图 1-3-13 所示，单击【确定】按钮，返回【MCS】对话框，单击【确定】按钮，完成加工坐标系 MCS_90 的设置。同理，调整 X、Y、Z 轴的方向，如图 1-3-14 所示，创建加工坐标系 MCS_180 的设置。

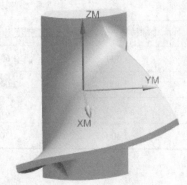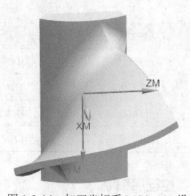
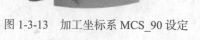

图 1-3-13　加工坐标系 MCS_90 设定　　图 1-3-14　加工坐标系 MCS_180 设定

第 4 步：设置部件和毛坯。工序导航器显示几何视图，双击【WORKPIECE】选项，弹出【工件】对话框，单击【指定部件】右侧按钮，弹出【部件几何体】对话框，在绘图区选择叶片模型，单击【确定】按钮完成部件设置。单击【指定毛坯】右侧按钮，弹出【毛坯几何体】对话框，【类型】选择叶片半成品的模型，单击【确定】按钮完成毛坯设置。

第 5 步：创建刀具。在工具栏单击【机床视图】按钮，工序导航器显示机床视图。单击【创建刀具】图标，弹出【创建刀具】对话框，刀具子类型选择第一个【MILL】图标，刀具名称修改为 D16R8，单击【应用】按钮，弹出【铣刀 -5 参数】对话框，设置刀具参数，【直径】输入 16，【下半径】输入 8，【长度】输入 125，【刀刃长度】输入 50，【刀具号】【补偿寄存器】【刀具补偿寄存器】三个参数均输入 1，其他参数默认，如图 1-3-15 所示，单击【确定】按钮，完成立铣刀 D16R8 的创建。

图 1-3-15   创建铣刀

同理【创建刀具】对话框，刀具子类型选择【MILL】图标，刀具名称修改【D16】，单击【应用】按钮，弹出【铣刀 -5 参数】对话框，如图 1-3-15 所示，设置刀具参数，【直径】输入 16，【长度】输入 75，【刀刃长度】输入 50，【刀具号】【补偿寄存器】【刀具补偿寄存器】三个参数均输入 2，其他参数默认，单击【确定】按钮，完成立铣刀 D16 的创建。

2. 叶片粗加工程序编制

叶片粗加工工序是将图 1-3-16 所示的 4 个曲面作为加工区域，依次编制粗加工工序，分别命名为叶片粗加工 1、叶片粗加工 2、叶片粗加工 3 和叶片粗加工 4。

第 1 步：创建粗加工工序。单击【创建工序】图标，打开【创建工序】对话框，如图 1-3-17 所示，【类型】选择【mill_multi-axis】，【工序子类型】选择【可变轮廓铣】图标，【程序】选择【PROGRAM】，

· 视频 ·

叶片粗加工
程序编制

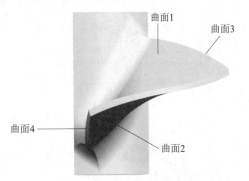

曲面1
曲面3
曲面4
曲面2

图 1-3-16   叶片粗加工的加工区域

【刀具】选择【D16R8】,【几何体】选择【WORKPIECE】,【方法】选择【METHOD】,名称叶片粗加工 1,单击【确定】按钮,打开【可变轮廓铣】对话框。

第 2 步:设置【主要】节点。在【可变轮廓铣】对话框【主要】节点【指定切削区域】选择图 1-3-16 所示曲面 1,【部件余量】输入 0.3。【驱动方法】选项区域【方法】选择【曲面区域】,单击【编辑】图标,弹出【曲面区域驱动方法】对话框,如图 1-3-18 所示,【指定驱动几何体】选择图 1-3-16 所示曲面 1,【切削模式】选择【往复上升】,【步距】选择【数字】,【步距数】输入 50,单击【确定】按钮,返回【可变轮廓铣】对话框。【投影矢量】选项区域,【矢量】选择【朝向驱动体】,【后退距离】输入 100%,【主要】节点参数设置完成。

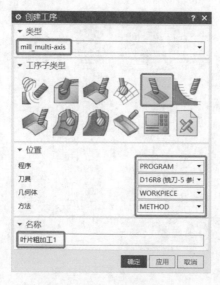

图 1-3-17　创建可变轮廓铣工序

图 1-3-18　曲面区域驱动方法对话框

第 3 步:设置【轴和避让】节点。单击【可变轮廓铣】对话框【轴和避让】节点,【刀轴】选项区域【轴】选择【4 轴,相对于部件】,单击【编辑】图标,弹出【4 轴,相对于部件】对话框,【指定矢量】选择图 1-3-19 所示方向,【前倾角】输入 5,其他输入 0,单击【确定】按钮,返回【可变轮廓铣】对话框。勾选检查非切削碰撞,其他采用默认参数,【轴和避让】节点参数设置完成。

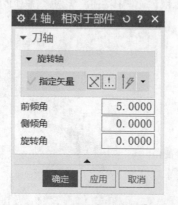

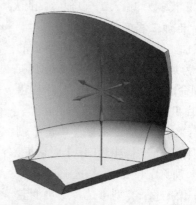

图 1-3-19　【4 轴,相对于部件】参数设置

第 4 步：设置【进给率和速度】节点。单击【可变轮廓铣】对话框【进给率和速度】节点，【主轴速度】选项区域【主轴速度】输入 2 000，【进给率】选项区域【切削】输入 1 600，其他采用默认参数，【进给率和速度】节点参数设置完成。

第 5 步：设置【策略】节点。单击【可变轮廓铣】对话框【策略】节点，【多重深度】选项区域【部件余量偏置】输入 0，不勾选【多重深度切削】。【碰撞检查】选项区域勾选【检查球上方的刀具】。【切削步骤】选项区域【最大步长值】输入 30，【策略】节点参数设置完成。

第 6 步：设置【非切削移动】节点。单击【可变轮廓铣】对话框【非切削移动】节点，【进刀/退刀/步进】选项区域不勾选【替代为光顺连接】，【转移/快速】选项区域不勾选【光顺拐角】，【公共安全设置】选项区域【安全设置选项】选择【使用继承的】，【区域距离】选项区域【区域距离】输入 200% 刀具直径，【部件安全距离】选项区域【部件安全距离】输入 3。【进刀】节点【开放区域】选项区域如图 1-3-20 所示，【进刀类型】选择【圆弧 - 相切逼近】，【半径】输入 1，【圆弧前部延伸】和【圆弧后部延伸】输入 0；【根据部件/检查】选项区域【进刀类型】选择【线性】，【进刀位置】选择【距离】，【长度】输入 80%，【旋转角】输入 180，【斜坡角】输入 45。【初始】选项区域【进刀类型】选择【与开放区域相同】。同时【退刀】【转移/快速】【避让】参数采用默认值，【非切削移动】节点参数设置完成。

第 7 步：生成刀具路径。单击【可变轮廓铣】对话框【生成】图标，如图 1-3-21 所示，在绘图区查看生成的刀具路径，单击【确定】按钮，完成叶片粗加工 1 可变轮廓铣工序。

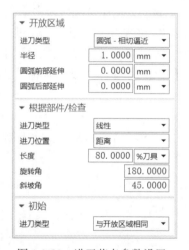

图 1-3-20　进刀节点参数设置

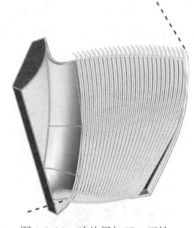

图 1-3-21　叶片粗加工 1 刀轨

第 8 步：复制叶片粗加工 1 工序。在工具栏单击【程序顺序视图】图标，工序导航器显示程序顺序视图。右击叶片粗加工 1 工序，依次选择【复制】【粘贴】选项，则生成"叶片粗加工 1-COPY"工序。右击该工序，选择【重命名】选项，重命名为"叶片粗加工 2"。

修改【主要】节点。双击【叶片粗加工 2】，弹出【可变轮廓铣】对话框，【主要】节点【指定切削区域】选择图 1-3-16 所示曲面 2；【驱动方法】选项区域，【方法】选择【曲面区域】，单击【编辑】图标，弹出【曲面区域驱动方法】对话框，【指定驱动几何体】选择图 1-3-16 所示的曲面 2，【主要】节点参数修改完成。单击【可变轮廓铣】对话框【生成】图标，在绘图区查看生成的刀具路径，单击【确定】按钮，完成叶片粗加工 2 可变轮廓铣工序。

第 9 步：复制叶片粗加工 1 工序。右击叶片粗加工 1 工序，依次选择【复制】【粘贴】选项，则生成"叶片粗加工 1-COPY"工序。右击该工序，选择【重命名】选项，重命名为"叶片粗加工 3"。

修改【主要】节点。双击【叶片粗加工 3】，弹出【可变轮廓铣】对话框，【主要】节点【指定切削区域】选择图 1-3-16 所示曲面 3；【驱动方法】选项区域中【方法】选择【曲面区域】，单击【编辑】图标，弹出【曲面区域驱动方法】对话框，【指定驱动几何体】选择图 1-3-16 所示曲面 3，【步距数】修改为 10，【主要】节点参数修改完成。

修改【轴和避让】节点。单击【可变轮廓铣】对话框【轴和避让】节点，【刀轴】选项区域【轴】选择【4 轴，垂直于部件】，单击【编辑】图标，弹出【4 轴，垂直于部件】对话框，【指定矢量】选择图 1-3-19 所示方向，【旋转角】输入 –10，单击【确定】按钮，返回【可变轮廓铣】对话框。【轴和避让】节点参数修改完成。

单击【可变轮廓铣】对话框【生成】图标，如图 1-3-22 所示，在绘图区查看生成的刀具路径，单击【确定】按钮，完成叶片粗加工 3 可变轮廓铣工序。

第 10 步：复制叶片粗加工 3 工序。右击叶片粗加工 3 工序，依次选择【复制】【粘贴】选项，则生成"叶片粗加工 3-COPY"工序。右击该工序，选择【重命名】选项，重命名为"叶片粗加工 4"。

修改【主要】节点。双击【叶片粗加工 4】，弹出【可变轮廓铣】对话框，【主要】节点【指定切削区域】选择图 1-3-16 所示曲面 4；【驱动方法】选项区域中【方法】选择【曲面区域】，单击【编辑】图标，弹出【曲面区域驱动方法】对话框，【指定驱动几何体】选择图 1-3-16 所示曲面 4，【主要】节点参数修改完成。单击【可变轮廓铣】对话框【生成】图标，在绘图区查看生成的刀具路径，单击【确定】按钮，完成叶片粗加工 4 可变轮廓铣工序。

3．过渡面粗加工程序编制

过渡面粗加工工序是将图 1-3-23 所示的 2 个曲面作为加工区域，依次编制粗加工工序，分别命名为过渡面粗加工 1 和过渡面粗加工 2。

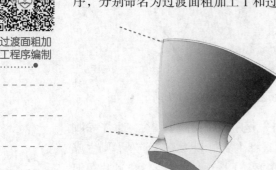

图 1-3-22　叶片粗加工 3 刀轨

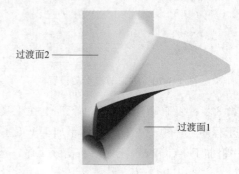

过渡面2

过渡面1

图 1-3-23　过渡面粗加工的加工区域

（1）过渡面 1 粗加工程序编制

第 1 步：创建粗加工工序。单击【创建工序】图标，打开【创建工序】对话框，如图 1-3-24 所示，【类型】选择【mill_contour】，【工序子类型】选择【深度轮廓铣】图标,【程序】选择【PROGRAM】,【刀具】选择【D16（铣刀 -5 参数）】,【几何体】选择【WORKPIECE】,【方法】选择【METHOD】, 名称过渡面 1 粗加工, 单击【确定】按钮, 打开【深度轮廓铣】对话框。

第 2 步: 设置【主要】节点。【深度轮廓铣】对话框【主要】节点【刀轨设置】选项区域, 如图 1-3-25 所示,【陡峭空间范围】选择【无】,【合并距离】输入 3,【最小切削长度】输入 1,【公共每刀切削深度】选择【恒定】,【最大距离】输入 6, 其他采用默认参数,【主要】节点参数设置完成。

图 1-3-24　创建深度轮廓铣工序　　　　　图 1-3-25　主要节点参数

第 3 步: 设置【几何体】节点。单击【深度轮廓铣】对话框【几何体】节点,【几何体】选项区域中勾选【指定部件使底面余量与侧面余量一致】,【部件侧面余量】输入 0.3,【指定切削区域】选择图 1-3-23 所示过渡面 1, 其他采用默认参数,【几何体】节点参数设置完成。

第 4 步: 设置【刀轴和刀具补偿】节点。单击【深度轮廓铣】对话框【刀轴和刀具补偿】节点,【刀轴】选项区域【轴】选择【+Z 轴】, 其他采用默认参数,【刀轴和刀具补偿】节点参数设置完成。

第 5 步: 设置【进给率和速度】节点。单击【深度轮廓铣】对话框【进给率和速度】节点,【主轴速度】选项区域【主轴速度】输入 2 400,【进给率】选项区域【切削】输入 2 000, 其他采用默认参数,【进给率和速度】节点参数设置完成。

第 6 步: 设置【切削层】节点。单击【切削层】节点【范围】选项区域, 如图 1-3-26 所示,【范围类型】选择【用户定义】,【切削层】选择【恒定】,【公共每刀切削深度】选择【恒定】,【最大距离】输入 6 mm。【范围定义】选项区域【范围深度】输入 52.542 8,【测量开始位置】选择【顶层】,【每刀切削深度】输入 1, 其他采用默认参数,【切削层】节点参数设置完成。

第 7 步: 设置【策略】节点。单击【策略】节点【切削方向和顺序】选项区域, 如图 1-3-27 所示,【切削方向】选择【混合】,【切削顺序】选择【深度优先】;【延伸路径】

选项区域不勾选【在边上延伸】【在边上滚动刀具】，勾选【在刀具接触点下继续切削】；【层之间】选项区域【层到层】选择【直接对部件进刀】，不勾选【层间切削】，其他采用默认参数，【策略】节点参数设置完成。

图 1-3-26　切削层节点参数　　　　　图 1-3-27　策略节点参数

第 8 步：设置【非切削移动】节点。单击【非切削移动】节点中【进刀节点】，如图 1-3-28 所示，【封闭区域】选项区域【进刀类型】选择【与开放区域相同】。【开放区域】选项区域【进刀类型】选择【圆弧】，【半径】输入 5 mm，【弧角】输入 30，【高度】输入 3 mm，【最小安全距离】选择【仅延伸】，【最小安全距离】输入 3 mm，不勾选【在圆弧中心处开始】，其他采用默认参数，【非切削移动】节点参数设置完成。

第 9 步：生成刀具路径。单击【深度轮廓铣】对话框【生成】图标，如图 1-3-29 所示，在绘图区查看生成的刀具路径，单击【确定】按钮，完成过渡面 1 粗加工深度轮廓铣工序。

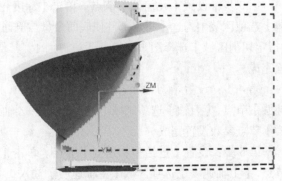

图 1-3-28　进刀节点参数　　　　　　图 1-3-29　过渡面 1 粗加工刀轨

（2）过渡面 2 粗加工程序编制

第 1 步：复制过渡面 1 粗加工工序。右击过渡面 1 粗加工工序，依次选择【复制】【粘贴】选项，则生成"过渡面 1 粗加工 -COPY"工序。右击该工序，选择【重命名】选项，重命名为"过渡面 2 粗加工"。

第 2 步：修改【几何体】节点。双击【过渡面 2 粗加工】，弹出【深度轮廓铣】对话框，【几何体】节点【几何体】选择【MCS_180】，【指定切削区域】选择图 1-3-23 所示过渡面 2，其他参数不变，【几何体】节点参数修改完成。单击【深度轮廓铣】对话框【生成】图标，在绘图区查看生成的刀具路径，单击【确定】按钮，完成过渡面 2 粗加工深度轮廓铣工序。

4. 叶片精加工程序编制

叶片的精加工工序需要加工 5 个曲面，比粗加工多了一个叶片的顶面。加工工序与粗加工相似，仅在个别参数设置不同。因此分别复制叶片粗加工 1、叶片粗加工 2、叶片粗加工 3、叶片粗加工 4 等 4 个工序，分别粘贴后重命名为叶片精加工 1、叶片精加工 2、叶片精加工 3、叶片精加工 4 等 4 个工序。

双击【叶片精加工 1】，弹出【可变轮廓铣】对话框，【主要】节点【主要】选项区域【部件余量】修改为 0；【驱动方法】选项区域中【方法】选择【曲面区域】，单击【编辑】图标，弹出【曲面区域驱动方法】对话框，【步距数】修改为 100，【主要】节点参数修改完成。单击【可变轮廓铣】对话框【生成】图标，在绘图区查看生成的刀具路径，单击【确定】按钮，完成叶片精加工 1 可变轮廓铣工序。

同理完成叶片精加工 2、叶片精加工 3、叶片精加工 4 等 3 个工序的修改。

叶片顶面的精加工工序使用曲面区域轮廓铣工序，操作步骤如下。

第 1 步：创建精加工工序。单击【创建工序】图标，打开【创建工序】对话框，如图 1-3-30 所示，【类型】选择【mill_contour】，【工序子类型】选择【曲面区域轮廓铣】图标，【程序】选择【PROGRAM】，【刀具】选择【D16(铣刀 -5 参数)】，【几何体】选择【MCS_90】，【方法】选择【METHOD】，【名称】输入【叶片精加工 5】，单击【确定】按钮，打开【曲面区域轮廓铣】对话框。

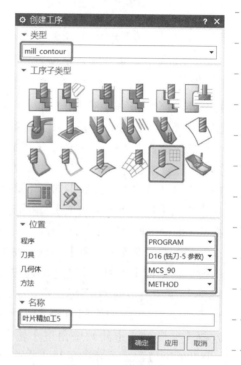

图 1-3-30　创建工序

第 2 步：设置【主要】节点。在【曲面区域轮廓铣】对话框【主要】节点【驱动方法】选择【曲线 / 点】，单击【编辑】图标，弹出【曲线 / 点驱动方法】对话框，【驱动几何体】选择图 1-3-31 所示曲线，其他采用默认参数，【主要】节点参数设置完成。

第 3 步：设置【几何体】节点。【部件余量】输入 0，其他采用默认参数，【几何体】节点参数设置完成。

第 4 步：设置【刀轴】节点。【刀轴】选项区域【轴】选择【+Z 轴】，【投影矢量】选项区域【矢量】选择【刀轴】，其他采用默认参数，【刀轴】节点参数设置完成。

第 5 步：设置【进给率和速度】节点。单击【曲面区域轮廓铣】对话框【进给率和速度】节点，【主轴速度】选项区域【主轴速度】输入 1 200，【进给率】选项区域【切削】输入 200，其他采用默认参数，【进给率和速度】节点参数设置完成。

第 6 步：生成刀具路径。单击【曲面区域轮廓铣】对话框【生成】图标，如图 1-3-32 所示，在绘图区查看生成的刀具路径，单击【确定】按钮，完成叶片精加工 5 曲面区域轮廓铣工序。

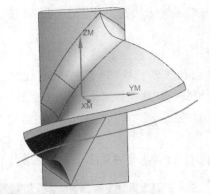

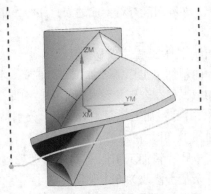

图 1-3-31　主要节点参数　　　　　图 1-3-32　叶片精加工 5 刀轨

5. 过渡面精加工程序编制

第 1 步：创建精加工工序。单击【创建工序】图标，打开【创建工序】对话框，如图 1-3-33 所示，【类型】选择【mill_contour】，【工序子类型】选择【曲面区域轮廓铣】图标，【程序】选择【PROGRAM】，【刀具】选择【D16R8（铣刀 -5 参数）】，【几何体】选择【MCS_180】，【方法】选择【METHOD】，【名称】输入【过渡面 1 精加工】，单击【确定】按钮，打开【曲面区域轮廓铣】对话框。

第 2 步：设置【主要】节点。在【曲面区域轮廓铣】对话框【主要】节点【驱动方法】选择【区域铣】，单击【编辑】图标，弹出【区域铣驱动方法】对话框，【陡峭空间范围】选项区域【方法】选择【非陡峭】，【陡峭壁角度】输入 90，不勾选【为平的区域创建单独的区域】，【重叠区域】选择【无】；【驱动设置】选项区域【非陡峭切削模式】选

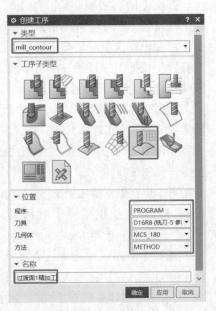

图 1-3-33　创建工序

择【往复上升】，【切削方向】选择【顺铣】，【步距】选择【恒定】，【最大距离】输入 0.3 mm，【剖切角】选择【矢量】，【指定矢量】选择图 1-3-34 所示 ZM 方向，单击【确定】按钮返回【主要】节点，其他采用默认参数，【主要】节点参数设置完成。

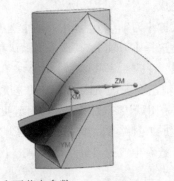

图 1-3-34　主要节点参数

第 3 步：设置【几何体】节点。【部件余量】输入 0，其他采用默认参数，【几何体】节点参数设置完成。

第 4 步：设置【刀轴】节点。【刀轴】选项区域【轴】选择【+Z 轴】，其他采用默认参数，【刀轴】节点参数设置完成。

第 5 步：设置【进给率和速度】节点。单击【曲面区域轮廓铣】对话框【进给率和速度】节点，【主轴速度】选项区域【主轴速度】输入 2 400，【进给率】选项区域【切削】输入 1 200，其他采用默认参数，【进给率和速度】节点参数设置完成。

第 6 步：生成刀具路径。单击【曲面区域轮廓铣】对话框【生成】图标，如图 1-3-35 所示，在绘图区查看生成的刀具路径，单击【确定】按钮，完成过渡面 1 精加工曲面区域轮廓铣工序。

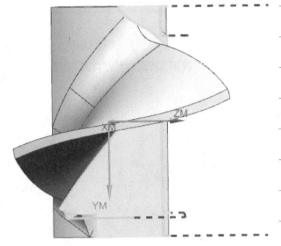

第 7 步：复制过渡面 1 精加工工序。右击过渡面 1 精加工工序，依次选择【复制】【粘贴】选项，则生成"过渡面 1 精加工 -COPY"工序。右击该工序，选择【重命名】选项，重命名为"过渡面 2 精加工"。

图 1-3-35　过渡面 1 精加工刀轨

第 8 步：修改【主要】节点。双击【过渡面 2 精加工】，弹出【曲面区域轮廓铣】对话框，【主要】节点【驱动方法】选择【区域铣】，单击【编辑】图标，弹出【区域铣驱动方法】对话框，【指定矢量】选择图 1-3-36 所示 ZM 反方向，单击【确定】按钮返回【主要】节点。单击【几何体】节点【几何体】选择【WORKPIECE】，其他参数不变，【几何体】节点参数修改完成。单击【曲面区域轮廓铣】对话框【生成】图标，如图 1-3-37 所示，在绘图区查看生成的刀具路径，单击【确定】按钮，完成过渡面 2 精加工曲面区域轮廓铣工序。

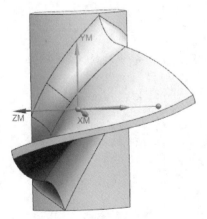

图 1-3-36　指定矢量方向

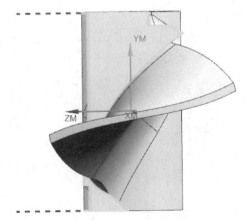

图 1-3-37　过渡面 2 精加工刀轨

叶片的四轴数控编程工单

叶片的四轴数控编程工单可扫描二维码查看。

课后作业

编程题

如图 1-3-38 所示的旋转件结构，进行多轴数控加工分析，制定加工工艺文件，使用 UG 软件进行数控编程，生成合理的刀路轨迹，后处理成数控程序。

图 1-3-38　旋转件结构

学习情境 ②

五轴数控编程

学习指南

【情境导入】

某发电设备制造公司的工艺部接到一项汽轮机的生产任务，其中部分零件结构曲面复杂，精度要求高。工艺员需要根据零件图纸，研讨并制定数控加工工艺规程和工艺文件，编程员选用五轴数控机床、编程软件等，对"模具""叶轮""叶轮轴"等零件进行五轴数控加工程序的编写和仿真加工，达到图纸要求的加工精度等要求。

【学习目标】

知识目标

（1）描述常用五轴数控机床的应用场景；

（2）列举机械加工工艺手册的查阅内容；

（3）编制五轴数控加工工艺的工艺文件；

（4）应用 UG 软件叶轮加工、可变引导曲线铣、可变流线铣等数控编程方法。

能力目标

（1）能根据零件加工要求，查阅手册，制定五轴加工工艺方案；

（2）会使用 UG 软件进行五轴数控加工编程，生成刀路；

（3）会根据刀路仿真结果，优化刀路并后处理生成数控程序。

素质目标

（1）树立成本意识、质量意识、创新意识，养成勇于担当、团队合作的职业素养；

（2）初步养成工匠精神、劳动精神、劳模精神，以劳树德，以劳增智，以劳创新。

【工作任务】

任务1　模具的五轴数控编程	参考学时：课内4学时（课外4学时）
任务2　叶轮的五轴数控编程	参考学时：课内4学时（课外4学时）
任务3　叶轮轴的五轴数控编程	参考学时：课内8学时（课外4学时）

【"1+X"证书标准要求】

对接《多轴数控加工职业技能等级证书标准》，选取五轴数控编程相关要求如下：

（1）能根据机械制图国家标准，完成零件结构特点和加工技术要求的分析；

（2）能根据机械加工工艺原则，使用机械加工工艺手册，结合零件及机床特点，完成零件的五轴数控加工工艺的编制；

（3）能根据五轴数控加工要求，运用刀具路径设定和优化方法完成五轴数控加工程序编写；

（4）能根据五轴数控系统的要求，完成五轴数控机床后置处理器选择并生成数控加工程序。

任务1　模具的五轴数控编程

任务工单

学习情境2	五轴数控编程		任务1	模具的五轴数控编程
任务学时			课内4学时（课外2学时）	
布置任务				
工作目标	（1）根据零件结构特点，合理选择五轴加工机床； （2）根据零件的加工要求，制定模具零件的加工工艺文件； （3）使用UG软件，完成模具的五轴数控编程，生成合理的刀路； （4）使用UG软件，完成仿真加工，检验刀路是否正确合理			
任务描述	模具零件是汽轮机某个零件的成型工装，某发电设备制造公司工艺部接到模具的生产任务，根据设计员设计的模具零件三维造型；工艺员查询机械加工工艺手册关于曲面内凹槽的加工工艺信息，合理规划模具零件的加工工艺路线，制定加工工艺方案；编程员编制加工工艺文件，使用UG软件创建五轴数控加工操作，设置必要的加工参数、生成刀具路径、检验刀具路径是否正确合理，并对操作过程中存在的问题进行研讨和交流，通过相应的后处理生成数控加工程序，并仿真加工			

学时安排	资讯	计划	决策	实施	检查	评价
	1学时	0.5学时	0.5学时	1学时	0.5学时	0.5学时

任务准备	（1）模具零件图纸； （2）电子教案、课程标准、多媒体课件、教学演示视频及其他共享数字资源； （3）模具模型； （4）游标卡尺等工具和量具
对学生学习及成果的要求	（1）学生具备模具零件图的识读能力； （2）严格遵守实训基地各项管理规章制度； （3）对比模具零件三维模型与零件图，分析结构是否正确，尺寸是否准确； （4）每名同学均能按照学习导图自主学习，并完成课前自学的问题训练和自学自测； （5）严格遵守课堂纪律，学习态度认真、端正，能够正确评价自己和同学在本任务中的素质表现； （6）每位同学必须积极参与小组工作，承担加工工艺制定、数控编程、程序校验等工作，做到能够积极主动不推诿，能够与小组成员合作完成任务； （7）每位同学均需独立或在小组同学的帮助下完成任务工单、加工工艺文件、数控编程文件、仿真加工视频等，并提请检查、签认，对提出的建议或有错误务必及时修改； （8）每组必须完成任务工单，并提请教师进行小组评价，小组成员分享小组评价分数或等级； （9）每名同学均完成任务反思，以小组为单位提交

学习导图

任务1　模具的五轴数控编程

知识点

- 五轴数控机床
  - 问题1：常用的五轴数控机床类型有哪些？
  - 问题2：与三轴数控机床相比，五轴数控机床有哪些优点？
  - 问题3：与三轴数控加工工艺相比，五轴数控加工工艺有哪些特点？
- 可变流线铣
  - 问题1：可变流线铣数控编程时，可变流线铣工序常用于铣削哪些结构？
  - 问题2：在多轴数控编程时，可变流线铣工序的驱动方法有哪些？
- 可变引导曲线铣
  - 问题1：可变引导曲线铣工序常用于铣削哪些结构？
  - 问题2：在多轴数控编程时，可变引导曲线铣工序的驱动方法有哪些？

技能点

- 比较可变轴轮廓铣、可变流线铣、可变引导曲线铣的适用范围
- 查询机械加工工艺手册制定模具的加工工艺方案
- 使用UG软件可变流线铣、可变引导曲线铣等工序进行模具的数控编程
- 仿真加工模具的数控加工过程，检查刀路是否合理

素质思政融入点

- 通过搜索中国自主研发世界最大加工直径七轴六联动螺旋桨加工机床信息，引导学生体会"技术强国"的民族自豪感
- 通过小组讨论模具的加工工艺方案，树立学生良好的成本意识、质量意识、创新意识
- 通过模具数控编程实际操作练习，养成精益求精的工匠精神，热爱劳动的劳动精神

思政案例：动力澎湃——大国重器背后的超级制造

五轴数控
机床

课前自学

知识点 1 五轴数控机床

五轴联动是数控术语，联动是数控机床的轴按一定的速度同时到达某一个设定的点，五轴联动是五个轴同时协调运动。五轴联动数控机床是一种科技含量高、精密度高、专门用于加工复杂曲面的机床，这种机床系统对一个国家的航空、航天、军事、科研、精密器械、高精医疗设备等行业，有着举足轻重的影响力。

一、五轴数控机床的分类

五轴数控机床是在三个直线轴（X 轴、Y 轴、Z 轴）基础上增加了两个旋转轴，而且可以五轴联动的机床。通过不同的组合，A 轴、B 轴、C 轴三个旋转轴中的两个旋转轴具有不同的运动方式。五轴数控机床有定位五轴和五轴联动两类，其中定位五轴数控机床即 3+2 轴数控机床，刀轴矢量可以改变，但固定后沿着整个切削路径过程不改变，而五轴联动机床加工时刀轴矢量可根据要求在整个切削路径上根据要求而改变按照笛卡儿坐标 X、Y、Z、A、B、C 排列组合，以及旋转轴作用于刀具，还是作用于工作台，五轴数控机床结构可以有上百种组合，市面上典型的也有 20 多种。对于两个旋转轴的结构形式，五轴数控机床可以分为三类。

1. 双摆头结构

采用这类结构的五轴联动数控机床工作台不动，两个旋转轴均在主轴上，称为主轴倾斜五轴机床，或称为双摆头结构五轴机床。由于摆轴附带一个主轴，所以双摆头自身的尺寸一般比较大。这类数控机床一般采用龙门式或动梁龙门式结构，能加工的零件尺寸比较大，如航空筋肋梁结构件等。

机床主轴运动灵活，工作台承载能力强且尺寸可以设计的非常大，适用于加工船舶推进器，飞机机身模具、汽车覆盖件模具等大型零部件。主轴的刚性和承载能力较低，不利于重载切削。

双摆头结构五轴机床主要分为十字交叉型双摆头五轴数控机床结构和刀轴俯垂型五轴数控机床结构等两种结构形式，如图 2-1-1 和图 2-1-2 所示。

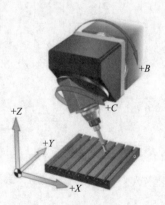

图 2-1-1　十字交叉型双摆头结构　　　图 2-1-2　刀轴俯垂型结构

2．双转台结构

采用这类结构的五轴联动机床刀轴方向不动，两个旋转轴均在工作台上，称为工作台倾斜式五轴数控机床，或称为双转台五轴结构机床。

双转台五轴数控机床主轴结构简单，刚性较好。制造成本较低，C轴回转台可无限制旋转，但由于工作台为主要回转部件，尺寸受限。加工时工件随着工作台转动，需考虑装夹承重，这类机床能加工尺寸比较小的零件，适用于叶轮、小型精密模具等。

双转台五轴数控机床主要分为B轴俯垂工作台五轴数控机床和双转台（摇篮式）结构五轴数控机床等两个结构形式，如图 2-1-3 和图 2-1-4 所示。

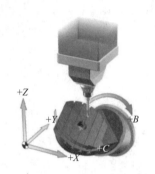

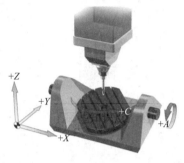

图 2-1-3　B轴俯垂工作台结构　　　图 2-1-4　双转台（摇篮式）结构

3．摆头转台式结构

采用这类结构的五轴联动机床两个旋转轴中的主轴头设置在刀轴一侧，另一个旋转轴在工作台一侧，称为工作台 / 主轴倾斜式五轴结构，或称为摆头转台式五轴结构，如图 2-1-5 和图 2-1-6 所示。

摆头转台式结构数控机床旋转轴的结构布局较为灵活，可以是A轴、B轴、C轴三轴中的任意两轴组合，其结合了主轴倾斜和工作台倾斜的优点，加工灵活性和承载能力均有所改善，适用于叶片加工等。

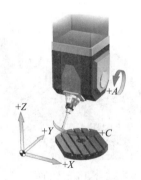

图 2-1-5　工作台 / 主轴倾斜结构　　　图 2-1-6　工作台 / 主轴倾斜结构机床

二、五轴数控机床的特点

传统的三轴数控机床设备，在加工过程中刀轴的方向始终保持不变，机床只能沿着三个线性轴进行插补运动。相比三轴机床，五轴联动机床增加了两个旋转自由度，刀具运动姿态可以灵活变化，有利于刀具保持最佳的切削状态及有效避免加工干涉。因此，在加工复杂自由曲面时，五轴联动数控加工具有显著的优势。

相比三轴数控加工，五轴数控加工有以下几方面优点：

1. 减少装夹次数，提高加工效率

五轴加工的一个主要优点是仅需经过一次装夹即可完成复杂形状零件的加工，如倾斜孔加工，曲面加工等。由于无须多次装夹（见图 2-1-7），五轴联动加工技术不仅缩短了加工周期，而且避免了因多次装夹所造成的人工或机械误差，大大提高了加工精度。

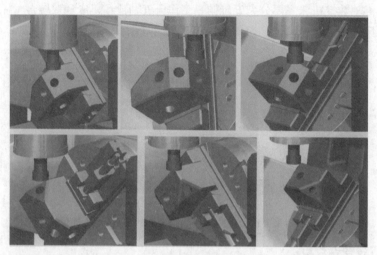

图 2-1-7 一次装夹多面加工

2. 保持最佳的切削姿态

由于具备五个轴向的自由度，根据曲面的法矢量，转动旋转轴，使刀具总是保持最佳的切削姿态，提高切削效率。当三轴加工（见图 2-1-8）切削刀具向顶端或工件边缘移动时，切削状态逐渐变差。为保持最佳切削状态，需要旋转工作台，即用五轴加工（见图 2-1-9）。如果要完整加工不规则平面，还需要将工作台以不同方向多次旋转。

图 2-1-8 三轴加工

图 2-1-9 五轴加工

3. 有效避免加工干涉

对于复杂的曲面零件，例如叶轮、叶片和模具陡峭侧壁加工，某些加工区域由于三轴机床本身的缺陷会引起刀具干涉（见图 2-1-10），无法满足加工要求。五轴机床则可以通过刀轴空间姿态角控制，完成此类加工内容（见图 2-1-11）。同时可以实现短刀具加工深型腔，有效提升系统刚性，减少刀具数量，避免专用刀具，扩大通用刀具的使用范围，从而降低了生产成本。因此，五轴机床通过改变刀具的切削方向，解决加工干涉问题。

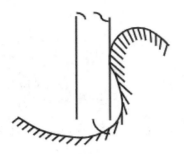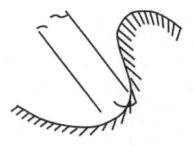

图 2-1-10　三轴加工出现干涉　　　　　图 2-1-11　五轴加工解决干涉

4．侧铣加工提高加工效率和质量

对于一些倾斜面，五轴数控加工能够利用刀具侧刃以周铣方式完成零件侧壁切削，从而提高加工效率和表面质量。而三轴数控加工则依靠刀具的分层切削和后续打磨来逼近倾斜面。

例如，航空航天领域中有曲面侧壁轮廓加工需求，将刀具倾斜一定的角度（见图 2-1-12），通过刀具侧刃进行铣削，能够缩短加工时间和提高加工质量。

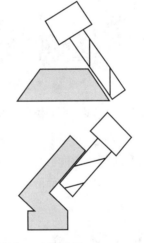

图 2-1-12　五轴在斜侧壁特征零件加工中的应用

5．扩大加工的范围

一些曲面由于本身扭曲和各曲面间相互位置限制，如整体叶轮，加工时不得不转动刀具轴线，因此只能采用五轴联动数控机床，否则很难甚至无法达到加工要求。另外，在模具加工中，有时只能用五轴联动数控机床才能避免刀具与工件的干涉。

总之，五轴加工主要的优点是复杂曲面零件的加工，一次装夹完成全部工序、调整刀具到最佳切削姿态、合理避开干涉位置、从而得到更好的加工品质，以及降低成本。

三、五轴数控加工的典型应用

1．异形零部件及艺术品加工

五轴数控机床具有三个线性轴和两个旋转轴，刀具可以切削三轴机床和四轴机床无法切削的位置，尤其是对于一些具有非对称，且不在一个基准平面上的异型零部件具有一次装夹，一次加工成型的优势（见图 2-1-13、图 2-1-14）。

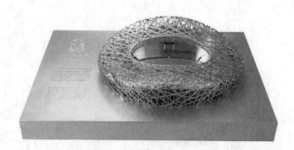

图 2-1-13　异型零件加工　　　　　　图 2-1-14　艺术品模型加工

2．模具制造领域

五轴加工技术在模具制造应用较广，如曲面、清角、深腔、空间角度孔等。五轴加工技术能够解决模具中超高型芯和超深型腔等加工难题（见图 2-1-15、图 2-1-16）。

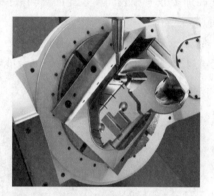

图 2-1-15　超高型芯模具加工　　　　图 2-1-16　超深型腔模具加工

3．汽车制造领域

五轴数控机床的应用能够降低汽车壳体和箱体类零件夹具的复杂性，通过简单的装夹方案，将工序进行集中，从而降低成本，提高加工精度（见图 2-1-17、图 2-1-18）。

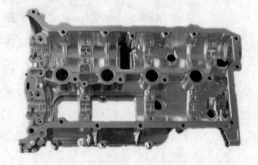

图 2-1-17　汽车壳体加工　　　　　　图 2-1-18　汽车箱体加工

4．发动机领域

针对叶轮及叶片加工，五轴数控机床能够控制刀轴空间姿态，通过同步加工使刀具上某一最佳切削位置始终参与加工，实现曲面跟随切削，极大地提高了整体叶轮的曲面精度和叶轮在使用中的工作效率（见图 2-1-19、图 2-1-20）。

图 2-1-19　叶轮零件加工　　　　图 2-1-20　叶片模型加工

5.航空、航天制造领域

航空结构件变斜面整体加工效果的实现，需要机床五轴联动配合刀具侧刃进行切削，以保证曲面连续性和完整性，此外，结构件连接肋板和强度肋板的负角度侧壁，以及大深度型腔的加工，都需要五轴控制刀轴矢量角实现有效切削（见图 2-1-21、图 2-1-22）。

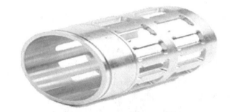

图 2-1-21　航空零件加工　　　　图 2-1-22　航天零件加工

6.医疗领域

医疗行业中口罩模具、骨板、牙模等空间异型零件的加工，若采用五轴数控机床可以简化此类零件的制造难度，有效提高生产效率（见图 2-1-23、图 2-1-24）。

图 2-1-23　医疗器械零件五轴加工　　　　图 2-1-24　口罩模具加工

四、五轴的加工方式

常用的五轴加工方式包括五轴定位加工和五轴同步加工两种。

1.五轴定位加工

五轴定位加工分为"3+2"和"4+1"两种类型（见图 2-1-25、图 2-1-26）。所谓"3+2"或"4+1"定向加工，即五轴数控机床的部分进给轴（主要是旋转轴）在加工动作实施过程中，仅起到刀具轴空间姿态或工件空间位置的方向改变且固定不做进给运动，同时另一部分进给轴实施进给动作，从而保证切削运动的有效实施，定向加工可以实现多工序集中，有效减少工件装夹的次数，从而避免定位误差对加工精度造成的影响。

图 2-1-25　"3+2" 五轴定向加工　　　　图 2-1-26　"4+1" 五轴定向加工

2．五轴同步加工

五轴同步加工又称五轴联动加工（见图 2-1-27、图 2-1-28），即机床的五个进给轴根据程序同时实现五轴插补运动。通过五个坐标轴的联动，保证采用刀具刃部切削速度最理想的位置进行切削，避免刀具制造误差和静点切削对零件尺寸和表面质量产生的影响，有效提高加工精度和加工效率。

图 2-1-27　叶轮五轴同步加工　　　图 2-1-28　空间直纹曲面五轴同步加工

3．"3+2" 五轴定向加工与五轴同步加工对比

"3+2" 五轴定向加工与五轴同步加工对比见表 2-1-1。

表 2-1-1　"3+2" 五轴定向加工与五轴同步加工对比分析

分类	"3+2" 五轴定向加工	五轴同步加工
优点	（1）较小的编程成本； （2）只采用线性轴运动，因此无动态限制； （3）加工具有较大的刚性，由此提高刀具使用寿命和表面质量	（1）在固定装夹位置上可加工较深型腔侧壁和底面； （2）可采用紧凑装夹位置的较短刀具； （3）工件表面质量均匀，无过渡移刀痕迹； （4）减少特种刀具的使用，降低成本
缺点	（1）工件几何尺寸的限制，刀具无法切削到较深的型腔侧壁和底面； （2）采用较长的刀具铣削深的轮廓，加工质量和效率会受到影响； （3）进刀位置较多，增加了加工的时间且产生了明显的过渡移刀痕迹	（1）较高的编程成本，高碰撞危险； （2）因运动的补偿运动，加工时间常常被延长； （3）由于采用了更多的轴，运动误差可能会自行增加

五、五轴数控机床的 RTCP 补偿

RTCP 是指旋转刀具中心点，通常可把刀具中心点认为是刀尖点。携带 RTCP 功能的

数控系统根据刀尖点和方向矢量信息自动计算出工作台位置。

　　RTCP 补偿原理跟 CAM 一样，在测量得到真实的刀头结构的情况下，通过旋转矩阵，旋转轴旋转带来的控制点和刀尖点之间 X、Y、Z 方向上的位移都能计算出来，控制点只需要移动同样的距离就能保证刀尖点在理想位置。（在五轴机床中，通常机床位置和刀尖点并不是同一个点，旋转轴所在位置叫控制点）

　　RTCP 的优势在于能准确控制切削速度。在金属加工中切削速度一致性对加工效果有较大的影响。RTCP 补偿可以实现五轴刀补，NC 文件就是刀尖点刀路；CAM 出五轴刀路更简单，并且长直线和圆弧在没有干涉时可以不打散成小线段，加工效果也会更好；加工精度更容易控制，例如，轨迹平滑使用时，如果不带 RTCP，对加工精度的影响很难评估。

　　为解决手工测量精度缺陷和使用局限性，最大限度实现测量的自动化，实现旋转刀具中心点精确控制，数控系统提供五轴机床关键几何尺寸自动标定功能。标定过程中，采用触发式测头和标准球，通过测量宏程序，采集数据点经过拟合，自动计算生成五轴机床结构参数，从而提高测量精度和测量效率。

　　测量工具使用雷尼绍应变式测头和标准球磁力表座，测头如图 2-1-29 所示，标准球如图 2-1-30 所示。通过宏程序控制测头探针与标准球进行碰撞并锁存碰撞点机床坐标，根据锁存坐标计算各个示教点相对应的标准球球心坐标，使用最小二乘数据处理方法，对各个标准球球心坐标拟合主动旋转轴与从动旋转轴轴线方向与空间位置，得到 RTCP 参数。

图 2-1-29　雷尼绍应变式测头　　　　图 2-1-30　标准球

1. 仪器安装

　　根据机床结构类型，安装触发式测头和标准球，用杠杆表对测头探针进行主轴同心校准。

2. 参数设置

　　在数控系统自动测量软件界面设置测量参数，包括测量类型、旋转轴显示顺序、旋转轴名、安全高度、定位速度、中间速度、触发速度、标准球半径、刀具长度和刀具半径 10 个基本参数以及 8 个主动轴示教点和 8 个从动轴示教点，示教点是用来确定标准球与测头相对位置，并进行碰撞的基准点。

3. 碰撞采集

　　通过宏程序，根据上面确定的 10 个基本参数以及 8 个主动轴示教点和 8 个从动轴示教点坐标，控制测头探针与标准球进行碰撞并锁存碰撞时机床坐标系下的坐标 X、Y、Z，每个示教点碰撞 4 次。碰撞过程如下。

　　测头探针在 Z 轴负方向与标准球顶点进行碰撞锁存机床坐标点 1，在 X 轴正方向与标准球赤道碰撞锁存机床坐标点 2，在 X 轴负方向与标准球赤道碰撞锁存机床坐标点 3，在

学习笔记

Y 轴正或负方向与标准球赤道碰撞锁存机床坐标点 4。

或者，测头探针在 Z 负方向与标准球顶点进行碰撞锁存机床坐标点 1，在 Y 轴正方向与标准球赤道碰撞锁存机床坐标点 2，在 Y 轴负方向与标准球赤道碰撞锁存机床坐标点 3，在 X 轴正或负方向与标准球赤道碰撞锁存机床坐标点 4。

4．RTCP 参数计算

根据锁存的碰撞点坐标，计算各个示教点相对应的标准球球心坐标；对各个标准球球心坐标拟合主动旋转轴与从动旋转轴轴线方向与空间位置，得到 RTCP 参数，包括主动轴轴线方向矢量、从动轴轴线方向矢量、主动轴轴线偏移矢量和从动轴轴线偏移矢量。

【国之利器】

搜一搜 中国自主研发的世界第一台新型五轴混联机床，有哪些世界之最？有哪些技术优势？主要用途是什么？

知识点 2   可变流线铣

可变流线铣与可变轮廓铣相似，单击【插入】→【工序】选项，弹出【创建工序】对话框，如图 2-1-31 所示，【类型】选择【mill_multi-axis】选项，【工序子类型】选择可变流线铣，设置工序的位置和名称后，单击【确定】按钮进入【可变流线铣】对话框。常用的节点有【主要】【几何体】【轴和避让】【进给率和速度】【策略】【非切削移动】等。

文 本

可变流线铣

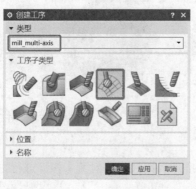

图 2-1-31   创建可变流线铣工序

一、【主要】节点的参数设置

1．【驱动方法】选项区域的参数设置

【曲线／点】选项通过指定点和选择曲线来定义驱动几何体。

【螺旋】选项通过指定从指定中心点螺旋向外的点来定义驱动几何体。

【边界】选项通过指定边界和空间范围环定义切削区域。

【引导曲线】选项通过一条或多条引导曲线来定义切削区域、切削方向和切削距离。

【曲面区域】选项定义位于驱动面栅格中的驱动点阵列。

【流线】选项根据所选几何体构建隐式驱动面。流线可以灵活地创建刀轨。

【刀轨】选项沿着现有的 CLSF 的"刀轨"定义"驱动点"，以在当前工序中创建类似的"曲面轮廓铣刀轨"。

【径向切削】选项沿指定边界定义驱动路径，使这些路径垂直于该边界。

【外形轮廓铣】选项利用刀的侧刃加工倾斜壁。

【用户定义】选项用于创建曲面轮廓铣模板工序，而不必指定初始驱动方法。

2.【投影矢量】选项区域的参数设置

【投影矢量】用于定义驱动点投影到部件表面的方式，以及刀具接触的部件表面侧。投影矢量方向决定刀具要接触的部件表面侧。刀具总是从投影矢量逼近一侧定位到部件表面上。

【指定矢量】选项通过矢量对话框或从列表中选择矢量来指定矢量。

【刀轴】选项根据现有的刀轴定义一个投影矢量。使用"刀轴"时，"投影矢量"总是指向"刀轴矢量"的相反方向。

【刀轴向上】选项沿刀轴向上投影的驱动边界。

【远离点】选项使用点对话框或从列表中选择一点，创建从指定焦点向部件面延伸的投影矢量。此选项可用于加工焦点在球面中心处的内侧球形（或类似球形）曲面。

【朝向点】选项用于创建从部件面延伸至指定焦点的投影矢量。使用点对话框或者从列表中选择一点。此选项可用于加工焦点在球中心处的外侧球形（或类似球形）曲面。

【远离直线】选项使用远离直线对话框创建从指定直线延伸至部件面的投影矢量。"投影矢量"作为从中心线延伸至"部件表面"的垂直矢量进行计算。此选项可用于加工内侧圆柱面，其中指定的直线作为圆柱中心线。

【朝向直线】选项使用朝向直线对话框创建从部件面延伸至指定直线的投影矢量。此选项有助于加工外部圆柱面，其中指定的直线作为圆柱中心线。

【垂直于驱动体】选项用于相对于驱动面法线定义投影矢量。投影矢量作为驱动面材料侧法向矢量的反向矢量进行计算。此选项能够将"驱动点"均匀分布到凸起程度较大的部件表面。只有在使用"曲面区域驱动方法"时，此选项才是可用的。

【朝向驱动体】选项工作方法与垂直于驱动体投影方式类似。使用朝向驱动体加工型腔，使用垂直于驱动体加工型芯。可以使用投影矢量组中的后退距离选项来处理存在问题的刀轨。

二、【轴和避让】节点的参数设置

刀轴选项用于指定切削刀具的方位。各个选项的含义如下。

【远离直线】定义远离聚焦线的可变刀轴。

【朝向直线】定义向聚焦线收敛的可变刀轴。

【相对于矢量】定义相对于具有指定前倾角和侧倾角的矢量的可变刀轴。

【垂直于部件】定义在每个接触点垂直于部件面的可变刀轴。

【相对于部件】定义相对于部件面的法向矢量倾斜和倾斜的可变刀轴。

【4轴，垂直于部件】定义使用4轴旋转角的可变刀轴。法向轴相对于部件面。

【4轴，相对于部件】通过添加前倾角和侧倾角来定义4轴，垂直于部件可变刀轴。

【插补矢量】用于定义控制特定点处刀轴的矢量。

【插补角度至部件】用于指定控制特定点处刀轴的前倾角和侧倾角。在测量角度时，是相对于刀具与部件表面接触且垂直于部件表面的位置。

【插补角度至驱动体】用于指定控制特定点处刀轴的前倾角和侧倾角。测量角度时，相对于刀具与部件面接触位置处的驱动面法向进行测量。

【优化后驱动】将刀具前倾角与驱动几何体曲率相匹配。

【垂直于驱动体】定义在每个驱动点垂直于驱动面的可变刀轴。

【侧刃驱动体】定义跟随驱动面的侧刃划线的可变刀轴。

【相对于驱动体】定义具有相对于每个驱动点的驱动面法向测量的前倾角和侧倾角的可变刀轴。

【4轴，垂直于驱动体】定义使用4轴旋转角的可变刀轴。法向轴相对于驱动面。

【4轴，相对于驱动体】通过添加前倾角和侧倾角来定义4轴，垂直于驱动体可变刀轴。

【双4轴在驱动体上】定义双4轴在驱动体上可变刀轴，用于分别指定单向切削和回转切削的前倾角、侧倾角和旋转角。

三、【非切削移动】节点的参数设置

【转移/快速】节点【区域之间】选项区域用于控制添加以清除不同切削区域之间障碍的退刀、转移和进刀。【逼近方法】选项指定进刀移动之前发生的移动类型，具体参数含义见表2-1-2。

表 2-1-2　逼近方法参数含义

序号	参　数	说　明	图　例
1	无	不创建逼近移动	
2	沿刀轴	创建沿刀轴方向的逼近移动。在进刀移动之前的指定距离处	
3	沿矢量	沿指定矢量方向创建逼近移动。在进刀移动之前的某个距离处。使用矢量构造器可定义逼近方向	
4	安全距离 - 刀轴	创建沿刀轴方向的逼近移动。从进刀移动之前的已标识安全平面	

续上表

序号	参　数	说　明	图　例
5	安全距离 - 最短距离	根据最短距离创建逼近移动。从进刀移动之前的已标识安全平面	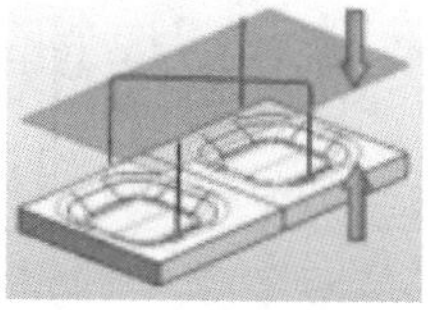
6	安全距离 - 矢量	沿矢量方向创建逼近移动。从进刀移动之前的已标识安全平面	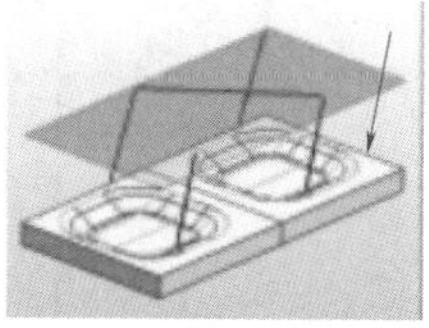
7	安全距离 - 切向	创建切向逼近移动。从进刀移动之前的已标识安全平面	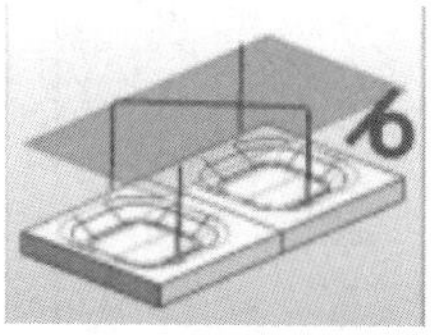

【离开】选项可以使刀具快速地从部件的一个侧面移到另一个侧面并避免碰撞部件表面。退刀移动使用更低的进给率并保持最小值。【离开方法】选项指定退刀移动之后发生的移动类型。具体参数含义见表 2-1-3。

表 2-1-3　离开方法参数含义

序号	参　数	说　明	图　例
1	无	不创建离开移动	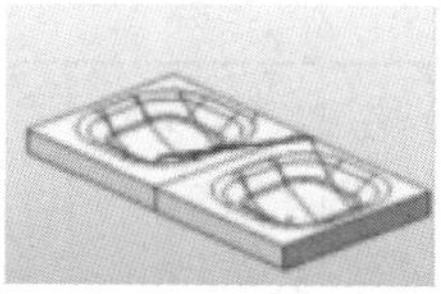
2	沿刀轴	创建沿刀轴方向的离开移动。在退刀移动之后的指定距离处	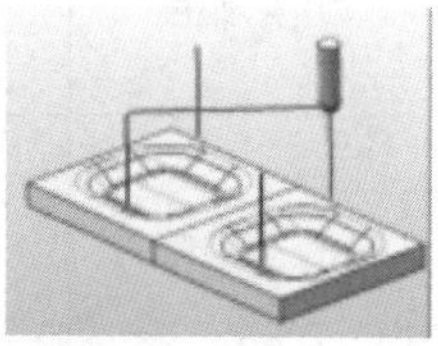
3	沿矢量	沿指定矢量方向创建离开移动。在退刀移动之后的距离处。使用矢量构造器可定义离开方向	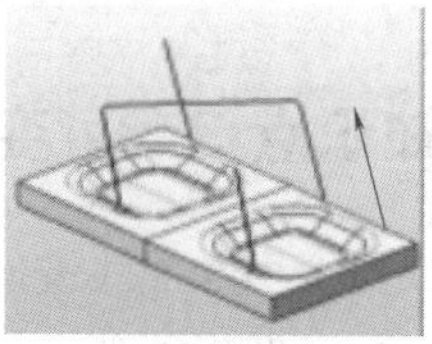
4	安全距离 - 刀轴	创建沿刀轴方向的离开移动。从退刀移动后的已标识安全平面	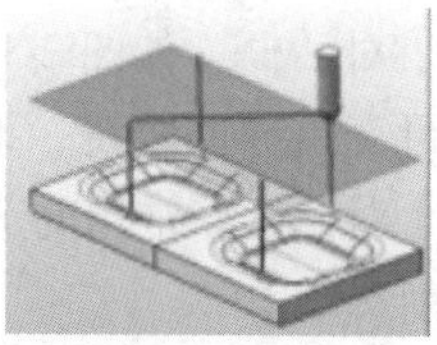

序号	参　数	说　明	图　例
5	安全距离 - 最短距离	根据最短距离创建离开移动。从进刀移动之前的已标识安全平面	
6	安全距离 - 矢量	创建切向离开移动。从退刀移动后的已标识安全平面	
7	安全距离 - 切向	沿矢量方向创建离开移动。从退刀移动后的已标识安全平面	

　　【移刀】选项允许指定刀具从"离开"终点（如果"离开"设为"无"，则为"退刀"终点；或者是初始进刀的出发点）到"逼近"起点（如果"逼近"设为"无"，则为"进刀"起点；或者是最终退刀的回零点）的移动方式。通常，移刀发生在进刀和退刀之间或离开和逼近之间。【移刀类型】选项指定退刀之后发生的移刀移动类型。具体参数含义见表 2-1-4。

表 2-1-4　离开方法参数含义

序号	参　数	说　明	图　例
1	安全距离	返回到用安全设置选项指定的安全几何体	
2	直接	在两个区域之间进行最短的直接连接	

● 文本

可变引导曲线铣

知识点 3　可变引导曲线铣

　　可变引导曲线铣的切削模式由一个或两个引导曲线驱动。加工包含底切或双接触点的复杂曲面时，可变引导曲线工序非常有用。单击【插入】→【工序】选项，弹出【创建工序】对话框，如图 2-1-32 所示，【类型】选择【mill_multi-axis】选项，【工序子类型】选择可变引导曲线铣，设置工序的位置和名称后，单击【确定】按钮进入【可变引导曲线铣】对话框。常用的节点有【主要】【几何体】【轴和避让】【进给率和速度】【策略】【非切削移动】等。

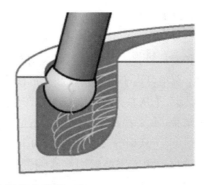

图 2-1-32 创建可变引导曲线铣工序

一、【主要】节点的参数设置

1.【驱动几何体】选项区域的参数设置

【驱动几何体】选项区域的参数如图 2-1-33 所示,【模式类型】选项包括恒定偏置、变形、回旋赛道等三个选项。【恒定偏置】选项使用恒定步距从单个开放引导曲线或封闭引导曲线创建偏置。【变形】选项在两个引导线曲线之间创建均匀插补偏置。【回旋赛道】选项从单个引导曲线创建偏置,并围绕曲线的端点。

【引导曲线】选项用于通过选择曲线、边或点来指定曲线。

2.【阵列】选项区域的参数设置

【阵列】选项区域的参数如图 2-1-34 所示,【切削侧面】选项包括两侧、左侧、右侧等三个选项。【两侧】从单个引导曲线的两侧创建偏置。【左侧】根据曲线的方向,从单个引导曲线的左侧创建偏置。【右侧】根据曲线的方向,从单个引导曲线的右侧创建偏置。

图 2-1-33 驱动几何体选项区域参数

图 2-1-34 阵列选项区域参数

【切削模式】选项用于指定刀轨的形状,包括螺旋线、单向、往复、往复上升等四个选项。【螺旋线】当驱动面形成一个封闭区域时,创建一个没有任何步距的光顺螺旋模式。【单向】创建沿一个方向的切削。步进是非切削移动。在各刀路结束处,刀刃将退刀、移刀至下一刀路的开始处,然后再次沿相同方向切削。【往复】创建沿相反方向切削的刀路。步进是垂直于切削方向的切削移动。【往复上升】创建沿相反方向切削的刀路。步进是非切削移动。在各刀路结束处,刀刃将退刀、移刀和反向切削。

【切削方向】选项用于指定刀轨的方向,包括沿引导线、反向引导线、顺时针、逆时针等四个选项。【沿引导线】可用于恒定偏置和变形模式。沿引导线曲线方向开始刀轨。【反向引导线】可用于恒定偏置和变形模式。沿引导曲线反向开始刀轨。【顺时针】用于回旋赛道模式。按顺时针方向围绕引导曲线。【逆时针】可用于回旋赛道模式。按逆时针方向围绕引导曲线。

【切削顺序】指定刀轨的顺序，包括由外向内交替、由内向外交替、从左到右、从右到左、从引导线 1、朝向引导线、远离引导线等七个选项。【由外向内交替】选项可用于恒定偏置和变形模式。从切削区域的外边处开始切削，并在切削区域的中间结束。【由内向外交替】选项可用于恒定偏置和变形模式。从切削区域的中间开始切削，并在切削区域的外边处结束。【从左到右】选项可用于恒定偏置模式。从驱动曲线方向的左侧开始切削，并在右侧结束。【从右到左】选项用于恒定偏置模式。从驱动曲线方向的右侧开始切削，并在左侧结束。【从引导线 1】选项可用于变形模式。从第一条引导曲线开始切削。【朝向引导线】选项可用于围绕短引导线偏置模式。远离引导曲线开始切削，并终止于引导曲线。【远离引导线】选项可用于围绕短引导线偏置模式。从引导曲线开始切削，并远离引导曲线结束。

3.【步距】选项区域的参数设置

【步距】选项区域控制连续切削刀路之间的距离。【恒定】可用于变形模式。用于指定步距间的距离。【残余高度】可用于恒定偏置、变形和围绕短引导线偏置模式。用于指定步距的残余高度。定义残余高度值时，沿与刀轴成45°角的平面计算步距。其他驱动方法使用与刀轴垂直的平面来计算步距值。【数量】可用于恒定偏置、变形和围绕短引导线偏置模式。用于指定要添加的步距数。【精确】可用于恒定偏置和围绕短引导线偏置模式。用于指定步距间的特定距离。

二、【几何体】节点的参数设置

几何体选择可以使用一对引导曲线或单个曲线。部件几何体需要包含引导曲线驱动方法用于过切检查的面。切削区域包含要切削的面。当刀具与相邻面相切时，驱动方法停止刀轨。可以使用面来延伸或封盖开放区域，即使它们不是部件几何体的成员。引导曲线是开放曲线或封闭曲线的连续链。选中时，引导曲线的端点显示为星号。曲线起点处的箭头表示切削方向。可以使用 3D 曲线作为引导曲线。具体参数与可变轮廓铣参数相同。

【国之利器】

查一查 中国自主研发的世界最大加工直径七轴六联动螺旋桨加工机床，有哪些世界之最？有哪些技术优势？主要用途是什么？

自学自测

学习笔记

一、单选题（只有 1 个正确答案，每题 10 分）

1. 双摆头结构五轴机床的两个旋转轴均在（　　）上。

A. 工作台　　　　　B. 主轴　　　　　C. 刀库

2. 五轴联动加工机床的五个进给轴根据程序同时实现五轴（　　）运动。

A. 直线　　　　　B. 旋转　　　　　C. 插补

3. 携带（　　）功能的数控系统根据刀尖点和方向矢量信息自动计算出工作台位置。

A. RTCP　　　　　B. ATCP　　　　　C. RTAP

4. 五轴定向加工可以实现（　　），有效减少工件装夹的次数。

A. 多工序集中　　　B. 多工序分步　　C. 多工序分类

二、多选题（有至少 2 个正确答案，每题 10 分）

1. 按照两个旋转轴的结构形式，五轴数控机床可以分为（　　）。

A. 双摆头结构　　　　　　B. 双转台结构

C. 摆头转台式结构　　　　D. 刀轴俯垂型结构

2. 五轴加工常用的编程软件有（　　）。

A. UG　　　　　　　　　B. Powermill

C. AutoCAD　　　　　　D. Hypermill

3. 五轴加工常用的编程软件刀轴方位有（　　）。

A. 固定　　　　　　　　B. XYZ 方向

C. 可变　　　　　　　　D. ABC 方向

4. 五轴数控加工夹具的类型主要有（　　）。

A. 平口钳及钳形夹具　　　B. 自定心卡盘及夹具

C. 组成压板　　　　　　　D. 专用夹具

5. 下列关于五轴双摆头机床特点描述正确的是（　　）。

A. 旋转灵活　　　　　　　B. 适合各种形状大小零件

C. 机床刚性差　　　　　　D. 能重切削

三、判断题（对的划 √，错的划 ×，每题 2 分）

1. 相比三轴机床，五轴联动机床增加了两个旋转自由度，刀具运动姿态可以灵活变化。（　　）

2. 与五轴同步加工相比，"3+2"五轴定向加工的编程成本更高。（　　）

3. 卡盘自定心卡盘装夹方便，能自动定心。（　　）

4. 可变流线铣用于精加工复杂形状，尤其是要控制光顺切削模式的流和方向。（　　）

5. 双转台五轴数控机床自身的尺寸一般比较大，采用龙门式或动梁龙门式结构，能加工的零件尺寸比较大。（　　）

● 视 频

模具的五轴
数控编程

任务实施

按照零件加工要求，制定模具的加工工艺；编制模具加工程序；完成模具的仿真加工，后处理得到数控加工程序，完成零件加工。

一、制定模具五轴数控加工工艺

1. 模具零件分析

该零件形状相对比较简单，主要由成型面和分模面组成，主要加工内容为成型面、分模面。

2. 毛坯选用

零件材料为 42CrMo 模具钢，零件外形尺寸已经精加工到位，无须再次加工。

3. 装夹方式

模具毛坯使用三爪卡盘夹紧的装夹方式。

4. 加工工序

零件选用立式五轴联动机床加工（双摆台摇篮式）。遵循先粗后精加工原则，粗加工均采用三轴联动加工，精加工采用五轴联动加工。制定模具加工工序见表 2-1-5。

● 源文件

模具

表 2-1-5　模具加工工序

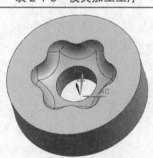

模具示意图

序号	加工内容	刀具	主轴转速 /（r/min）	进给速度 /（mm/min）
1	型面粗加工	D20R0.4	1 800	1 200
2	型面半精加工	B16	2 600	1 400
3	型面精加工	B12	2 600	1 400

二、数控程序编制

1. 编程准备

第 1 步：启动 UGNX 软件，打开软件工作界面。依次单击【文件】→【打开】选项，打开【打开文件】对话框，选择"模具 .prt"文件，单击【确定】按钮，打开模具零件模型。

第 2 步：设置加工环境。选择【应用模块】选项卡，单击【加工】选项，进入加工环境。在弹出的【加工环境】对话框中，在【CAM 会话配置】选项中选择【cam_general】选项，在【要创建的 CAM 设置】选项中选择【mill_multi_axis】，单击【确定】按钮，完成多轴加工模板的加载。

第 3 步：设置机床坐标系。在工具栏单击【几何视图】按钮，工序导航器显示几何视图，双击【MCS_MILL】选项，弹出【MCS 铣削】对话框，如图 2-1-35 所示，双击【指定机床坐标系】右侧图标，将加工坐标系移动到上表面的居中位置。【安全设置选项】选择【自动平面】，【距离】设置为 30，单击【确定】按钮，完成加工坐标系的设置。

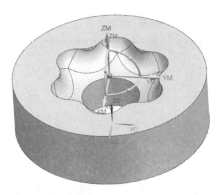

图 2-1-35 加工坐标系设定

第 4 步：设置部件和毛坯。工序导航器显示几何视图，双击【WORKPIECE】选项，弹出【工件】对话框，单击【指定部件】右侧按钮，弹出【部件几何体】对话框，在绘图区选择模具模型，单击【确定】完成部件设置。单击【指定毛坯】右侧按钮，弹出【毛坯几何体】对话框，选择毛坯模型，单击【确定】按钮，完成部件和毛坯设置，如图 2-1-36 所示。

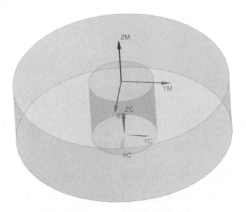

图 2-1-36 指定毛坯

第 5 步：创建刀具。在工具栏单击【机床视图】按钮，工序导航器显示机床视图。单击【创建刀具】图标，弹出【创建刀具】对话框，如图 2-1-37 所示。刀具子类型选择第一个【MILL】图标，刀具名称修改为 D20R0.4，单击【应用】按钮，弹出【铣刀 -5 参数】对话框，设置刀具参数，【直径】输入 20，【下半径】输入 0.4，【刀具号】【补偿寄存器】【刀具补偿寄存器】三个参数均输入 1，其他参数默认，单击【确定】按钮，完成立铣刀 D20R0.4 的创建。

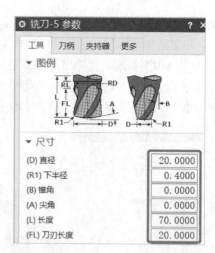

图 2-1-37　创建铣刀

同理【创建刀具】对话框，刀具子类型选择【MILL】，刀具子类型选择【BALL-MILL】，修改刀具名称为【B16】，单击【应用】按钮，弹出【铣刀 - 球头铣】对话框，设置刀具参数，【直径】为 16，【刀具号】【补偿寄存器】【刀具补偿寄存器】三个参数均输入 2，其他参数默认，如图 2-1-38 所示，单击【确定】按钮，完成球头铣刀 B16 的创建。

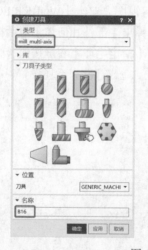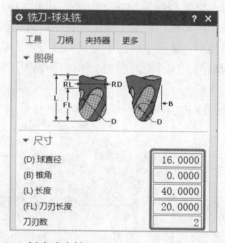

图 2-1-38　创建球头铣刀

单击【创建刀具】图标，弹出【创建刀具】对话框，刀具子类型选择【BALL-MILL】，修改刀具名称为【B12】，单击【应用】按钮，弹出【铣刀 - 球头铣】对话框，设置刀具参数，【直径】为 12，【刀具号】【补偿寄存器】【刀具补偿寄存器】三个参数均输入 3，其他参数默认，单击【确定】按钮，完成球头铣刀 B12 的创建。

2. 型面粗加工程序编制

第 1 步：创建型腔铣工序。单击【创建工序】图标，打开【创建工序】对话框，如图 2-1-39 所示，【类型】选择【mill_contour】，【工序子类型】选择【型腔铣】图标，【程序】选择【PROGRAM】，【刀具】选择【D20R0.4（铣刀 -5 参数）】，【几何体】选择【WORKPIECE】，【方法】选择【MILL_ROUGH】，名称为型面粗加工，单击【确定】按钮，打开【型腔铣】对话框。

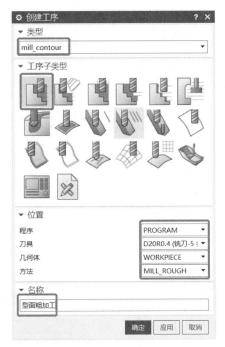

图 2-1-39　创建型腔铣工序

第 2 步：设置【主要】节点。【型腔铣】对话框【主要】节点【刀轨设置】选项区域如图 2-1-40 所示，【切削模式】选择【跟随周边】，【步距】选择【% 刀具平直】，【平面直径百分比】输入 50，【公共每刀切削深度】选择【恒定】，【最大距离】输入 1。【切削】选项区域【切削方向】选择【顺铣】，【切削顺序】选择【层优先】，【刀路方向】选择【向外】，取消勾选【岛清根】，【壁清理】选择【自动】，其他采用默认参数，【主要】节点参数设置完成。

图 2-1-40　主要节点参数

第 3 步：设置【几何体】节点。单击【型腔铣】对话框【几何体】节点，【几何体】选项区域中勾选【指定部件使底面余量与侧面余量一致】，【部件侧面余量】输入 1，其他采用默认参数，【几何体】节点参数设置完成。

第 4 步：设置【刀轴和刀具补偿】节点。单击【型腔铣】对话框【刀轴和刀具补偿】节点，【刀轴】选项区域【轴】选择【+ZM 轴】，其他采用默认参数，【刀轴和刀具补偿】节点参数设置完成。

第 5 步：设置【进给率和速度】节点。单击【型腔铣】对话框【进给率和速度】节点，【主轴速度】选项区域【主轴速度】输入 1 800，【进给率】选项区域【切削】输入 1 200，其他采用默认参数，【进给率和速度】节点参数设置完成。

第 6 步：生成刀具路径。单击【型腔铣】对话框【生成】图标，如图 2-1-41 所示，在绘图区查看生成的刀具路径，单击【确定】按钮，完成型面粗加工型腔铣工序。

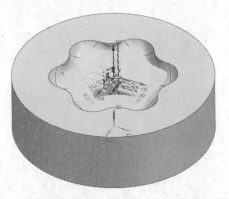

图 2-1-41　型面粗加工刀轨

3. 型面半精加工程序编制

第 1 步：创建半精加工工序。单击【创建工序】图标，打开【创建工序】对话框，如图 2-1-42 所示，【类型】选择【mill_multi-axis】，【工序子类型】选择【可变轮廓铣】图标，【程序】选择【PROGRAM】，【刀具】选择【B16（铣刀 - 球头铣）】，【几何体】选择【WORKPIECE】，【方法】选择【MILL_SEMI_FINISH】，名称为型面半精加工，单击【确定】按钮，打开【可变轮廓铣】对话框。

第 2 步：设置【主要】节点。在【可变轮廓铣】对话框【主要】节点中，【主要】选项区域【指定加工区域】选择型面的曲面，【部件余量】输入 0.3；【驱动方法】选项区域，【方法】选择【流线】，单击【编辑】图标，弹出【流线驱动方法】对话框，【选择曲线】选择图 2-1-43

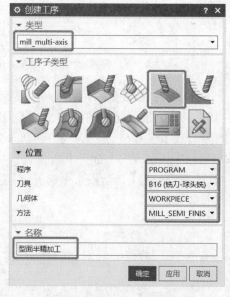

图 2-1-42　创建可变轮廓铣工序

所示型面上表面的曲线，【驱动设置】选项区域【刀具位置】选择【对中】，【切削模式】选择【螺旋或平面螺旋式】，【步距】选择【残余高度】，【最大残余高度】输入 0.03，单击【确定】按钮，返回【可变轮廓铣】对话框。【投影矢量】选项区域中【矢量】选择【刀轴】，【主要】节点参数设置完成。

图 2-1-43　流线驱动方法的驱动设置

第 3 步：设置【轴和避让】节点。单击【可变轮廓铣】对话框【轴和避让】节点，【刀轴】选项区域【轴】选择【朝向点】，单击【点对话框】图标，弹出【点】对话框，选择点（0，0，210），单击【确定】按钮，返回【可变轮廓铣】对话框。勾选【检查非切削碰撞】，其他采用默认参数，【轴和避让】节点参数设置完成。

第 4 步：设置【进给率和速度】节点。单击【可变轮廓铣】对话框【进给率和速度】节点，【主轴速度】选项区域【主轴速度】输入 2 600，【进给率】选项区域【切削】输入 1 400，其他采用默认参数，【进给率和速度】节点参数设置完成。

第 5 步：设置【非切削移动】节点。单击【非切削移动】节点，【进刀 / 退刀 / 步进】选项区域勾选【替代为光顺连接】，【光顺长度】输入 50%，【光顺高度】输入 15%，【最大步距】输入 100%，【公差】选择【从切削】，【非切削移动】节点参数设置完成。

第 6 步：生成刀具路径。单击【可变轮廓铣】对话框【生成】图标，在绘图区查看生成的刀具路径，单击【确定】按钮，完成型面半精加工可变轮廓铣工序，如图 2-1-44 所示。

4. 型面精加工程序编制

第 1 步：复制型面半精加工工序。在工具栏单击【程序顺序视图】图标，工序导航器显示程序顺序视图。右击型面半精加工工序，依次选择【复制】【粘贴】选项，则生成"型面半精加工 -COPY"工序。右击该工序，选择【重命名】选项，重命名为"型面精加工"。

第 2 步：修改【主要】节点。双击【型面精加工】，弹出【可变轮廓铣】对话框，【主要】节点【主要】选项区域【刀具】选择 B12 球头铣刀，【部件余量】修改为 0；【驱动方法】选项区域中【方法】选择【流线】，单击【编辑】图标，弹出【流线驱动方法】对话框，【驱动设置】选项区域【最大残余高度】输入 0.01，单击【确定】按钮，返回【可变轮廓铣】对话框，其他参数不变，【主要】节点参数修改完成。

第 3 步：生成刀具路径。单击【可变轮廓铣】对话框【生成】图标，在绘图区查看生成的刀具路径，单击【确定】按钮，完成型面精加工工序，如图 2-1-45 所示。

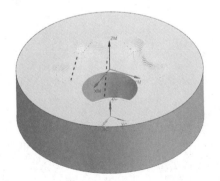

图 2-1-44　型面半精加工刀轨

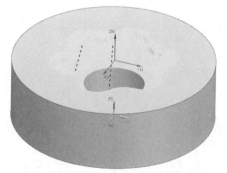

图 2-1-45　型面精加工刀轨

模具的五轴数控编程工单

模具的五轴数控编程工单可扫描二维码查看。

课后作业

编程题

如图 2-1-46 所示的立叶片结构，进行多轴数控加工分析，制定加工工艺文件，使用 UG 软件进行数控编程，生成合理的刀路轨迹，后处理成数控程序。

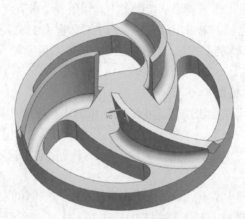

图 2-1-46　立叶片结构

任务 2　叶轮的五轴数控编程

任务工单

学习情境 2	五轴数控编程		任务 2	叶轮的五轴数控编程
任务学时			课内 4 学时（课外 2 学时）	
布置任务				
工作目标	（1）根据零件结构特点，合理选择五轴加工机床； （2）根据零件的加工要求，制定叶轮零件的加工工艺文件； （3）使用 UG 软件，完成叶轮的五轴数控编程，生成合理的刀路； （4）使用 UG 软件，完成仿真加工，检验刀路是否正确合理			
任务描述	叶轮零件是汽轮机核心零件，某发电设备制造公司工艺部接到叶轮的生产任务，根据设计员设计的叶轮零件三维造型；工艺员查询机械加工工艺手册关于叶轮曲面的加工工艺信息，合理规划叶轮零件的加工工艺路线，制定加工工艺方案；编程员编制加工工艺文件，使用 UG 软件叶轮加工模板创建五轴数控加工操作，设置必要的加工参数、生成刀具路径、检验刀具路径是否正确合理，并对操作过程中存在的问题进行研讨和交流，通过相应的后处理生成数控加工程序，并仿真加工			
学时安排	资讯	计划	决策	实施	检查	评价
	1 学时	0.5 学时	0.5 学时	1 学时	0.5 学时	0.5 学时
任务准备	（1）叶轮零件图纸； （2）电子教案、课程标准、多媒体课件、教学演示视频及其他共享数字资源； （3）叶轮模型； （4）游标卡尺等工具和量具			
对学生学习及成果的要求	（1）学生具备叶轮零件图的识读能力； （2）严格遵守实训基地各项管理规章制度； （3）对比叶轮零件三维模型与零件图，分析结构是否正确，尺寸是否准确； （4）每名同学均能按照学习导图自主学习，并完成课前自学的问题训练和自学自测； （5）严格遵守课堂纪律，学习态度认真、端正，能够正确评价自己和同学在本任务中的素质表现； （6）每位同学必须积极参与小组工作，承担加工工艺制定、数控编程、程序校验等工作，做到能够积极主动不推诿，能够与小组成员合作完成任务； （7）每位同学均需独立或在小组同学的帮助下完成任务工单、加工工艺文件、数控编程文件、仿真加工视频等，并提请检查、签认，对提出的建议或有错误务必及时修改； （8）每组必须完成任务工单，并提请教师进行小组评价，小组成员分享小组评价分数或等级； （9）每名同学均完成任务反思，以小组为单位提交			

学习笔记

学习导图

任务2　叶轮的五轴数控编程

思政案例：世界之最 白鹤滩工程 发电机组核心零件 叶轮的加工

知识点

叶轮粗加工
- 问题1：叶轮的结构一般由哪几部分组成？
- 问题2：叶轮的数控加工顺序一般有哪几步？
- 问题3：叶轮粗加工时，驱动方法是什么？

叶轮叶片精加工
- 问题1：叶轮的叶片精加工选用什么数控刀具？
- 问题2：叶轮叶片精加工时刀轴是否需要延伸刀路轨迹？

叶轮轮毂精加工
- 问题1：叶轮轮毂精加工时刀轴如何设置？
- 问题2：叶轮轮毂精加工工与叶片精加工的不同点有哪些？

叶轮圆角精加工
- 问题1：叶轮圆角精加工时叶片阵列设置有哪些？
- 问题2：叶轮圆角精加工与叶轮叶片精加工的不同点有哪些？

技能点
- 查询机械加工工艺手册制定叶轮的加工工艺方案
- 使用UG软件叶轮粗加工、叶轮叶片精加工、叶轮轮毂精加工、叶轮圆角精加工等工序进行叶轮的数控编程
- 仿真加工叶轮的数控加工过程，检查刀路是否合理

素质思政融入点
- 通过观看大国重器纪录片，引导学生体会"制造强国"的民族自豪感
- 通过小组讨论叶轮的加工工艺方案，树立学生良好的成本意识、质量意识、创新意识
- 通过叶轮数控编程实际操作练习，养成精益求精的工匠精神，热爱劳动的劳动精神

课前自学

在多轴数控加工中，使用【mill_multi_blade】多叶片工序来加工含多个叶片的部件，如叶轮或叶盘。多叶片铣加工工序专用于加工叶片类型的部件，而且对于这些类型部件，此工序的加工效率最高。

知识点 1　叶轮粗加工

使用叶轮粗加工工序可对叶片类型的部件创建粗加工工序。叶轮粗加工工序是部件类型特定的粗加工工序。这种工序允许对多叶片类型的部件进行多层、多轴粗加工。

单击【插入】→【工序】选项，弹出【创建工序】对话框，如图 2-2-1 所示，【类型】选择【mill_multi_blade】选项，【工序子类型】选择叶轮粗加工，设置工序的位置和名称后，单击【确定】按钮进入【叶轮粗加工】对话框。常用的节点有【主要】【几何体】【轴和避让】【进给率和速度】【策略】【非切削移动】等。

图 2-2-1　创建叶轮粗加工工序

一、【主要】节点的参数设置

【深度选项】选项区域的参数如图 2-2-2 所示，【深度模式】选项包括从轮毂偏置、从包覆偏置、从包覆插补至轮毂等三个选项。【从轮毂偏置】选项切削深度是恒定的。【从包覆偏置】选项切削深度是恒定的。随着切削层逐渐到达轮毂，偏置补片与轮毂相交。当发生这种情况时，层切削继续沿轮毂进行，并连接到部件周边以外的下一条刀路。【从包覆插补至轮毂】选项软件进行插补运算，以创建中间切削层。切削深度沿切削刀路发生变化。

图 2-2-2　深度选项区域参数

【每刀切削深度】选项指定如何测量切削深度。【恒定】选项限制连续切削刀路之间的距离。【残余高度】选项限制刀路之间的材料高度。

【范围类型】包括自动和指定两个选项。【自动】覆盖要铣削的总深度上的切削深度。【指定】对从轮毂偏置和从包覆偏置选项，按照每刀切削深度距离偏置指定的切削数。

【未完成的层】选项指定是创建未完成的切削层并发出警告消息，还是省略未完成的层。

二、【几何体】节点的参数设置

【几何体】选项区域的参数设置含义见表 2-2-1。

表 2-2-1   多叶片几何体参数说明

序号	名称	注意事项	参考简图
1	指定轮毂	使用"轮毂"几何体定义部件的旋转中心。轮毂几何体必须具有以下特性： （1）必须至少在叶片的前缘和后缘之间延伸。 （2）可延伸超出叶片的前缘或后缘。 （3）必须能够绕部件的旋转轴回转。 （4）可以是单一曲面或一组曲面。 （5）可环绕叶轮，或仅覆盖叶轮的一部分	
2	指定包覆	使用"包覆"几何体定义覆盖叶片顶部的一个或多个旋转面。包覆几何体有以下特性： （1）可由主叶片的顶面组成。 （2）可由车削几何体的适当的面组成。 （3）由于要驱动切削层的模式，因此它必须光顺。 （4）可包含在"部件"几何体内，但不建议采用这种形式。如果使用了车削几何体，指定"部件"几何体时不要选择"包覆"几何体	
3	指定叶片	使用"叶片"几何体定义主叶片的壁。叶片几何体有以下特性： （1）不包含顶部或圆角面。 （2）可以跨越至轮毂。 （3）可进入轮毂下方。 （4）可在叶片和轮毂之间留出缝隙。如果部件不包含圆角，轮毂和叶片之间的缝隙不得大于刀具半径。 （5）不得包含延伸至叶片以外的面。 要使用绕实体旋转的面的一部分，请抽取该面并进行适当修剪	
4	指定叶根圆角	叶根圆角几何体不是必需的输入项	
5	指定分流叶片	使用"分流叶片几何体"定义位于主叶片之间的较小叶片。分流叶片几何体有以下特性： （1）包含壁面和圆角面。 （2）应位于选定主叶片的右侧。 （3）可包含最多五个分流叶片。即使多个分流叶片的几何体相同，每个分流叶片也必须单独进行定义。必须为每个分流叶片创建新集，并按照从左至右的顺序指定多个分流叶片	

三、【轴和避让】节点的参数设置

1.【刀轴】选项区域的参数设置

叶轮粗加工刀轴选项区域参数说明见表 2-2-2。

表 2-2-2 叶轮粗加工刀轴选项区域参数说明

对 话 框	简 要 说 明
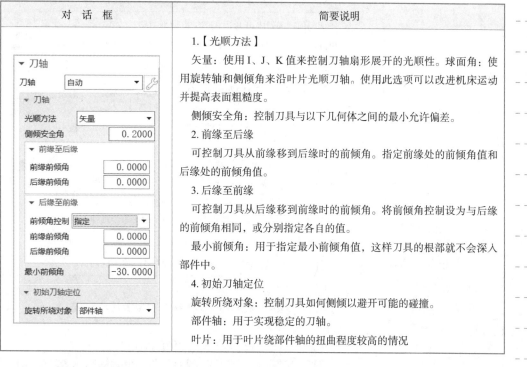	1.【光顺方法】 矢量：使用 I、J、K 值来控制刀轴扇形展开的光顺性。球面角：使用旋转轴和侧倾角来沿叶片光顺刀轴。使用此选项可以改进机床运动并提高表面粗糙度。 侧倾安全角：控制刀具与以下几何体之间的最小允许偏差。 2. 前缘至后缘 可控制刀具从前缘移到后缘时的前倾角。指定前缘处的前倾角值和后缘处的前倾角值。 3. 后缘至前缘 可控制刀具从后缘移到前缘时的前倾角。将前倾角控制设为与后缘的前倾角相同，或分别指定各自的值。 最小前倾角：用于指定最小前倾角值，这样刀具的根部就不会深入部件中。 4. 初始刀轴定位 旋转所绕对象：控制刀具如何侧倾以避开可能的碰撞。 部件轴：用于实现稳定的刀轴。 叶片：用于叶片绕部件轴的扭曲程度较高的情况

2.【最大角度更改】选项区域的参数设置

【最大刀轴更改】限制刀具方位更改。

【最大叶片滚动角】控制刀具可以向叶片倾斜的角度。刀具球头部分接触上边缘时，会限制过多的倾斜角度。值较低时可防止刀具向叶片倾斜。

3.【刀轴光顺】选项区域的参数设置

【轴光顺 %】光顺刀具方位更改。光顺性较好时，软件可能找不到无过切的刀具方位，并且会修剪切削运动。

4.【机床限制】选项区域的参数设置

【与部件轴成最小角度】设置一个值，使 C 轴做光顺运动，并防止极点过渡。

【与部件轴成最大角度】设置一个值，确保未超过机床参数限制。

四、【策略】节点的参数设置

叶轮粗加工策略选项区域节点参数具体含义见表 2-2-3。

表 2-2-3　叶轮粗加工策略选项区域节点参数说明

对　话　框	简　要　说　明	图　　例
	前缘 叶片边：控制由周围叶片驱动的切削运动在哪一点终止，以及延伸从哪一点开始。叶片左右两侧使用相同的设置。对前缘和后缘均适用	
	无卷曲：通过在叶片边之前结束切削刀路并自动添加小的切向延伸，防止刀轨在叶片边上方卷曲	
	沿叶片方向：通过在叶片边之前结束切削刀路来防止边缘滚动。类似于无卷曲，但是延伸的起点始终位于叶片边的轮廓	
	沿部件轴：可以使刀具紧密沿叶片边弯曲。可以通过指定距离值缩短翘曲	
▼ 前缘 叶片边　　无卷曲 延伸　　0.0000　%刀具	延伸：适用于无卷曲叶片边选项。用于指定单个延伸值	
▼ 后缘 边定义　　与前缘相同	**后缘** 边定义：可以将后缘值与前缘值匹配，或指定不同的值	
▼ 嵌入时减少刀具加载 退刀槽方法　　无	**嵌入时减少刀具加载** 在切削刀具完全嵌入材料情况下减小开槽刀路的刀具负载。 **退刀槽方法** 无：粗加工叶片之间的区域，无任何其他运动。 开槽时多重深度：可创建集中于叶片之间的附加粗加工刀路，然后加工叶片曲面。 2 个刀路 - 交替深度：可直接在叶片曲面上创建附加的粗加工刀路，并在它们之间交替。 开槽阵列：可创建附加的粗加工刀路，首先集中于叶片之间，然后直接在叶片曲面上	
▼ 精加工刀路 输出　　仅填充		
	精加工刀路 可在每个切削层创建附加刀轨。 输出：可定义各切削层的精加工方法。 仅填充：半精加工叶片而没有精加工刀路。 仅精加工刀路：精加工叶片而没有半精加工刀路。 填充和精加工刀路：半精加工和精加工叶片	

文本

叶轮叶片精加工工序

知识点 2　叶轮叶片精加工

　　使用叶轮叶片精加工工序可精加工叶片和叶根圆角，直至轮毂。叶轮叶片精加工是特定于部件类型的精加工工序。这些工序允许对多叶片类型部件的叶片或分流叶片进行多轴精加工。单击【插入】→【工序】选项，弹出【创建工序】对话框，如图 2-2-3 所示，【类型】选择【mill_multi_blade】选项，【工序子类型】选择叶轮叶片精加工，设置工序的位置和名称后，单击【确定】按钮进入【叶轮叶片精加工】对话框。常用的节点有【主要】【几何体】【轴和避让】【进给率和速度】【策略】【非切削移动】等。

图 2-2-3　创建叶轮叶片精加工工序

与叶轮粗加工工序的【主要】节点的参数相近，增加了以下几个参数。

【要精加工的几何体】选项为精加工工序指定叶片。可选择主叶片或一个分流叶片。

【要切削的面】选项控制要精加工的侧面。这些侧面取决于指定的叶片边，无论叶片包含一个连续曲面还是多个曲面，都可以控制要精加工的侧面。

知识点 3　叶轮轮毂精加工

使用叶轮轮毂精加工工序用于精加工轮毂。单击【插入】→【工序】选项，弹出【创建工序】对话框，如图 2-2-4 所示，【类型】选择【mill_multi_blade】选项，【工序子类型】选择叶轮轮毂精加工，设置工序的位置和名称后，单击【确定】按钮进入【叶轮轮毂精加工】对话框。在【叶轮轮毂精加工】对话框中常用的节点有【主要】【几何体】【轴和避让】【进给率和速度】【策略】【非切削移动】等。

文本

叶轮轮毂精加工工序

图 2-2-4　创建叶轮轮毂精加工工序

当叶轮进行大余量轮毂精加工时，如果存在较大的余量，且在粗加工的同时精加工轮毂，或者需要精加工叶片前的特定轮毂区域，则在添加径向延伸前允许刀具沿叶片轻微卷曲，建议使用表 2-2-4 所示参数。

表 2-2-4　大余量轮毂精加工参数说明

参数设置	大余量轮毂精加工刀路实例
叶片边 = 沿部件轴 距离 =10% 刀具 切向延伸 =0% 刀具 径向延伸 =100% 刀具	

文 本

叶轮圆角精
加工工序

知识点 4　叶轮圆角精加工

使用叶轮圆角精加工工序用于精加工叶根圆角。单击【插入】→【工序】选项，弹出【创建工序】对话框，如图 2-2-5 所示，【类型】选择【mill_multi_blade】选项，【工序子类型】选择叶轮圆角精加工，设置工序的位置和名称后，单击【确定】按钮进入【叶轮圆角精加工】对话框。常用的节点有【主要】【几何体】【轴和避让】【进给率和速度】【策略】【非切削移动】等。

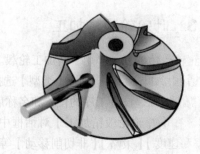

图 2-2-5　创建叶轮圆角精加工工序

1．【主要】选项区域的参数设置

【要精加工的几何体】指定精加工工序的圆角。可选择主叶片或一个分流叶片。

【要切削的面】指定要精加工的侧面，这些面由指定的叶片边点决定。

2．【阵列设置】选项区域的参数设置

【阵列设置】选项区域如图 2-2-6 所示，参数具体含义如下。

▼ 阵列设置	
驱动模式	较低的圆角边 ▼
切削带	偏置 ▼
刀毂上的距离	0.0000
叶片上的距离	0.0000
顺序	先陡 ▼
切削模式	单向 ▼
切削方向	顺铣 ▼
步距	恒定 ▼
最大距离	20.0000 %刀具 ▼
起点	后缘 ▼

图 2-2-6　阵列设置参数

【驱动模式】包括参考刀具和较低的圆角边两种选项。【较低的圆角边】选项是从边圆角几何体定义驱动路径。

【切削带】指定已加工区域的总宽度。该宽度是沿着叶片和轮毂测量出来的。【偏置】是通过将较低的圆角边沿着轮毂和叶片偏置指定的距离来定义切削带。

【刀毂上的距离】和【叶片上的距离】指定轮毂或叶片方向的距离，用于添加到切削带宽度。

【顺序】选项是确定切削刀路的创建顺序，包括由内向外、由内向外交替序列、由外向内、由外向内交替、后陡、先陡等 6 个选项。【由内向外】从中心刀路开始加工，朝外部刀路方向切削。然后刀具移回到中心刀路，并朝相反侧切削。【由内向外交替序列】从中心刀路开始加工。刀具向外级进切削时，交替进行两侧切削。如果一侧的偏移刀路较多，软件对交替侧进行精加工之后再切削这些刀路。【由外向内】从外部刀路开始加工，朝中心方向切削。然后刀具移动至相反侧的外部刀路，再次朝中心方向切削。【由外向内交替】从外部刀路开始加工。刀具向内级进切削时，交替进行两侧切削。如果一侧的偏移刀路较多，软件对交替侧进行精加工之后再切削这些刀路。【后陡】从凹部的非陡峭侧开始加工。【先陡】沿着从陡峭侧外部刀路到非陡峭侧外部刀路的方向加工。

【切削模式】包括单向和往复上升两个选项。【单独】使用所有面、左和右面、或左面、右面、前缘选项精加工叶片的两侧面时，首选单向选项。【往复上升】使用左或右选项对叶片的单独一侧进行精加工时，首选往复上升选项，以减少非切削移动。

【大国重器】

　　白鹤滩水电站位于云南和四川交界的金沙江干流上，是当今世界在建的规模最大、技术难度最高的水电工程。2021 年 6 月 28 日，白鹤滩水电站首批机组正式投产发电，2022 年 7 月，全部 16 台机组投产发电后，白鹤滩水电站将成为仅次于三峡工程的世界第二大水电站。

1. 白鹤滩水电站创造了六项世界第一是什么？

2. 白鹤滩发电机组的叶轮零件，加工工艺是什么？

学习笔记   自学自测

一、**单选题**（只有一个正确答案，每题10分）

1. 五轴加工机床的高速刀具系统要承受较高的温度和摩擦力，刀具通常采用（   ）等材料。

    A. 钛基硬质合金、聚晶金刚石、聚晶立方氮化硼和陶瓷

    B. 钛基硬质合金、高速钢、聚晶立方氮化硼和陶瓷

    C. 钛基硬质合金、天然金刚石、聚晶立方氮化硼和陶瓷

2. 一般认为高速多轴加工的速度范围是普通加工的（   ）倍。

    A. 2　　　　　　B. 5~10　　　　　　C. 10~15　　　　　　D. 15 以上

3. 相对于一般的三轴加工，以下关于多轴加工的说法（   ）是不对的。

    A. 加工精度提高　　　　　　　　　　B. 编程复杂（特别是后处理）

    C. 加工质量提高　　　　　　　　　　D. 工艺顺序与三轴相同

4. 在多轴加工的后置处理中，需要考虑的因素有（   ）。

    A. 刀具的长度和机床的结构　　　　　B. 工件的安装位置

    C. 工装夹具的尺寸关系　　　　　　　D. 以上都是

二、**多选题**（有至少2个正确答案，每题10分）

1. 多轴加工能够提高加工效率，下列说法正确的是（   ）。

    A. 可充分利用切削速度　　　　　　　B. 可充分利用刀具直径

    C. 可减小刀长，提高刀具强度　　　　D. 可改善接触点的切削面积

2. 下列关于五轴双旋转工作台机床特点描述正确的是（   ）。

    A. 机床刚性好　　　　　　　　　　　B. 不受旋转台的限制

    C. 不适合大型零件　　　　　　　　　D. 旋转灵活

3. 五轴机床可以提高表面质量，下列描述正确的是（   ）。

    A. 利用球刀加工时，倾斜刀具轴线后可以提高加工质量

    B. 可将点接触改为线接触，提高表面质量

    C. 可以提高变斜角平面质量

    D. 能减小加工残留高度

4. 下列属于五轴联动加工的应用范围及其特点的是（   ）。

    A. 可有效避免刀具干涉

    B. 对于直纹面类型零件，可以使用侧铣方式一刀成型

    C. 可以一次装夹对工件上的多个空间表面进行加工

    D. 在某些加工场合，可采用较小尺寸的刀具避开干涉进行加工

三、**判断题**（对的划√，错的划×，每题10分）

1. 多数实用五轴机床是由三个直线坐标轴和二个旋转坐标轴组成。　　　　　　（　　　）

2. 双摆头式五轴非常适用于加工体积大、质量重的工件。　　　　　　　　　　（　　　）

任务实施

按照零件加工要求，制定叶轮的加工工艺；编制叶轮加工程序；完成叶轮的仿真加工，后处理得到数控加工程序，完成叶轮加工。

一、制定叶轮五轴数控加工工艺

1. 叶轮零件分析

该零件形状比较复杂，加工精度要求高，叶片属于薄壁零件，加工时容易产生变形，而且加工叶片时容易产生干涉。

2. 毛坯选用

零件材料为 AL7075，尺寸是 $\phi 120$ mm × 50 mm，零件长度、直径尺寸已经精加工到位，无须再次加工。

3. 装夹方式

叶轮毛坯使用自定心卡盘进行定位装夹，以减少定位误差。

4. 加工工序

零件选用立式五轴联动机床加工，遵循先粗后精加工原则，粗加工采用"3+2"轴型腔铣方式，精加工均采用五轴联动加工。制定叶轮加工工序见表 2-2-5。

表 2-2-5　叶轮加工工序

叶轮示意图

序号	加工内容	刀具	表面速度 / (r/min)	主轴速度 / (mm/min)
1	开粗	D16R0.8	2 500	2 000
2	叶片粗加工	B8	1 000	250
3	主叶片精加工	B8	6 000	250
4	分流叶片精加工	B8	6 000	250
5	轮毂精加工	B8	6 000	250
6	主叶片叶根清角加工	B6	6 000	250
7	分流叶片叶根清角加工	B6	6 000	250

二、数控程序编制

1. 编程准备

第 1 步：启动 UG NX 软件，打开软件工作界面。依次单击【文件】→【打开】选项，打开【打开文件】对话框,选择"叶轮.prt"文件,单击【确定】按钮,打开叶轮零件模型。

第2步:设置加工环境。选择【应用模块】选项卡,单击【加工】按钮,进入加工环境。在弹出的【加工环境】对话框中,【CAM 会话配置】选项中选择【cam_general】选项,【要创建的 CAM 设置】选项中选择【mill_multi_blade】,单击【确定】按钮,完成多轴加工模板的加载。

第3步:设置机床坐标系。在工具栏单击【几何视图】按钮,工序导航器显示几何视图,双击【MCS_MILL】选项,弹出【MCS】对话框,双击【指定机床坐标系】右侧图标,将加工坐标系移动到叶轮顶面圆心,同时调整 X、Y、Z 轴方向,如图 2-2-7 所示。【安全设置选项】选择【包容圆柱体】,【安全距离】输入 12,单击【确定】按钮,完成加工坐标系的设置。

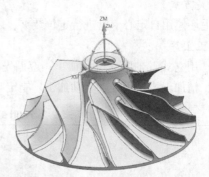

图 2-2-7　加工坐标系设定

第4步:设置部件和毛坯。工序导航器显示几何视图,双击【WORKPIECE】选项,弹出【工件】对话框,单击【指定部件】右侧按钮,弹出【部件几何体】对话框,在绘图区选择叶轮模型,单击【确定】按钮完成部件设置。单击【指定毛坯】右侧按钮,弹出【毛坯几何体】对话框,【类型】选择叶轮毛坯,单击【确定】按钮完成毛坯设置,如图 2-2-8 所示。

第5步:创建刀具。在工具栏单击【机床视图】按钮,工序导航器显示机床视图。单击【创建刀具】图标,弹出【创建刀具】对话框,刀具子类型选择

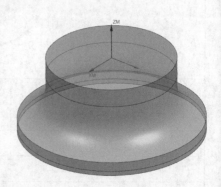

图 2-2-8　指定毛坯

第一个【MILL】图标,刀具名称修改为 D16R0.8,单击【应用】按钮,弹出【铣刀 -5 参数】对话框,设置刀具参数,【直径】输入 16,【下半径】输入 0.8,【刀具号】【补偿寄存器】【刀具补偿寄存器】三个参数均输入 1,其他参数默认,单击【确定】按钮,完成立铣刀 D16R0.8 的创建。

同理【创建刀具】对话框,刀具子类型选择【MILL】,刀具子类型选择【BALL-MILL】,修改刀具名称【B8】,单击【应用】按钮,弹出【铣刀 - 球头铣】对话框,设置刀具参数,【直径】为 8,【刀具号】【补偿寄存器】【刀具补偿寄存器】三个参数均输入 2,其他参数默认,单击【确定】按钮,完成球头铣刀 B8 的创建。

同理【创建刀具】对话框，刀具子类型选择【MILL】，刀具子类型选择【BALL-MILL】，修改刀具名称【B6】，单击【应用】按钮，弹出【铣刀 - 球头铣】对话框，设置刀具参数，【直径】为 6，【刀具号】【补偿寄存器】【刀具补偿寄存器】三个参数均输入 3，其他参数默认，单击【确定】按钮，完成球头铣刀 B6 的创建。

第 6 步：创建多叶片几何体。单击【创建几何体】图标，弹出【创建几何体】对话框，如图 2-2-9 所示，【类型】选择【mill_multi_blade】，【几何体子类型】选择第三个【多叶片几何体】，【位置】选项区域【几何体】选择【WORKPIECE】，【名称】输入 MULTI_BLADE_GEOM，单击【确定】按钮，弹出【多叶片几何体】对话框，如图 2-2-9 所示，【旋转轴】选择【+ZM 轴】，【几何体】选项区域【指定轮毂】【指定包覆】【指定包覆】【指定叶片】【指定叶根圆角】【指定分流叶片】依次分别选择图 2-2-10 所示相应曲面，【叶片总数】输入 6，单击【确定】按钮，完成多叶片几何体创建。

图 2-2-9 创建多叶片几何体

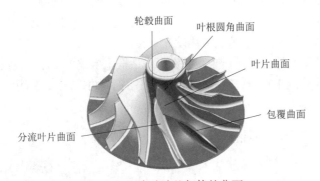

图 2-2-10 多叶片几何体的曲面

2. 开粗程序编制

第 1 步：创建型腔铣工序。单击【创建工序】图标，打开【创建工序】对话框，【类型】选择【mill_contour】，【工序子类型】选择【型腔铣】图标，【程序】选择【PROGRAM】，【刀具】选择【D16R0.8】，【几何体】选择【WORKPIECE】，【方法】选择【METHOD】，名称为开粗，单击【确定】按钮，打开【型腔铣】对话框。

第 2 步：设置【主要】节点。【型腔铣】对话框【主要】节点【刀轨设置】选项区域如图 2-2-11 所示，【切削模式】选择【跟随周边】，【步距】选择【% 刀具平直】，【平面直径百分比】输入 65,【公共每刀切削深度】选择【恒定】,【最大距离】输入 0.3。【切削】选项区域【切削方向】选择【顺铣】,【切削顺序】选择【深度优先】,【刀路方向】选择【向内】,取消勾选【岛清根】,【壁清理】选择【自动】,其他采用默认参数,【主要】节点参数设置完成。

▼ 刀轨设置		▼ 切削	
切削模式	跟随周边	切削方向	顺铣
步距	% 刀具平直	切削顺序	深度优先
平面直径百分比	65.0000	刀路方向	向内
公共每刀切削深度	恒定	□ 岛清根	
最大距离	0.3000 mm	壁清理	自动

图 2-2-11 主要节点参数

第 3 步:设置【几何体】节点。单击【型腔铣】对话框【几何体】节点,【几何体】选项区域,勾选【指定部件使底面余量与侧面余量一致】,【部件侧面余量】输入 0.3,其他采用默认参数,【几何体】节点参数设置完成。

第 4 步:设置【刀轴和刀具补偿】节点。单击【型腔铣】对话框【刀轴和刀具补偿】节点,【刀轴】选项区域【轴】选择【+ZM 轴】,其他采用默认参数,【刀轴和刀具补偿】节点参数设置完成。

第 5 步:设置【进给率和速度】节点。单击【型腔铣】对话框【进给率和速度】节点,【主轴速度】选项区域【主轴速度】输入 2 500,【进给率】选项区域【切削】输入 2 000,其他采用默认参数,【进给率和速度】节点参数设置完成。

第 6 步:设置【切削层】节点。单击【切削层】节点【范围】选项区域,如图 2-2-12 所示,【范围类型】选择【用户定义】,【切削层】选择【恒定】,【公共每刀切削深度】选择【恒定】,【最大距离】输入 0.3。【范围定义】选项区域【选择对象】选择叶轮顶面,【范围深度】输入 19.782 2,【测量开始位置】选择【顶层】,【每刀切削深度】输入 0.3,其他采用默认参数,【切削层】节点参数设置完成。

第 7 步:生成刀具路径。单击【型腔铣】对话框【生成】图标,在绘图区查看生成的刀具路径,单击【确定】按钮,完成开粗型腔铣工序,如图 2-2-13 所示。

▼ 范围	
范围类型	用户定义
切削层	恒定
公共每刀切削深度	恒定
最大距离	0.3000 mm
▶ 范围 1 的顶部	
▼ 范围定义	
选择对象 (0)	
范围深度	19.7822
测量开始位置	顶层
每刀切削深度	0.3000

图 2-2-12 切削层参数

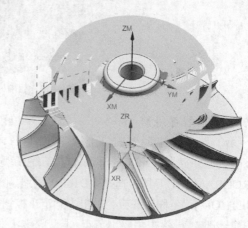

图 2-2-13 开粗刀轨

3．叶片粗加工程序编制

第 1 步：创建叶轮粗加工工序。单击【创建工序】图标，打开【创建工序】对话框，如图 2-2-14 所示，【类型】选择【mill_multi_blade】，【工序子类型】选择【叶轮粗加工】图标，【程序】选择【PROGRAM】，【刀具】选择【B8（铣刀 - 球头铣）】，【几何体】选择【MCS】，【方法】选择【METHOD】，名称为叶片粗加工，单击【确定】按钮，打开【叶轮粗加工】对话框。

第 2 步：设置【主要】节点。单击【叶轮粗加工】对话框【主要】节点，如图 2-2-15 所示，【深度选项】选项区域【深度模式】选择【从包覆插补至轮毂】，【每刀切削深度】选择【恒定】，【距离】输入 30%，【范围类型】选择【自动】，【全局起始百分比】输入 0，【全局终止百分比】输入 100%，【未完成的层】选择【输出和警告】。【阵列设置】选项区域【切削模式】选择【往复上升】，【切削方向】选择【顺铣】，【步距】选择【恒定】，【最大距离】输入 40%，【主要】节点参数设置完成。

图 2-2-14　创建工序

图 2-2-15　主要节点参数

第 3 步：设置【几何体】节点。单击【叶轮粗加工】对话框【几何体】节点，如图 2-2-16 所示，【余量】选项区域【毛坯余量】输入 0，【包覆余量】输入 0，【叶片余量】输入 0.5，【轮毂余量】输入 0.5，【相邻叶片】选择【使用叶片余量】，其他参数使用默认值，【几何体】节点参数设置完成。

第 4 步：设置【轴和避让】节点。【刀轴】选项区域【刀轴】选择【自动】。【光顺方法】选择【矢量】，【侧倾安全角】输入 0.2，【前缘前倾角】和【后缘前倾角】均输入 0，【前倾角控制】选择【与后缘的前倾角相同】，【最小前倾角】输入 –30，【旋转所绕对象】选择【部件轴】，其他参数使用默认值，【轴和避让】节点参数设置完成，如图 2-2-17 所示。

第 5 步：设置【进给率和速度】节点。单击【进给率和速度】节点，【主轴速度】选

图 2-2-16　几何体节点参数

项区域【主轴速度】输入1 000，【进给率】选项区域【切削】输入250，其他采用默认参数，【进给率和速度】节点参数设置完成。

　　第6步：设置【策略】节点。【前缘】选项区域【叶片边】选择【无卷曲】，【延伸】输入0%；【后缘】选项区域【边定义】选择【与前缘相同】；【嵌入时减少刀具加载】选项区域【退刀槽方法】选择【无】；【精加工刀路】选项区域【输出】选择【仅填充】；【在分流叶片边前面】选项区域【刀轨光顺百分比】移动到25；【碰撞检查】选项区域勾选【检查刀具和夹持器】；【切削层之间】选项区域勾选【最小化与下一个嵌入式刀路的连接】；【切削步骤】选项区域【最大步长值】输入0.5，【策略】节点参数设置完成，如图2-2-18所示。

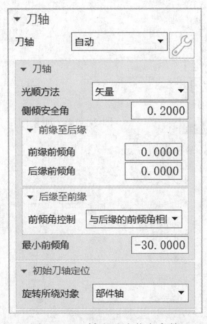

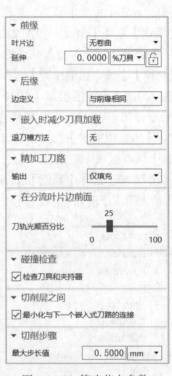

图2-2-17　轴和避让节点参数　　　　　图2-2-18　策略节点参数

　　第7步：设置【非切削移动】节点。【进刀/退刀/步进】选项区域如图2-2-19所示，勾选【替代为光顺连接】，【光顺长度】输入50%，【光顺高度】输入15%，【最大步距】输入2 500%，【公差】选择【从切削】。【转移/快速】选项区域如图2-2-20所示，勾选【光顺拐角】和【光顺转移拐角】，【光顺半径】输入25%，【公差】选择【从切削】，其他参数使用默认值，【非切削移动】节点参数设置完成。

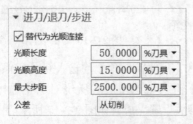

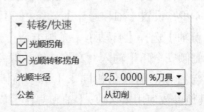

图2-2-19　非切削移动节点参数　　　　图2-2-20　转移/快速节点参数

第 8 步：生成刀具路径。单击【叶轮粗加工】对话框【生成】图标，在绘图区查看生成的刀具路径，单击【确定】按钮，完成叶片粗加工工序，如图 2-2-21 所示。

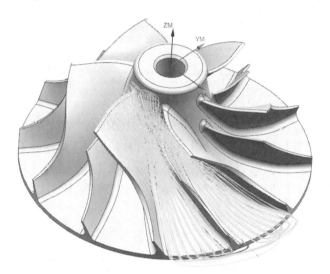

图 2-2-21　叶片粗加工刀轨

4. 主叶片精加工程序编制

第 1 步：创建叶轮叶片精加工工序。单击【创建工序】图标，打开【创建工序】对话框，如图 2-2-22 所示，【类型】选择【mill_multi_blade】，【工序子类型】选择【叶轮叶片精加工】图标，【程序】选择【PROGRAM】，【刀具】选择【B8（铣刀 - 球头铣）】，【几何体】选择【MULTI_BLADE_GEOM】，【方法】选择【METHOD】，名称为主叶片精加工，单击【确定】按钮，打开【叶轮叶片精加工】对话框。

第 2 步：设置【主要】节点。单击【叶轮叶片精加工】对话框【主要】节点，【主要】选项区域中【要精加工的几何体】选择【叶片】，【要切削的面】选择【左面、右面、前缘】。【深度选项】选项区域如图 2-2-23 所示，【深度模式】选择【从包覆插补至轮毂】，【每刀切削深度】选择【恒定】，【距离】输入 0.3，【范围类型】选择【自动】，【全局起始百分比】输入

视 频

主叶片精加
工程序编制

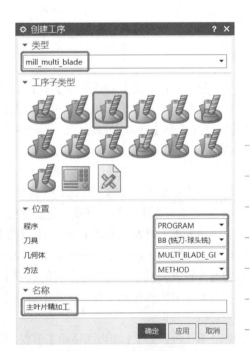

图 2-2-22　创建工序

0%，【全局终止百分比】输入 100%，【未完成的层】选择【输出和警告】。【刀轨设置】选项区域【切削模式】选择【单向】，【切削方向】选择【顺铣】，【起点】选择【后缘】，其他参数使用默认值，【主要】节点参数设置完成。

图 2-2-23　主要节点参数

第 3 步：设置【几何体】节点。单击【叶轮叶片精加工】对话框【几何体】节点，如图 2-2-24 所示，【余量】选项区域【包覆余量】输入 0，【叶片余量】输入 0，【轮毂余量】输入 0.25，【相邻叶片】选择【使用叶片余量】，其他参数使用默认值，【几何体】节点参数设置完成。

图 2-2-24　几何体节点参数

第 4 步：设置【轴和避让】节点。【刀轴】选项区域【刀轴】选择【自动】，【光顺方法】选择【矢量】，【侧倾安全角】输入 0.2，【前缘前倾角】和【后缘前倾角】均输入 0，【前倾角控制】选择【与后缘的前倾角相同】，【最小前倾角】输入 −30，其他参数使用默认值，【轴和避让】节点参数设置完成。

第 5 步：设置【进给率和速度】节点。单击【进给率和速度】节点，【主轴速度】选项区域【主轴速度】输入 6 000，【进给率】选项区域【切削】输入 250，其他采用默认参数，【进给率和速度】节点参数设置完成。

第 6 步：设置【策略】节点。【后缘】选项区域【叶片边】选择【沿叶片方向】，【切向延伸】输入 5 mm；【碰撞检查】选项区域勾选【检查刀具和夹持器】；【切削步骤】选项区域【最大步长值】输入 0.2，【策略】节点参数设置完成。

第 7 步：设置【非切削移动】节点。【进刀 / 退刀 / 步进】选项区域不勾选【替代为光顺连接】，其他参数使用默认值，【非切削移动】节点参数设置完成。

第 8 步：生成刀具路径。单击【叶轮叶片精加工】对话框【生成】图标，在绘图区查看生成的刀具路径，单击【确定】按钮，完成主叶片精加工工序，如图 2-2-25 所示。

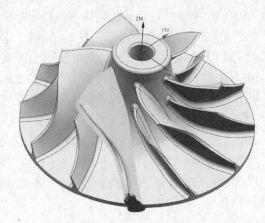

图 2-2-25　主叶片精加工刀轨

学习笔记

5. 分流叶片精加工程序编制

第 1 步：复制主叶片精加工工序。在工具栏单击【程序顺序视图】图标，工序导航器显示程序顺序视图。右击主叶片精加工工序，依次选择【复制】【粘贴】选项，则生成"主叶片精加工 -COPY"工序。右击该工序，选择【重命名】选项，重命名为"分流叶片精加工"。

第 2 步：修改【主要】节点。双击【分流叶片精加工】，弹出【叶轮叶片精加工】对话框，【主要】节点【主要】选项区域【要精加工的几何体】选择【分流叶片 1】。【深度选项】选项区域【距离】输入 0.4 mm，其他参数不变，【主要】节点参数修改完成。

第 3 步：生成刀具路径。单击【叶轮叶片精加工】对话框【生成】图标，在绘图区查看生成的刀具路径，单击【确定】按钮，完成分流叶片精加工工序，如图 2-2-26 所示。

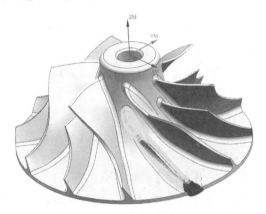

图 2-2-26　分流叶片精加工刀轨

6. 轮毂精加工程序编制

第 1 步：创建叶轮轮毂精加工工序。单击【创建工序】图标，打开【创建工序】对话框，如图 2-2-27 所示，【类型】选择【mill_multi_blade】，【工序子类型】选择【叶轮轮毂精加工】图标，【程序】选择【PROGRAM】，【刀具】选择【B8（铣刀 - 球头铣）】，【几何体】选择【MULTI_BLADE_GEOM】，【方法】选择【METHOD】，名称为轮毂精加工，单击【确定】按钮，打开【叶轮轮毂精加工】对话框。

第 2 步：设置【主要】节点。单击【叶轮轮毂精加工】对话框【主要】节点，如图 2-2-28 所示，【阵列设置】选项区域【切削模式】选择【往复上升】，【切削方向】选择【混合】，【步距】选择【恒定】，【最大距离】输入 0.35 mm，其他参数使用默认值，【主要】节点参数设置完成。

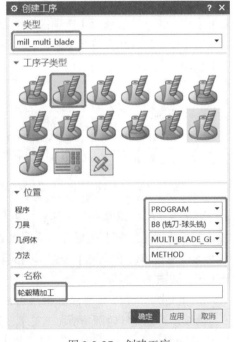

图 2-2-27　创建工序

视频　轮毂精加工程序编制

第 3 步：设置【几何体】节点。单击【叶轮轮毂精加工】对话框【几何体】节点，如图 2-2-29 所示,【余量】选项区域【叶片余量】输入 0,【轮毂余量】输入 0,【相邻叶片】选择【使用叶片余量】,其他参数使用默认值,【几何体】节点参数设置完成。

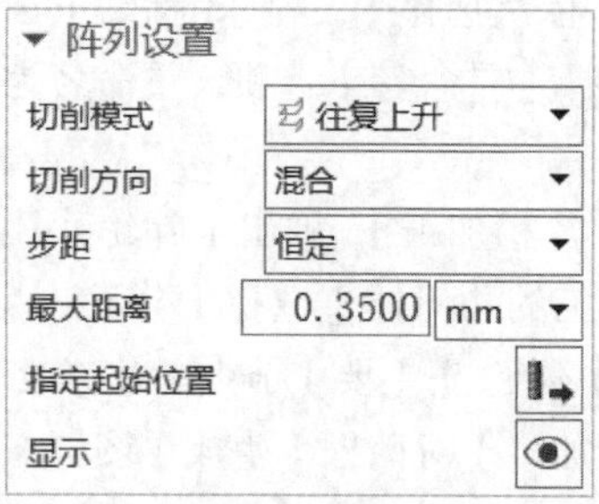

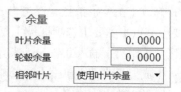

图 2-2-28　主要节点参数　　　　　　图 2-2-29　几何体节点参数

第 4 步:设置【轴和避让】节点。【刀轴】选项区域【刀轴】选择【自动】。【光顺方法】选择【矢量】,【侧倾安全角】输入 0.2,【前缘前倾角】和【后缘前倾角】均输入 0,【前倾角控制】选择【与后缘的前倾角相同】,【最小前倾角】输入 –30,其他参数使用默认值,【轴和避让】节点参数设置完成。

第 5 步:设置【进给率和速度】节点。单击【进给率和速度】节点,【主轴速度】选项区域【主轴速度】输入 6 000,【进给率】选项区域【切削】输入 250,其他采用默认参数,【进给率和速度】节点参数设置完成。

第 6 步:设置【策略】节点。【前缘】选项区域如图 2-2-30 所示,【叶片边】选择【沿叶片方向】,【切向延伸】输入 4 mm,【径向延伸】输入 2 mm。【后缘】选项区域【边定义】选择【指定】,【切向延伸】输入 1 mm,【径向延伸】输入 1 mm。【嵌入时减少刀具加载】选项区域【退刀槽方法】选择【无】;【精加工刀路】选项区域【输出】选择【仅填充】;【在分流叶片边前面】选项区域【刀轨光顺百分比】移动到 35;【碰撞检查】选项区域勾选【检查刀具和夹持器】;【切削步骤】选项区域【最大步长值】输入 0.5,【策略】节点参数设置完成。

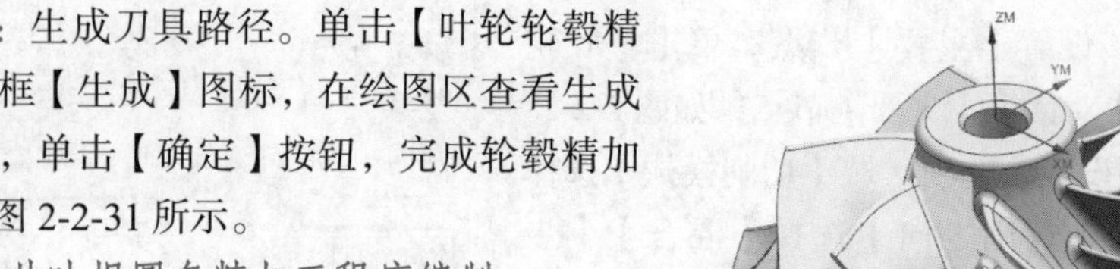

图 2-2-30　策略节点参数

第 7 步:生成刀具路径。单击【叶轮轮毂精加工】对话框【生成】图标,在绘图区查看生成的刀具路径,单击【确定】按钮,完成轮毂精加工工序,如图 2-2-31 所示。

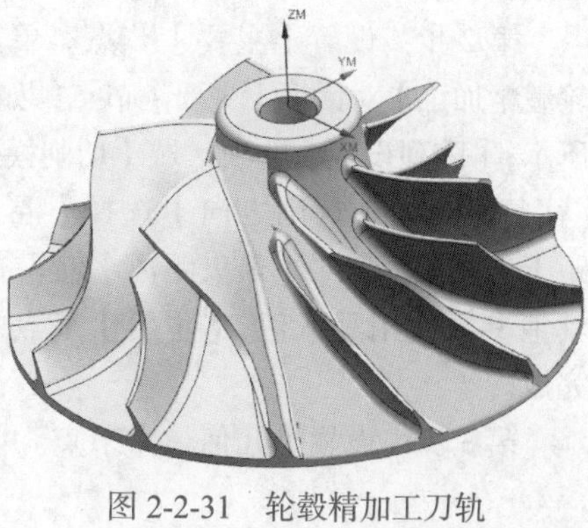

7. 主叶片叶根圆角精加工程序编制

第 1 步:创建叶轮圆角精加工工序。单击【创建工序】图标,打开【创建工序】对话框,如图 2-2-32 所示,【类型】选择【mill_multi_blade】,【工序子类型】选择【叶轮圆角精加工】图

图 2-2-31　轮毂精加工刀轨

标，【程序】选择【PROGRAM】，【刀具】选择【B6（铣刀-球头铣）】，【几何体】选择
【MULTI_BLADE_GEOM】，【方法】选择【METHOD】，名称为主叶片叶根圆角精加工，
单击【确定】按钮，打开【叶轮圆角精加工】对话框。

　　第 2 步：设置【主要】节点。单击【叶轮圆角精加工】对话框【主要】节点，【主要】
选项区域中【要精加工的几何体】选择【叶根圆角】，【要切削的面】选择【左面、右面、
前缘】。【阵列设置】选项区域如图 2-2-33 所示，【驱动模式】选择【参考刀具】，【叶片精
加工刀具直径】输入 9，【叶片上的重叠】输入 0.5，【刀毂上的重叠】输入 0.5，【切削带】
选择【偏置】，【顺序】选择【由外向内交替】，【切削模式】选择【单向】，【切削方向】选
择【顺铣】，【步距】选择【恒定】，【最大距离】输入 0.25，【起点】选择【后缘】，其他参
数使用默认值，【主要】节点参数设置完成。

图 2-2-32　创建工序　　　　　　　　　图 2-2-33　主要节点参数

　　第 3 步：设置【几何体】节点。单击【叶轮圆角精加工】对话框【几何体】节点【余
量】选项区域【叶片余量】输入 0，【轮毂余量】输入 0，【相邻叶片】选择【使用叶片余
量】，其他参数使用默认值，【几何体】节点参数设置完成。

　　第 4 步：设置【轴和避让】节点。【刀轴】选项区域【刀轴】选择【自动】。【光顺方
法】选择【矢量】，【侧倾安全角】输入 0.2，【前缘前倾角】和【后缘前倾角】均输入 0，
【前倾角控制】选择【与后缘的前倾角相同】，【最小前倾角】输入 –30，其他参数使用默
认值，【轴和避让】节点参数设置完成。

　　第 5 步：设置【进给率和速度】节点。单击【进给率和速度】节点，【主轴速度】选
项区域【主轴速度】输入 6 000，【进给率】选项区域【切削】输入 250，其他采用默认参
数，【进给率和速度】节点参数设置完成。

　　第 6 步：设置【策略】节点。【后缘】选项区域【叶片边】选择【沿叶片方向】，【切
向延伸】输入 5 mm；【碰撞检查】选项区域勾选【检查刀具和夹持器】；【切削步骤】选项
区域【最大步长值】输入 0.2，【策略】节点参数设置完成。

第7步：设置【非切削移动】节点。【进刀/退刀/步进】选项区域不勾选【替代为光顺连接】，其他参数使用默认值，【非切削移动】节点参数设置完成。

第8步：生成刀具路径。单击【叶轮圆角精加工】对话框【生成】图标，在绘图区查看生成的刀具路径，单击【确定】按钮，完成主叶片叶根圆角精加工工序，如图2-2-34所示。

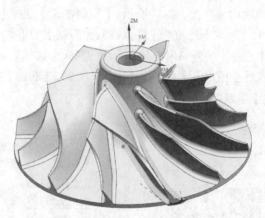

图2-2-34　主叶片叶根圆角精加工刀轨

8. 分流叶片叶根圆角精加工程序编制

第1步：复制主叶片叶根圆角精加工工序。在工具栏单击【程序顺序视图】图标，工序导航器显示程序顺序视图。右击主叶片叶根圆角精加工工序，依次选择【复制】【粘贴】选项，则生成"主叶片叶根圆角精加工-COPY"工序。右击该工序，选择【重命名】选项，重命名为"分流叶片叶根圆角精加工"。

第2步：修改【主要】节点。双击【分流叶片叶根圆角精加工】，弹出【叶轮圆角精加工】对话框，【主要】节点【主要】选项区域【要精加工的几何体】选择【分流叶片1倒圆】，【要切削的面】选择【左面、右面、前缘】，其他参数不变，【主要】节点参数修改完成。

第3步：生成刀具路径。单击【叶轮圆角精加工】对话框【生成】图标，在绘图区查看生成的刀具路径，单击【确定】按钮，完成分流叶片叶根圆角精加工工序，如图2-2-35所示。

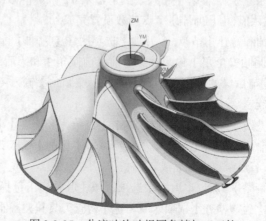

图2-2-35　分流叶片叶根圆角精加工刀轨

叶轮的五轴数控编程工单

叶轮的五轴数控编程工单可扫描二维码查看。

课后作业

编程题

如图 2-2-36 所示的叶轮结构，进行多轴数控加工分析，制定加工工艺文件，使用 UG 软件进行数控编程，生成合理的刀路轨迹，后处理成数控程序。

图 2-2-36　叶轮结构

· 文　本

叶轮的五轴
数控编程工单

· 源文件

叶轮

任务3　叶轮轴的五轴数控编程

任务工单

学习情境2	五轴数控编程	任务3	叶轮轴的五轴数控编程
任务学时		课内 8 学时（课外 2 学时）	
布置任务			
工作目标	（1）根据零件结构特点，合理选择五轴加工机床； （2）根据零件的加工要求，制定叶轮轴零件的加工工艺文件； （3）使用 UG 软件，完成叶轮轴的五轴数控编程，生成合理的刀路； （4）使用 UG 软件，完成仿真加工，检验刀路是否正确合理		
任务描述	叶轮轴零件是汽轮机核心零件，比叶轮结构还复杂。某发电设备制造公司工艺部接到叶轮轴的生产任务，根据设计员设计的叶轮轴零件三维造型；工艺员查询机械加工工艺手册关于复杂曲面和侧面凸起或凹槽的加工工艺信息，合理规划叶轮轴零件的加工工艺路线，制定加工工艺方案；编程员编制加工工艺文件，使用 UG 软件叶轮加工模板和多轴铣削模板创建五轴数控加工操作，设置必要的加工参数、生成刀具路径、检验刀具路径是否正确合理，并对操作过程中存在的问题进行研讨和交流，通过相应的后处理生成数控加工程序，并仿真加工		

学时安排	资讯	计划	决策	实施	检查	评价
	1 学时	0.5 学时	0.5 学时	5 学时	0.5 学时	0.5 学时

任务准备	（1）叶轮轴零件图纸； （2）电子教案、课程标准、多媒体课件、教学演示视频及其他共享数字资源； （3）叶轮轴模型； （4）游标卡尺等工具和量具
对学生学习及成果的要求	（1）学生具备叶轮轴零件图的识读能力； （2）严格遵守实训基地各项管理规章制度； （3）对比叶轮轴零件三维模型与零件图，分析结构是否正确，尺寸是否准确； （4）每名同学均能按照学习导图自主学习，并完成课前自学的问题训练和自学自测； （5）严格遵守课堂纪律，学习态度认真、端正，能够正确评价自己和同学在本任务中的素质表现； （6）每位同学必须积极参与小组工作，承担加工工艺制定、数控编程、程序校验等工作，做到能够积极主动不推诿，能够与小组成员合作完成任务； （7）每位同学均需独立或在小组同学的帮助下完成任务工单、加工工艺文件、数控编程文件、仿真加工视频等，并提请检查、签认，对提出的建议或有错误务必及时修改； （8）每组必须完成任务工单，并提请教师进行小组评价，小组成员分享小组评价分数或等级； （9）每名同学均完成任务反思，以小组为单位提交

学习笔记

学习导图

任务3　叶轮轴的五轴数控编程

- 知识点
  - 深度五轴铣
    - 问题1：叶轮轴的结构有哪些特点？
    - 问题2：深度五轴铣工序适用于铣削哪些结构？
  - 外形轮廓铣
    - 问题1：外形轮廓铣工序适用于铣削哪些结构？
    - 问题2：外形轮廓铣工序用于五轴数控编程时，刀轴设置常用有哪些？
  - 旋转底面铣
    - 问题1：旋转底面铣工序适用于铣削哪些结构？
    - 问题2：旋转底面铣工序中重要参数有哪些？
- 技能点
  - 查询机械加工工艺手册制定叶轮轴的加工工艺方案
  - 使用UG软件叶轮轴加工模板、外形轮廓板、型腔铣等工序进行叶轮轴的数控编程
  - 仿真加工叶轮轴的数控加工过程，检查刀路是否合理
- 素质思政融入点
  - 通过搜索白鹤滩发电机组的定子零件加工工艺信息，引导学生体会"大国重器，制造强国"的民族使命感
  - 通过小组讨论叶轮轴的加工工艺方案，树立良好的成本意识、质量意识、创新意识
  - 通过叶轮轴数控编程实际操作练习，养成精益求精的工匠精神、热爱劳动的劳动精神

思政案例：以世界一流标准制造"世界级"产品，哈电集团展示大国重器实力

课前自学

深度五轴铣

知识点1　深度五轴铣

深度五轴铣用于多轴机床的深度铣工序。深度加工五轴铣支持球头铣刀，允许使刀轴沿着远离部件几何体的方向倾斜，以免造成刀柄/夹持器碰撞。用一个较短的刀具精加工陡峭的深壁和带小圆角的拐角，而不是像固定轴工序中那样要求使用较长的小直径刀具。刀具越短，进给率和切屑量越高，生产效率越高。

单击【插入】→【工序】选项，弹出【创建工序】对话框，如图 2-3-1 所示，【类型】选择【mill_multi-axis】选项，【工序子类型】选择深度五轴铣，设置工序的位置和名称后，单击【确定】按钮进入【深度五轴铣】对话框。常用的节点有【主要】【几何体】【轴和避让】【进给率和速度】【切削层】【策略】【非切削移动】等，与深度轮廓铣工序参数基本相同，【轴和避让】节点增加【侧倾】选项区域。

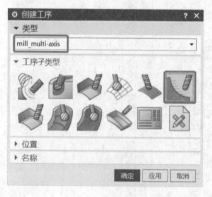

图 2-3-1　创建深度五轴铣对工序

【轴和避让】节点【侧倾】选项区域的参数如图 2-3-2 所示。【刀具侧倾方向】选项用于指定刀具倾斜的方向。具体参数含义见表 2-3-1。

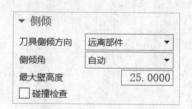

图 2-3-2　侧倾选项区域参数

表 2-3-1　刀具侧倾方向参数说明

序号	名　称	说　明	参考简图
1	无	不倾斜刀具	

续上表

序号	名　称	说　明	参考简图
2	远离部件	在开放区域倾斜刀具使之远离部件壁，并在拐角处也倾斜刀具使之远离相邻壁	
3	远离点	倾斜刀具使之远离指定点，并在拐角处保持相同的侧倾角	
4	朝向点	倾斜刀具使之指向指定点，并在拐角处保持相同的侧倾角	
5	远离曲线	倾斜刀具使之远离指定曲线（一条或多条）上最近的点，并在拐角处保持相同的侧倾角。注意：曲线链不必是连续的	
6	朝向曲线	倾斜刀具使之指向指定曲线（一条或多条）上最近的点，并在拐角处保持相同的侧倾角。注意：曲线链不必是连续的	

　　【侧倾角】选项对于指定了刀轴侧倾选项的几何体，用于控制刀具远离（或指向）几何体的程度。【自动】选项是倾斜刀具，使之恰好可以清除一个壁，其倾角值为非切削移动对话框的进刀页面指定的最小安全距离值除以最大壁高度值的结果。【指定】选项用于指定侧倾角度值。指定角度始终是根据竖直轴 (+ZM) 测量的。

　　【最大壁高度】决定刀具必须远离壁的距离。输入的值必须大于刀具的球头半径。

　　【碰撞检查】不勾选时，仅可保证刀具的球头部分不会过切。勾选时，所有切削移动在碰撞点处进行修剪。进刀和退刀在第一个免碰撞点处或最接近切削的非碰撞位置处进行修剪。

　　其他参数与可变轴轮廓铣相应参数含义相同。

知识点 2　外形轮廓铣

外形轮廓铣可以加工可能带有角（开放角和封闭角）、弯曲及顶部（肋顶部）形状不规则的复杂腔。可以快速轻松地创建或编辑刀轨。在选择几何体和控制刀轴上花费的时间较少，因此效率更高。不会受到修剪或非修剪几何体的限制，也不会在定义底面和壁时受到其连接方式的限制。可以在底面和壁上使用多条刀路以在同一工序中对部件进行半精加工和精加工。

依次单击【插入】→【工序】选项，弹出【创建工序】对话框，如图 2-3-3 所示，【类型】选择【mill_multi-axis】选项，【工序子类型】选择外形轮廓铣，设置工序的位置和名称后，单击【确定】按钮进入【外形轮廓铣】对话框。常用的节点有【主要】【几何体】【轴和避让】【进给率和速度】【策略】【非切削移动】等。

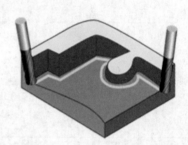

图 2-3-3　创建外形轮廓铣工序

一、【主要】节点的参数设置

外形轮廓铣工序【主要】节点参数如图 2-3-4 所示。

图 2-3-4　外形轮廓铣工序主要节点参数

1.【主要】选项区域的参数设置

【刀具】用于选择要指派到当前工序的刀具。

【指定部件】用于选择要加工的部件。

【指定底面】底面是靠着壁放置刀时用于限制刀位置的几何体。

【指定壁】壁几何体可定义要切削的区域。刀刃首先靠着壁放置，一旦刀轴确定，刀刃就靠着底面放置。

【自动壁】勾选时，软件可根据底面确定壁。不勾选时，使用【选择或编辑壁几何体】可以选择壁几何体。

【沿着壁的底部】勾选时，追踪选定部件表面底部的壁曲线。它相对于壁的底部边缘定位刀具。不勾选时，不追踪选定部件表面底部的壁曲线。

【进刀矢量】定义刀具相对于壁的放置方法。此选项只适用于无底面的情况。

2.【接触位置】选项区域的参数设置

【环高】选项控制刀具的轴向位移，以降低切削之间的残余高度。部件上的接触点不会受到影响，包括无、恒定和变量等三个选项。【无】选项可以保持部件接触刀具底部的点。此选项会造成残余高度较大并使得刀具变形更严重。【恒定】选项用于指定要使刀具移动的单个距离。【变量】选项用于指定上下边距，用于控制刀具最远可以移动的距离。使用此选项可平衡刀具磨损。

二、【几何体】节点的参数设置

【底面几何体】可以由任意数量的已修剪或未修剪面组成。如果没有底面几何体，则使用【沿着壁的底部】或【指定辅助底面】选项。

三、【策略】节点的参数设置

1.【跨壁缝隙】选项区域的参数设置

【跨壁缝隙】指定延伸距离值，用于延伸切削的起点或终点。运动类型包括切削和步进两个选项，步进运动用于应用较快的进给率。

2.【多条侧刀路】选项区域的参数设置

【多条侧刀路】选项不勾选时，不启用多个侧面切削。勾选时，启用多重侧切。

【侧面余量偏置】指定要在侧面刀路中移除的材料总量。【步进方法】指定如何确定侧面刀路数。【增量】用于指定侧刀路之间的最大距离。【刀路】指定侧面刀路数，并计算各刀路之间的距离。

知识点 3　旋转底面铣

旋转底面铣工序用于加工圆柱形表面。单击【插入】→【工序】选项，弹出【创建工序】对话框，如图 2-3-5 所示，【类型】选择【mill_rotary】选项，【工序子类型】选择旋转底面铣，设置工序的位置和名称后，单击【确定】按钮进入【旋转底面铣】对话框。常用的节点有【主要】【几何体】【轴和避让】【进给率和速度】【策略】【非切削移动】等。

• 文本

旋转底面铣

图 2-3-5　创建旋转底面铣工序

一、【主要】节点的参数设置

1.【主要】选项区域的参数设置

【主要】选项区域的参数如图 2-3-6 所示,【刀具】用于选择要指派到当前工序的刀具。

【指定底面】底面必须围绕部件轴旋转。可以将单个曲面作为底面几何体。

【指定壁】可使用指定的壁来沿底面裁剪切削体。

【壁余量】向各个壁应用唯一的余量。切削平面与壁相交时,就将壁余量应用到切削平面。

【底面余量】指定底面上遗留的材料。

2.【阵列设置】选项区域的参数设置

【阵列设置】选项区域的参数如图 2-3-7 所示,【旋转轴】为工序定义旋转轴。必须指定用于定义部件几何体的相同旋转轴。要使用 +XM、+YM 或 +ZM 旋转轴设置,MCS 必须位于圆柱或圆锥的中心线上。如果旋转轴不在中心线上,则将旋转轴选项设为指定,然后手动定义旋转矢量。

【方向类型】指定方向类型。【绕轴向】围绕刀轴切削。【沿轴向】沿刀轴方向切削。

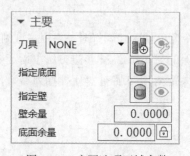

图 2-3-6　主要选项区域参数

图 2-3-7　阵列设置选项区域参数

二、【轴和避让】节点的参数设置

【刀轴】选项区域如图 2-3-8 所示,用于指定切削刀具的方位。

【前倾角】从底面法向指定首选前倾角。图 2-3-9 和图 2-3-10 所示为绕轴向和沿轴向的刀轨,仅当"方向类

▼ 刀轴	
前倾角	0.0000
最小前倾角	−30.0000
扇形展开距离	100.0000 %刀具

图 2-3-8　刀轴选项区域参数

型"选项设为"绕轴向"时，软件才应用指定的前倾角。旋转铣工序会创建一个四轴刀轨。可以指定正值或负值。

图 2-3-9   绕轴向刀轨   图 2-3-10   沿轴向刀轨

【最小前倾角】指定一个角度，以防止刀修复在切削方向和刀具角度发生变化时切削部件。

【扇形展开距离】指定当方位在壁处发生变化时，软件倒圆刀轴的距离。图 2-3-11 和图 2-3-12 所示为扇形展开距离分别是 100% 和 500% 刀具直径的刀轨。

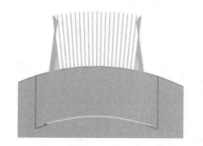

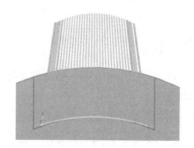

图 2-3-11   扇形展开距离 =100% 刀具   图 2-3-12   扇形展开距离 =500% 刀具

三、【策略】节点的参数设置

【驱动设置】选项区域如图 2-3-13 所示，【切削步长】控制驱动点之间的距离。要避免出现意外结果，要指定足够的驱动点来捕捉驱动几何体的形状和特征，包括公差和数量两个选项。

【公差】用于指定内公差和外公差值，以定义驱动面与两个连续驱动点间延伸线之间的最大许用法向距离。输入较小的公差以创建更多更紧密的驱动点。对于内公差和外公差，默认值为 0.100。

▼ 驱动设置

切削步长	数量 ▼
第一刀切削	10
最后一刀切削	10
过切时	无 ▼

图 2-3-13   驱动设置选项区域参数

学习笔记

【数量】用于指定软件对驱动面进行分割的等长段数，以创建驱动点。【第一刀切削】指定沿第一个切削刀路的分段数。【最后一刀切削】指定沿最后一个切削刀路的分段数。第一刀切削和最后一刀切削的默认值均为 10。如果为这些选项指定不同的值，则软件会从第一刀切削到最后一刀切削生成点梯度。如果指定了部件几何体，则软件会在指定部件面内公差/外公差值范围内自动创建刀轨遵循部件面轮廓所需的任何附加点。

【过切时】指定在切削移动过程中当刀具过切驱动面时软件的响应方式。【无】请勿更改刀轨以避免过切，请勿将警告消息发送到刀轨或 CLSF。使用"无"在驱动面上生成刀轨。【警告】请勿更改刀轨以避免过切，但务必将警告消息发送到刀轨和 CLSF。【跳过】通过仅移除引起过切的刀具位置，更改刀轨。结果将是从过切前的最后位置到不再过切时的第一个位置的直线刀具运动。当从驱动面直接生成刀轨时，刀具不会触碰凸角处的驱动面，并且不会过切凹区域。【警告】在驱动面为光顺的凹面的一些情况下，跳过选项可能不清理刀轨。【退刀】通过使用工序对话框中定义的进刀和退刀参数避免过切。

【大国重器】

查一查 以世界一流标准制造"世界级"产品，哈电集团展示大国重器实力。你知道哈电集团自 1956 年成立以来，为国家制造了哪些大国重器吗？

【大国重器】

白鹤滩发电机组的单机容量世界第一！

搜一搜

1. 白鹤滩发电机组的组成有哪些？

2. 白鹤滩发电机组的定子零件，是数控机床加工产品吗？加工工艺是什么？

自学自测

一、单选题（只有一个正确答案，每题 10 分）

1. 在多轴加工中，半精加工的工艺安排原则是给精加工留下（　　）。

A. 小而均匀的余量、足够的刚性

B. 均匀的余量、适中的表面粗糙度

C. 均匀的余量、尽可能大的刚性

D. 尽可能小的余量、适中的表面粗糙度

2. 多轴加工叶轮，精加工时如果底面余量过大而容易造成的最严重后果是（　　）。

A. 刀具容易折断　　　　　　　B. 刀具与被加工表面干涉

C. 清根时过切　　　　　　　　D. 被加工表面粗糙度不佳

3. 多轴加工可以把点接触改为线接触从而提高（　　）。

A. 加工质量　　　B. 加工精度　　　C. 加工效率　　　D. 加工范围

4. 一般五轴卧式加工中心绕 Z 轴做回转运动的旋转轴是（　　）。

A. 轴 A　　　　　B. 轴 B　　　　　C. 轴 C　　　　　D. 轴 V

二、多选题（有至少 2 个正确答案，每题 10 分）

1. 下列（　　）零件适合用多轴数控机床进行加工。

A. 丝杠　　　　　　　　　　　B. 发动机大叶片

C. 螺旋桨叶轮　　　　　　　　D. 多面体零件

2. 常见的多轴数控机床类型有（　　）。

A. 五轴双摆头 + 转台　　　　　B. 五轴摆台 + 转台

C. 五轴双摆头　　　　　　　　D. 五轴双旋转工作台

3. 下列（　　）属于整体式叶轮的加工难点。

A. 加工时极易产生碰撞干涉

B. 自动生成无干涉刀路轨迹较困难

C. 叶片实体造型复杂多变

D. 设计研制周期长、制造工作量大

4. 下列属于多轴仿真软件的是（　　）。

A. VERICUT　　　　　B. Powermill　　　　　C. NCSIMUL

D. HuiMaiTech　　　　E. Mastercam

三、判断题（对的划√，错的划 ×，每题 5 分）

1. 多轴机床对于复杂零件，可以简化生产管理和计划调度。（　　）

2. 多轴机床可以减少装夹次数，一次装夹完成多面加工。（　　）

3. 在航空航天、汽车等领域，五轴数控机床能很好地解决新产品研发过程中复杂零件加工的精度和周期。（　　）

4. 五轴机床的加工效率一定比四轴机床效率高。（　　）

学习笔记

🔩 任务实施

　　按照零件加工要求，制定叶轮轴的加工工艺；编制叶轮轴加工程序；完成叶轮轴的仿真加工，后处理得到数控加工程序，完成叶轮轴加工。

一、制定叶轮轴五轴数控加工工艺

1. 叶轮轴零件分析

　　该零件形状比较复杂，加工精度要求高，叶片属于薄壁零件，加工时容易产生变形，而且加工叶片时容易产生干涉。

2. 毛坯选用

　　零件材料为 AL7075，尺寸是 $\phi120$ mm×62 mm，零件长度、直径尺寸已经精加工到位，无须再次加工。

3. 装夹方式

　　叶轮轴毛坯使用自定心卡盘进行定位装夹，以减少定位误差。

4. 加工工序

　　零件选用立式五轴联动机床加工，遵循先粗后精加工原则，粗加工采用"3+2"轴型腔铣方式，精加工均采用五轴联动加工。制定叶轮轴加工工序见表 2-3-2。

● 源文件

叶轮轴

表 2-3-2　叶轮轴加工工序

叶轮轴示意图

序号	加工内容	刀具	主轴转速 / (r/min)	进给速度 / (mm/min)
1	叶片部分内孔加工	D8	8 000	3 000
2	叶片部分叶片加工	B8	8 000	3 000
3	多面体部分内部加工	R3	8 000	3 000
4	多面体部分侧面加工	D8	8 000	3 000
5	孔加工	D6.8	1 500	100

二、数控程序编制

1. 编程准备

　　第 1 步：启动 UG NX 软件，打开软件工作界面。依次单击【文件】→【打开】选项，打开【打开文件】对话框，选择"叶轮轴 .prt"文件，单击【确定】按钮，打开叶轮轴零件模型。

第 2 步：设置加工环境。选择【应用模块】选项卡，单击【加工】按钮，进入加工环境。在弹出的【加工环境】对话框中，【CAM 会话配置】选项选择【cam_general】选项，【要创建的 CAM 设置】选项选择【mill_multi_blade】，单击【确定】按钮，完成多叶片加工模板的加载。

第 3 步：设置机床坐标系。在工具栏单击【几何视图】按钮，工序导航器显示几何视图，双击【MCS_MILL】选项，弹出【MCS】对话框，如图 2-3-14 所示，双击【指定机床坐标系】右侧图标，将加工坐标系移动到圆柱面的端部，同时把旋转轴设置成 X 方向旋转。【安全设置选项】选择【圆柱】，同时【指定点】指定坐标原点，【指定矢量】指定 XC 轴，【半径】输入 80，单击【确定】按钮，完成加工坐标系的设置。

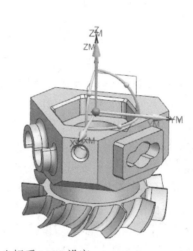

图 2-3-14 加工坐标系 MCS 设定

第 4 步：创建几何体。单击【创建几何体】图标，弹出【创建几何体】对话框，【类型】选择【mill_multi-axis】，【几何体子类型】选择第一个【MCS】，【位置】选项区域【几何体】选择【GEOMETRY】，【名称】输入【MCS_1】，单击【确定】按钮，选择图 2-3-15 所示右侧模型坐标系位置和方向，单击【确定】按钮，完成 MCS_1 的创建。

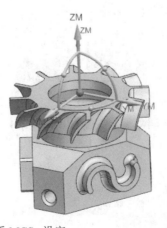

图 2-3-15 加工坐标系 MCS_ 设定

第 5 步：设置部件和毛坯。工序导航器显示几何视图，双击【WORKPIECE】选项，弹出【工件】对话框，单击【指定部件】右侧按钮，弹出【部件几何体】对话框，在绘图区选择凸轮模型，单击【确定】按钮完成部件设置。单击【指定毛坯】右侧按钮，弹出【毛坯几何体】对话框，选择图 2-3-16 所示毛坯模型，单击【确定】按钮完成毛坯设置。

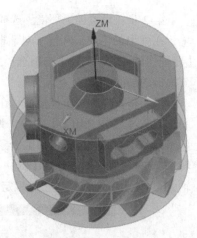

图 2-3-16 指定毛坯

第 6 步：创建刀具。在工具栏单击【机床视图】按钮，工序导航器显示机床视图。单击【创建刀具】图标，弹出【创建刀具】对话框。刀具子类型选择第一个【MILL】图标，刀具名称修改为 D8，单击【应用】按钮，弹出【铣刀 -5 参数】对话框，设置刀具参数，【直径】输入 8，【下半径】输入 0，【刀具号】【补偿寄存器】【刀具补偿寄存器】三个参数均输入 1，其他参数默认，单击【确定】按钮，完成立铣刀 D8 的创建。

同理【创建刀具】对话框，刀具子类型选择【MILL】，刀具子类型选择【BALL-MILL】，修改刀具名称【B8】，单击【应用】按钮，弹出【铣刀 - 球头铣】对话框，设置刀具参数，【直径】输入 8，【刀具号】【补偿寄存器】【刀具补偿寄存器】三个参数均输入 2，其他参数默认，单击【确定】按钮，完成球头铣刀 B8 的创建。

同理【创建刀具】对话框，刀具子类型选择【MILL】，刀具名称修改【R3】，单击【应用】按钮，弹出【铣刀 -5 参数】对话框，设置刀具参数，【直径】输入 6，【下半径】输入 3，【刀具号】【补偿寄存器】【刀具补偿寄存器】三个参数均输入 3，其他参数默认，单击【确定】按钮，完成立铣刀 R3 的创建。

2. 叶片部分内孔加工程序编制

（1）叶片部分内孔粗加工程序编制

使用型腔铣工序，选用 D8 立铣刀，在参数设置方面，【切削模式】选择【跟随周边】，【公共每刀切削深度】选择【恒定】，【最大距离】输入 1，【指定切削区域】选择图 2-3-17 所示的曲面。勾选【使底面余量与侧面余量一致】，【部件侧面余量】输入 0.3。【刀轴】选择 +ZM 轴。主轴速度设为 8 000，进给率中切削设为 3 000，完成叶片部分内孔粗加工，如图 2-3-18 所示。

图 2-3-17 指定切削区域

图 2-3-18 内孔粗加工刀轨

（2）叶片部分端面精加工程序编制

使用平面铣工序，选用 D8 立铣刀，在参数设置方面，【切削模式】选择【跟随周边】，【切削面边界】选择端面的曲线，勾选【使底面余量与侧面余量一致】，【部件侧面余量】输入 0。【刀轴】选择【垂直于第一个面】。主轴速度设为 8 000，进给率中切削设为 1 000，完成叶片部分端面精加工，如图 2-3-19 所示。

图 2-3-19 端面精加工刀轨

（3）叶片部分内部精加工程序编制

使用底壁铣工序，选用 D8 立铣刀，在参数设置方面，【切削模式】选择【轮廓】，【指定壁几何体】选择图 2-3-20 所示孔壁，勾选【使底面余量与侧面余量一致】，【部件侧面余量】输入 0。【刀轴】选择【垂直于第一个面】。主轴速度设为 8 000，进给率中切削设为 1 000，完成底壁铣工序，如图 2-3-21 所示。

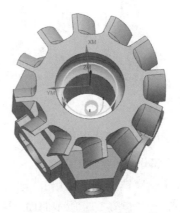

图 2-3-20 指定壁几何体　　　　　　图 2-3-21 底壁铣刀轨

使用可变轮廓铣工序，选用 R3 球头立铣刀，在参数设置方面，【驱动方式】选择【曲面区域】，选择图 2-3-22 所示曲面。驱动设置中【切削模式】选择【往复】，【步距】选择【数量】，【步距数】为 10。【投影矢量】选择【刀轴】。【刀轴】选择【朝向点】，点选择（0,0,-80）。主轴速度为 8 000，进给率的切削为 250，完成内部曲面精加工，如图 2-3-23 所示。

图 2-3-22　指定曲面区域　　　　图 2-3-23　内部曲面精加工刀轨

3. 叶片部分叶片加工程序编制

（1）叶片部分叶片粗加工程序编制

使用型腔铣工序，选用 B8 立铣刀，在参数设置方面，【切削模式】选择【跟随部件】，【公共每刀切削深度】选择【恒定】，【最大距离】输入 1，【指定切削区域】选择图 2-3-24 所示的曲面。勾选【使底面余量与侧面余量一致】，【部件侧面余量】输入 0.3。【刀轴】选择【指定矢量】，选择图 2-3-24 所示矢量方向。主轴速度设为 8 000，进给率中切削设为 3 000，完成 1 个叶片粗加工。通过【变换】复制，完成叶片部分 12 个叶片粗加工，如图 2-3-25 所示。

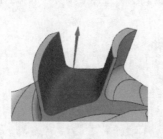
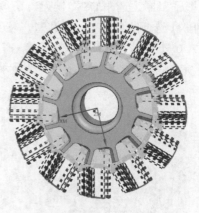

图 2-3-24　指定切削区域　　　　图 2-3-25　叶片粗加工刀轨

（2）叶片部分叶片精加工程序编制

使用可变轮廓铣工序，选用 R3 球头立铣刀，在参数设置方面，【驱动方式】选择【曲面区域】，选择图 2-3-24 所示曲面。驱动设置中【切削模式】选择【往复】，【步距】选择【残余高度】，【最大残余高度】为 0.005。【投影矢量】选择【朝向驱动体】。【刀轴】选择【相对于矢量】。主轴速度为 11 000，进给率的切削为 1 100，完成 1 个叶片精加工。通过【变换】复制，完成叶片曲面精加工，如图 2-3-26 所示。

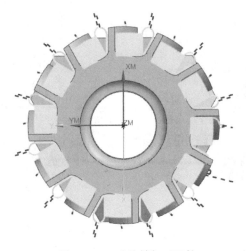

图 2-3-26　叶片精加工刀轨

4. 多面体部分内部加工程序编制

（1）多面体部分内部粗加工程序编制

使用型腔铣工序，选用 D8 立铣刀，在参数设置方面，【切削模式】选择【跟随周边】，【公共每刀切削深度】选择【恒定】，【最大距离】输入 1，【指定切削区域】选择图 2-3-27 所示的曲面。勾选【使底面余量与侧面余量一致】，【部件侧面余量】输入 0.3。【刀轴】选择 +ZM 轴。主轴速度设为 8 000，进给率中切削设为 3 000，完成多面体部分内部粗加工，如图 2-3-28 所示。

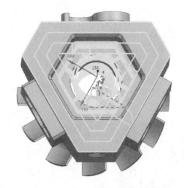

图 2-3-27　指定切削区域　　　　图 2-3-28　多面体部分内部粗加工刀轨

（2）多面体部分内部精加工程序编制

使用平面铣工序，选用 D8 立铣刀，在参数设置方面，【切削模式】选择【跟随周边】，【切削面边界】选择端面的曲线，勾选【使底面余量与侧面余量一致】，【部件侧面余量】输入 0。【刀轴】选择【垂直于第一个面】。主轴速度设为 8 000，进给率中切削设为 1 000，完成多面体部分端面精加工，如图 2-3-29 所示。

5. 多面体部分侧面加工程序编制

（1）多面体部分侧面粗加工程序编制

多面体外部侧面粗加工工序包括 6 个侧面的粗加工，加工区域如图 2-3-30 所示。

学习笔记

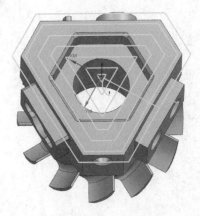

图 2-3-29 多面体部分端部精加工刀轨

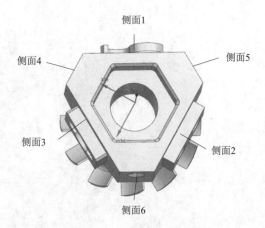

图 2-3-30 多面体外部侧面

使用型腔铣工序，选用 D8 立铣刀，在参数设置方面，【切削模式】选择【跟随周边】，【公共每刀切削深度】选择【恒定】，【最大距离】输入 1，【指定切削区域】选择图 2-3-30 所示的侧面 1。勾选【使底面余量与侧面余量一致】，【部件侧面余量】输入 0.3。【刀轴】选择【指定矢量】，矢量垂直于侧面 1。主轴速度设为 8 000，进给率中切削设为 3 000，完成侧面 1 粗加工。通过复制粘贴，并修改切削区域，完成多面体部分 6 个侧面粗加工，如图 2-3-31 所示。

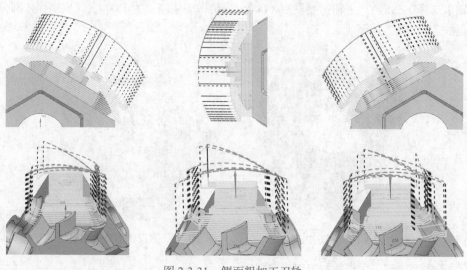

图 2-3-31 侧面粗加工刀轨

（2）多面体部分侧面精加工程序编制

使用平面铣工序，选用 D8 立铣刀，在参数设置方面，【切削模式】选择【跟随周边】，【切削面边界】选择侧面的曲线，勾选【使底面余量与侧面余量一致】，【部件侧面余量】输入 0。【刀轴】选择【垂直于第一个面】。主轴速度设为 8 000，进给率中切削设为 1 000，通过复制粘贴，并修改切削区域，完成多面体部分 6 个侧面精加工，如图 2-3-32 所示。

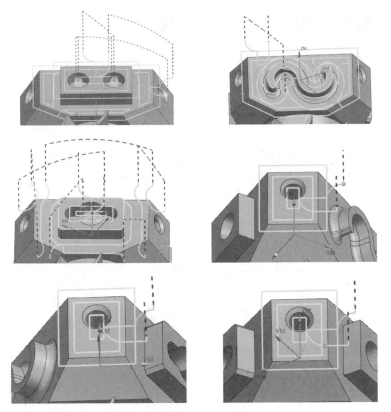

图 2-3-32　侧面精加工刀轨

使用深度轮廓铣工序，选用 B8 立铣刀，在参数设置方面，【指定切削区域】选择拔模面。【刀轴】选择【指定矢量】。主轴速度设为 8 000，进给率中切削设为 1 000，完成一个拔模面精加工，通过复制粘贴，并修改切削区域，完成 3 个面精加工，如图 2-3-33 所示。

6. 孔加工程序编制

使用钻孔工序，选用 D6.8 钻头，在参数设置方面，【指定孔】选择孔壁，【刀轴】选择【指定矢量】，矢量与孔顶面垂直。主轴速度设为 1 500，进给率中切削设为 100，通过复制粘贴，并修改指定孔，完成多面体部分 3 个孔加工，如图 2-3-34 所示。

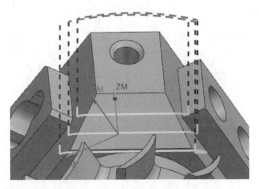

图 2-3-33　深度轮廓铣刀轨

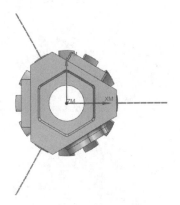

图 2-3-34　孔加工刀轨

●文本

叶轮轴的五
轴数控编程
工单

●源文件

三叉戟

叶轮轴的五轴数控编程工单

叶轮轴的五轴数控编程工单可扫描二维码查看。

课后作业

编程题

如图 2-3-35 所示的三叉戟结构，进行多轴数控加工分析，制定加工工艺文件，使用 UG 软件进行数控编程，生成合理的刀路轨迹，后处理成数控程序。

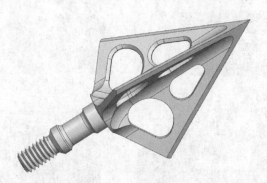

图 2-3-35　三叉戟结构

学习情境 ③

车铣复合加工

学习指南

【情境导入】

某飞机制造公司的工艺部接到一项飞行器的生产任务，其中部分零件结构既有回转体又有局部曲面、凸起和孔，精度要求高。工艺员需要根据零件图纸，研讨并制定数控加工工艺规程和工艺文件，编程员选用车铣复合机床、编程软件等，对"定位件""回转轴""航空件"等零件进行车铣复合加工程序的编写和仿真加工，达到图纸要求的加工精度等要求。

【学习目标】

知识目标

（1）描述常用车铣复合机床的应用场景；

（2）列举机械加工工艺手册的查阅内容；

（3）编制车铣复合加工工艺的工艺文件；

（4）综合应用 UG 软件车削加工模板、铣削加工模板、钻削加工模板进行数控编程。

能力目标

（1）能根据零件加工要求，查阅手册，制定车铣复合加工工艺方案；

（2）会使用 UG 软件进行车铣复合加工编程，生成刀路；

（3）会根据刀路仿真结果，优化刀路并后处理生成数控程序。

素质目标

（1）树立成本意识、质量意识、创新意识，养成勇于担当、团队合作的职业素养；

（2）初步养成工匠精神、劳动精神、劳模精神，以劳树德，以劳增智，以劳创新。

【工作任务】

任务 1　定位件的车铣复合加工	参考学时：课内 4 学时（课外 4 学时）
任务 2　回转轴的车铣复合加工	参考学时：课内 4 学时（课外 4 学时）
任务 3　航空件的车铣复合加工	参考学时：课内 8 学时（课外 4 学时）

【"1+X"证书标准要求】

（1）能根据多轴车铣复合机床结构和加工特性，完成常用车铣复合工艺系统产品的识别；

（2）能根据零件结构特点和加工要求，完成多轴车铣复合加工方式的选择；

（3）能根据多轴车铣复合机床的特性，完成车铣复合加工设备的操作，实现对零件的车削、铣削、镗削等复合加工；

（4）能根据机床数控系统的要求，完成车铣复合机床后置处理器选择并生成数控加工程序。

任务1　定位件的车铣复合加工

任务工单

学习情境 3	车铣复合加工	任务 1	定位件的车铣复合加工
任务学时		课内 4 学时（课外 2 学时）	
布置任务			
工作目标	（1）根据零件结构特点，合理选择车铣复合加工机床； （2）根据零件的加工要求，制定定位件的加工工艺文件； （3）使用 UG 软件，完成定位件的车铣复合加工编程，生成合理的刀路； （4）使用 UG 软件，完成仿真加工，检验刀路是否正确合理		
任务描述	飞行器的定位件结构既有回转体，又有定位孔和台阶，结构相对复杂，主要位置精度要求高。某飞机制造公司工艺部接到定位件的生产任务，根据设计员设计的定位件三维造型；工艺员查询机械加工工艺手册关于复杂轴类零件的加工工艺信息，合理规划定位件的加工工艺路线，制定加工工艺方案；编程员编制加工工艺文件，使用 UG 软件车削加工模板和铣削加工模板创建车铣复合加工操作，设置必要的加工参数、生成刀具路径、检验刀具路径是否正确合理，并对操作过程中存在的问题进行研讨和交流，通过相应的后处理生成数控加工程序，并仿真加工		

学时安排	资讯	计划	决策	实施	检查	评价
	1 学时	0.5 学时	0.5 学时	1 学时	0.5 学时	0.5 学时

任务准备	（1）定位件零件图纸； （2）电子教案、课程标准、多媒体课件、教学演示视频及其他共享数字资源； （3）定位件模型； （4）游标卡尺等工具和量具
对学生学习及成果的要求	（1）学生具备定位件零件图的识读能力； （2）严格遵守实训基地各项管理规章制度； （3）对比定位件零件三维模型与零件图，分析结构是否正确，尺寸是否准确； （4）每名同学均能按照学习导图自主学习，并完成课前自学的问题训练和自学自测； （5）严格遵守课堂纪律，学习态度认真、端正，能够正确评价自己和同学在本任务中的素质表现； （6）每位同学必须积极参与小组工作，承担加工工艺制定、数控编程、程序校验等工作，做到能够积极主动不推诿，能够与小组成员合作完成任务； （7）每位同学均需独立或在小组同学的帮助下完成任务工单、加工工艺文件、数控编程文件、仿真加工视频等，并提请检查、签认，对提出的建议或有错误务必及时修改； （8）每组必须完成任务工单，并提请教师进行小组评价，小组成员分享小组评价分数或等级； （9）每名同学均完成任务反思，以小组为单位提交

学习笔记

学习导图

任务1　定位件的车铣复合加工

知识点

车铣复合机床○── 问题1：常用的车铣复合机床类型有哪些？
　　　　　　　　 问题2：车铣复合机床有哪些优点？

外径粗车○── 问题1：外径粗车工序常用于车削哪些结构？
　　　　　　 问题2：外径粗车工序常用的重要参数有哪些？

外径精车○── 问题1：外径精车工序与外径粗车工序的不同点有哪些？
　　　　　　 问题2：外径精车的重要参数有哪些？

技能点

比较外径粗车、外径精车的不同点

查询机械加工工艺手册制定定位件的车铣复合加工工艺方案

使用UG软件外径粗车、外径精车、平面铣等工序进行定位件的车铣复合加工编程

仿真加工定位件的车铣复合加工过程，检查刀路是否合理

素质思政融入点

通过讲述身边的大国工匠活动，树立"干一行、爱一行、专一行、精一行"职业精神

通过小组讨论定位件加工工艺方案，树立学生良好的成本意识、质量意识、创新意识

通过定位件数控编程实际操作练习，养成精益求精的工匠精神，热爱劳动的劳动精神

思政案例：大国工匠
产业报国追求卓越

学习笔记   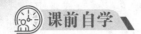 课前自学

知识点 1   车铣复合机床

车铣复合加工是目前机械加工领域国际上最流行的加工工艺之一，是一种先进制造技术。复合加工就是把几种不同的加工工艺，在一台机床上实现。复合加工中应用最广泛、难度最大的就是车铣复合加工。车铣复合加工中心相当于一台数控车床和一台（数铣）加工中心的复合。

1. XZC 车削中心

标准 XZC 车削中心是在传统车床基础上增加了简单钻铣功能，能够对工件的端面及圆周面进行钻孔、攻螺纹、铣槽、铣轮廓加工。车削加工时，刀塔转到车刀位置，通过卡盘带动工件旋转、XZ 轴的运动，便实现了车削加工。钻铣加工时，刀塔转到动力刀具位置，动力头带动刀具旋转，通过 XZC 轴的运动，便实现了钻孔和铣削加工。

2. 带副主轴（背主轴）的 XZC 车削中心

带副主轴（背主轴）的 XZC 车削中心是在标准 XZC 车削中心的基础上增加了副主轴。副主轴也能够对工件的端面及圆周面进行钻孔、攻螺纹、铣槽、铣轮廓加工。

3. 带副主轴（背主轴）和带 Y 轴的 XYZC 车铣复合机床

带副主轴（背主轴）和带 Y 轴的 XYZC 车铣复合是在标准 XZC 车削中心的基础上增加了副主轴和 Y 轴。增加 Y 轴控制侧铣，可加工形状更加复杂的零件。

4. 带 B 轴的车铣复合机床

带 B 轴的车铣复合设备功能比较齐全，有上刀塔和下刀塔，都可以安装车刀和铣刀。上刀塔可以 XYZB 联动，配合 C 轴使之 XYZBC 联动；下刀塔配合 C 轴使之 XZC 联动，即在传统加工中心的 XYZ 三个平面轴的基础上，增加了 B 轴、C 轴两个轴，它的铣削功能由自带的铣头来完成，车削则是通过装在刀塔上的车刀来完成，相比于车铣复合，主要差别在于其铣头独立于刀塔，且既可以沿 Z 轴旋转进给，也可以沿 X 轴进给。

【国之利器】

搜一搜 中国自主研发的首台数控重型曲轴铣车复合加工机床，打破哪些技术壁垒？有哪些技术优势？主要用途是什么？

知识点 2   外径粗车

外径粗车（也称粗车）用于外圆柱面的粗车工序。依次单击【插入】→【工序】选项，弹出【创建工序】对话框，如图 3-1-1 所示，【类型】选择【turning】选项，【工序子类型】选择粗车，设置工序的位置和名称后，单击【确定】按钮进入【粗车】对话框。在【粗车】对话框中重要的节点有【主要】【策略】【拐角】【轮廓类型】【轮廓加工】【非切削移动】等。主要节点参数如图 3-1-2 所示。

图 3-1-1　创建粗车工序

图 3-1-2　主要节点参数

一、【主要】节点的参数设置

1. 【主要】选项区域的参数设置

【刀具】选项用于指定粗车工序所使用的刀具。

2. 【几何体】选项区域的参数设置

【轴向修剪平面 1】和【径向修剪平面 1】选项用于创建修剪平面。修剪平面将切削区域限制在：单个轴向修剪平面的右侧；单个径向修剪平面的上方；两个轴向修剪平面或两个径向修剪平面之间。

3. 【刀轨设置】选项区域的参数设置

【策略】选项包括单向线性切削、线性往复切削等。【单向线性切削】选项用于直层切削，各层切削方向相同，均平行于前一个层切削。【线性往复切削】可以迅速移除大量材料，并对材料进行不间断切削。

【方向】选项用于指定切削方向。

【水平角度】选项包括指定和矢量两种，根据实际情况指定刀轨的水平角度。

【与 XC 的夹角】文本框输入角度值。

【切削深度】选项用于指定粗加工工序中各刀路的切削深度。此深度可以是固定值，也可以是可变值。如果选择【恒定】选项，则【深度】文本框中输入深度值。

二、【策略】节点的参数设置

【策略】节点具体参数含义见表 3-1-1。

表 3-1-1　【策略】节点参数含义

参　数	说　明	图　例
允许底切	勾选时，刀尖可以深入	
	不勾选时，刀尖不能深入	
最小切削深度	指定：用于指定要抑制的切削的尺寸	
	无：不抑制小切削	
最小切削长度	指定：用于指定要抑制的切削的尺寸	
	无：不抑制小切削	

▼ 切削
☑ 允许底切
▼ 切削约束
最小切削深度　指定
距离　0.2000
最小切削长度　指定
距离　0.2000

三、【拐角】节点的参数设置

【拐角】节点具体参数含义见表 3-1-2。

表 3-1-2　【拐角】节点参数含义

参　数	说　明	图　例
常规拐角 / 浅角 （是指夹角 大于指定最小 浅角值且小于 180° 的凸角）	绕对象滚动：绕拐角创 建一条光顺的刀轨，但会 留下尖角	
	延伸：创建尖角	
	圆形：创建圆形刀轨和 拐角	
	倒斜角：创建倒斜角， 以消除锐边。倒斜角的大 小取决于输入的值	
凹角	延伸：创建尖角	
	圆形：创建圆形刀轨和 拐角	

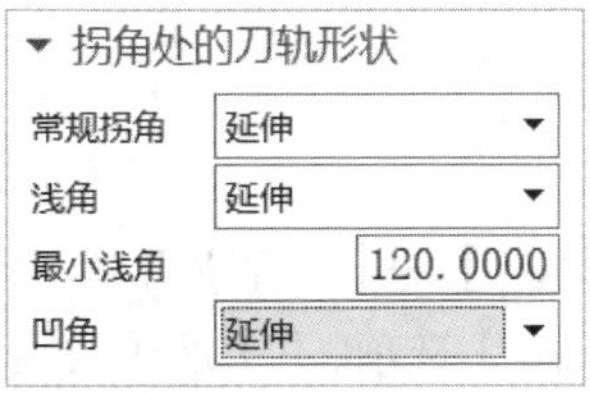

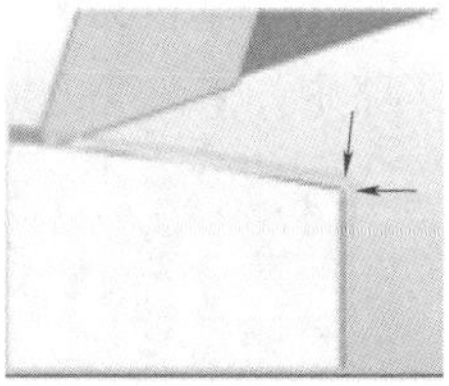

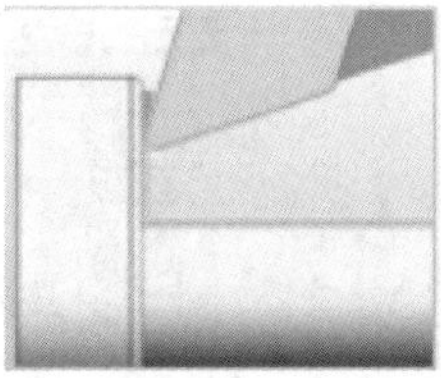

（左侧图：拐角处的刀轨形状）

- ▼ 拐角处的刀轨形状
- 常规拐角　延伸
- 浅角　　　延伸
- 最小浅角　　120.0000
- 凹角　　　延伸

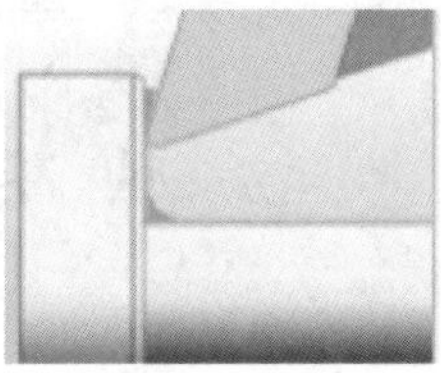

四、【轮廓类型】节点的参数设置

　　【面和直径范围】选项用于粗加工和精加工，可定义最小和最大角度，软件将由此确定曲线是否代表面或周面。【陡峭和水平范围】选项用于仅粗加工，可定义最小和最大角度，软件将据此确定曲线是否代表陡峭或层区域。

五、【轮廓加工】节点的参数设置

【附加轮廓加工】选项用于打开和关闭轮廓加工。轮廓加工可沿整个部件边界进行，也可在部件边界内进行个别变换，以清理部件表面，如图 3-1-3 所示。【策略】选项【全部精加工】是按刀轨对各种几何体进行轮廓加工，但不考虑轮廓类型。【全部精加工】切削策略中如果改变方向，软件将反转切削运动的顺序。

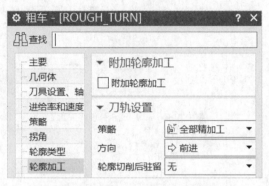

图 3-1-3　粗车工序轮廓加工节点参数

知识点 3　外径精车

外径精车（也称精车）用于外圆柱面的精车工序。单击【插入】→【工序】选项，弹出【创建工序】对话框，如图 3-1-4 所示，【类型】选择【turning】选项，【工序子类型】选择精车，设置工序的位置和名称后，单击【确定】按钮进入【精车】对话框。在【精车】对话框中重要的节点有【主要】【策略】【拐角】【轮廓类型】【测试切削】【非切削移动】等。

图 3-1-4　创建精车工序

一、【主要】节点的参数设置

精车工序的【主要】节点如图 3-1-5 所示，参数设置与粗车相应参数含义基本相同，只有【刀轨设置】选项区域的【策略】选项不同，具体参数含义见表 3-1-3。

图 3-1-5　精车工序主要节点参数

表 3-1-3 【策略】节点参数含义

	参　数	说　　明	图　　例
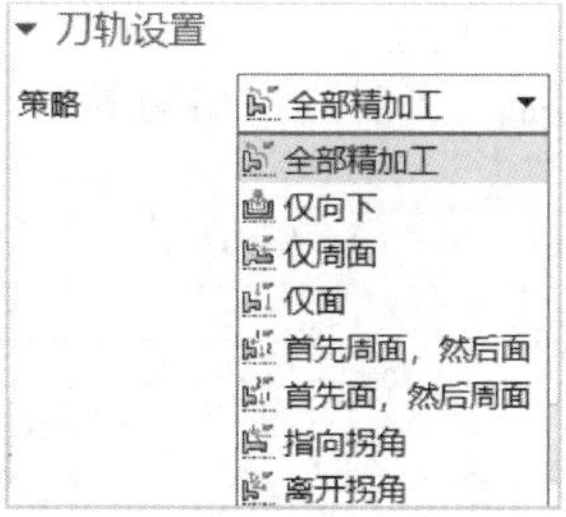	全部精加工	如果改变方向，软件将反转切削运动的顺序	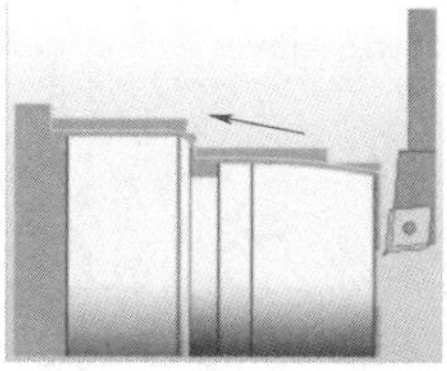
	仅向下	如果改变方向，软件不会反转运动（始终是从顶部到底部）。但软件会反转切削的序列	
	仅周面	如果改变方向，软件将反转切削运动	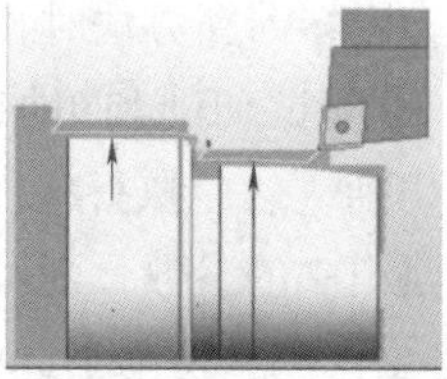
	仅面	如果改变方向，软件不会反转切削运动。运动始终是从顶部到底部。如果改变方向，停止位置不会改变	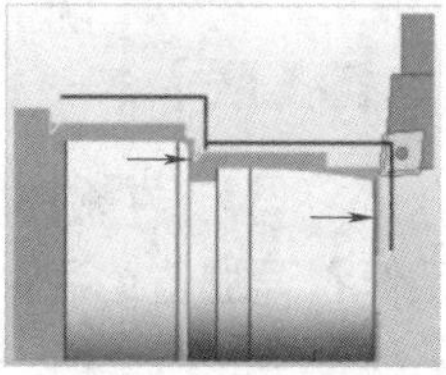

参　　数	说　　明	图　　例
首先周面，然后面	如果改变方向，则软件将反转周面运动，而不反转面运动	
首先面，然后周面	如果改变方向，则软件将反转周面运动，而不反转面运动	
指向拐角	仅切削那些位于已检测到的凹角邻近的面或周面。它既不切削任何边倒角，也不切削超出这些面的圆凸角	
离开拐角	仅切削那些位于已检测到的凹角邻近的面或周面。它既不切削任何边倒角，也不切削超出这些面的圆凸角	

二、【测试切削】节点的参数设置

【测试切削】节点如图 3-1-6 所示，包括无、测试切削和精加工、仅测试切削等三个选项。

【无】选项是指没有执行测试切削。仅当指定多刀路方法时，才执行精加工刀路。

【测试切削和精加工】选项是指执行测试切削，然后执行精加工刀路。如果更改多刀路组中的参数，则可以执行多个测试切削。

【仅测试切削】选项是指仅执行测试切削。

图 3-1-6　精车工序测试切削节点参数

【大国工匠】

谈一谈 在数控加工领域，哈电集团的大国工匠董礼涛和裴永斌，都在哪些岗位上工作？有哪些绝活？他们有哪些共同特点？他们有哪些先进事迹？他们"干一行，爱一行，专一行，精一行"的职业精神给了我们哪些启发？

自学自测

一、单选题（只有一个正确答案，每题 10 分）

1. 标准 XZC 车削中心是在传统车床基础上增加了简单（　　）。

    A. 镗削功能　　　　　　　　　　B. 磨削功能

    C. 刨削功能　　　　　　　　　　D. 钻铣功能

2. 使用 UG 软件编程时，车外圆可以使用（　　）工序。

    A. 外径粗车　　　　　　　　　　B. 外径螺纹铣

    C. 外径开槽　　　　　　　　　　D. 内径开槽

3. 标准 XZC 车削中心（　　）加工时，刀塔转到动力刀具位置，动力头带动刀具旋转。

    A. 镗削　　　　　　　　　　　　B. 磨削

    C. 刨削　　　　　　　　　　　　D. 钻铣

二、多选题（有至少 2 个正确答案，每题 10 分）

1. 车铣复合加工机床常见的类型有（　　）。

    A. XZC 车削中心

    B. 带副主轴（背主轴）的 XZC 车削中心

    C. 带副主轴（背主轴）和带 Y 轴的 XYZC 车铣复合机床

    D. 带 B 轴的车铣复合机床

2. 带副主轴（背主轴）的 XZC 车削中心是在标准 XZC 车削中心的基础上增加了（　　）功能。

    A. 钻孔加工　　　　　　　　　　B. 攻螺纹加工

    C. 铣槽加工　　　　　　　　　　D. 铣轮廓加工

3. 使用 UG 软件编程时，孔加工可以使用（　　）工序。

    A. 孔铣　　　　　　　　　　　　B. 内径螺纹铣

    C. 钻孔　　　　　　　　　　　　D. 啄钻

三、判断题（对的划√，错的划 ×，每题 20 分）

1. 带 B 轴的车铣复合设备功能比较齐全，有上刀塔和下刀塔，都可以安装车刀和铣刀。　　　　　　　　　　　　　　　　　　　　　　　　　　　　（　　）

2. 带 B 轴的车铣复合机床在传统加工中心的 XYZ 三个平面轴的基础上，增加了 B 轴、C 轴两个轴。　　　　　　　　　　　　　　　　　　　　　　（　　）

任务实施

按照零件加工要求，制定定位件的加工工艺；编制定位件加工程序；完成定位件的仿真加工，后处理得到数控加工程序，完成定位件加工。

一、制定定位件车铣复合加工工艺

1．定位件零件分析

该零件形状（见表3-1-4）基本对称，零件外形整体是回转结构，但一侧端面有凹槽和两个轴向孔，侧面有一个径向孔，两侧还有凹槽。

2．毛坯选用

零件材料为45钢圆柱棒料，45钢属于优质碳素结构钢，一种中碳钢，硬度不高，易切削加工。直径为 ϕ60 mm 的棒，零件长度 500 mm。

3．装夹方式

定位件毛坯使用三爪液压卡盘和成形软爪进行定位装夹，以减少定位误差。

4．加工工序

零件选用 XZC 三轴联动车铣复合机床加工，加工顺序是先粗精车所有外径和端面，接着 C 轴钻孔粗精铣凹槽，最后切断（接料器伸出）。制定定位件加工工序见表3-1-4。

表 3-1-4　定位件加工工序

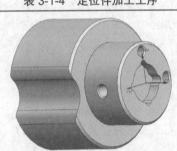

定位件示意图

序号	加工内容	刀具	主轴转速 /（r/min）	进给速度
1	车端面	OD_80_L	600	0.1 mm/r
2	粗车加工	OD_80_L	600	0.1 mm/r
3	精车加工	OD_55_L	600	0.08 mm/r
4	轴向孔的钻孔	D2.5	3 000	50 mm/min
5	径向孔的钻孔	D2.5	1 500	80 mm/min
6	端面凹槽粗加工	D3R0.5	3 000	550 mm/min
7	两侧凹槽粗加工	D3R0.5	3 000	350 mm/min
8	端面凹槽精加工	D3	3 000	250 mm/min
9	两侧凹槽精加工	D3R0.5	3 000	250 mm/min
10	切断	OD_GROOVE_L	350	0.05 mm/r

二、数控程序编制

1. 编程准备

第 1 步：启动 UGNX 软件，打开软件工作界面。依次单击【文件】→【打开】选项，打开【打开文件】对话框，选择"定位件 .prt"文件，单击【确定】按钮，打开定位件零件模型。

第 2 步：设置加工环境。选择【应用模块】选项卡，单击【加工】按钮，进入加工环境。在弹出的【加工环境】对话框中，【CAM 会话配置】选项中选择【cam_general】选项，【要创建的 CAM 设置】选项中选择【turning】，单击【确定】按钮，完成车削加工模板的加载。

第 3 步：创建车削几何体。在工具栏单击【几何视图】按钮，工序导航器显示几何视图，单击【创建几何体】图标，弹出【创建几何体】对话框，如图 3-1-7 所示，【类型】选择 turning，【几何体子类型】选择【MCS_SPINDLE】图标，【名称】输入【SP1 LATE】，单击【确定】按钮，弹出【MCS 主轴】对话框，如图 3-1-8 所示，单击【指定机床坐标系】右侧图标，弹出【坐标系】对话框，将坐标系原点和方向调整到如图 3-1-8 所示，单击【确定】按钮，返回【MCS 主轴】对话框，单击【确定】按钮。双击【WORKPIECE】，弹出【工件】对话框，【指定部件】选择定位件模型，【指定毛坯】选择【包容圆柱体】，其他采用默认参数，单击【确定】按钮，完成车削几何体的创建。

图 3-1-7　创建车削几何体对话框

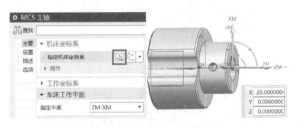

图 3-1-8　车削加工坐标系设定

第 4 步：创建铣削几何体。单击【创建几何体】图标，弹出【创建几何体】对话框，如图 3-1-9 所示，【类型】选择【mill_contour】，【几何体子类型】选择【MCS】图标，【名称】输入【SP1 MILL】，单击【确定】按钮，弹出【MCS】对话框，如图 3-1-10 所示，单击【指定机床坐标系】右侧图标，弹出【坐标系】对话框，将坐标系原点和方向调整到如图 3-1-10 所示，单击【确定】按钮，返回【MCS】对话框，单击【确定】按钮。双击【WORKPIECE】，弹出【工件】对话框，【指定部件】选择定位件模型，【指定毛坯】选择【包容圆柱体】，其他采用默认参数，单击【确定】按钮，完成铣削几何体设置。

第 5 步：创建刀具。在工具栏单击【机床视图】，工序导航器显示机床视图。单击【创建刀具】图标，弹出【创建刀具】对话框，如图 3-1-11 所示。【类型】选择【turning】，刀具子类型选择第一个【OD_80_L】图标，刀具名称修改为【OD_80_L】，单击【确定】按钮，弹出【车刀 - 标准】对话框，设置刀具参数，【ISO 刀片形状】选择【C（菱形 80）】，【插入位置度】选择【顶侧】，【刀尖半径】输入 0.4，【方向角度】输入 5，【刀具号】输入 1，其他参数默认，如图 3-1-11 所示，单击【确定】按钮，完成外圆车刀的创建。

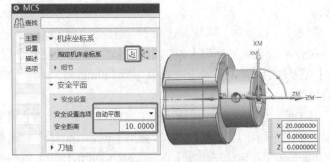

图 3-1-9　创建铣削几何体对话框　　　　图 3-1-10　铣削加工坐标系设定

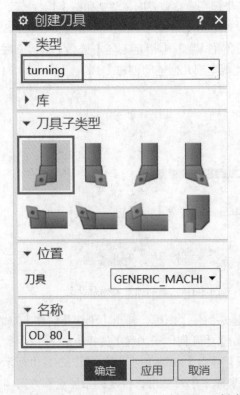

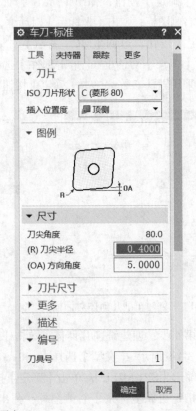

图 3-1-11　创建外圆车刀

同理【创建刀具】对话框，【类型】选择【turning】，刀具子类型选择第一个【OD_55_L】图标，刀具名称修改为【OD_55_L】，单击【确定】按钮，弹出【车刀 - 标准】对话框，设置刀具参数，【ISO 刀片形状】选择【D（菱形 55）】，【插入位置度】选择【顶侧】，【刀尖半径】输入 0.4，【方向角度】输入 17.5，【刀具号】输入 2，其他参数默认，如图 3-1-12 所示，单击【确定】按钮，完成成型车刀的创建。

图 3-1-12　创建成型车刀

同理【创建刀具】对话框，【类型】选择【hole_making】，刀具子类型选择第一个【SPOT DRILL】图标，刀具名称修改为【D2.5】，单击【确定】按钮，弹出【钻刀】对话框，设置刀具参数，【直径】输入 2.5，【刀尖角度】输入 90，【刀尖长度】输入 1.25，【长度】输入 50，【刀刃长度】输入 35，【刀具号】输入 3，【补偿寄存器】输入 3，其他参数默认，如图 3-1-13 所示，单击【确定】按钮，完成钻刀的创建。

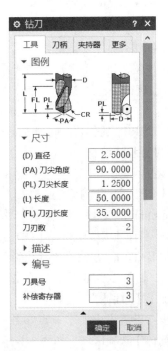

图 3-1-13　创建钻刀

同理【创建刀具】对话框，【类型】选择【turning】，刀具子类型选择第一个【OD_GROOVE_L】图标，刀具名称为【OD_GROOVE_L】，单击【确定】按钮，弹出【槽刀-标准】对话框，设置刀具参数，【刀片形状】选择【标准】，【插入位置度】选择【顶侧】，【方向角度】输入【90】【刀片长度】输入12，【刀片宽度】输入3，【半径】输入0.2，【侧角】输入2，【尖角】输入0，【刀具号】输入4，其他参数默认，如图3-1-14所示，单击【确定】按钮，完成槽刀的创建。

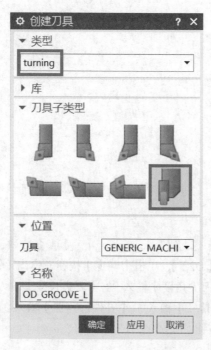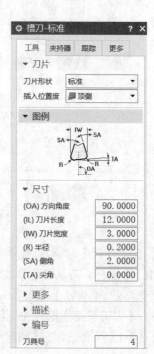

图 3-1-14　创建槽刀

同理【创建刀具】对话框，刀具子类型选择【MILL】，刀具名称修改【D3R0.5】，单击【应用】按钮，弹出【铣刀-5参数】对话框，设置刀具参数，【直径】输入3，【下半径】输入0.5，【刀具号】输入5，其他参数默认，单击【确定】按钮，完成立铣刀D3R0.5的创建。同理创建D3的立铣刀。

2. 车端面程序编制

第1步：创建面加工工序。单击【创建工序】图标，弹出【创建工序】对话框，如图3-1-15所示，类型选择【turning】，工序子类型选择【FACING】，程序选择【车端面】，刀具选择【OD_80_L】，几何体选择【SP1_LATE】，方法选择【SP1车削】，名称为【FACING】，如图3-1-15所示，单击【确定】按钮，弹出【面加工】对话框。

第2步：设置【主要】节点参数。单击【主要】节点【几何体】选项区域，如图3-1-16所示，轴向修剪平面1【限制选项】选择【距离】，【轴向ZM/XM】

图 3-1-15　创建面加工工序

输入 0。【刀轨设置】选项区域如图 3-1-17 所示,【策略】选择【单向线性切削】,【方向】选择【前进】,【水平角度】选择【指定】,【与 XC 的夹角】输入 270,【切削深度】选择【恒定】,【深度】输入 0.5,其他采用默认参数,【主要】节点参数设置完成。

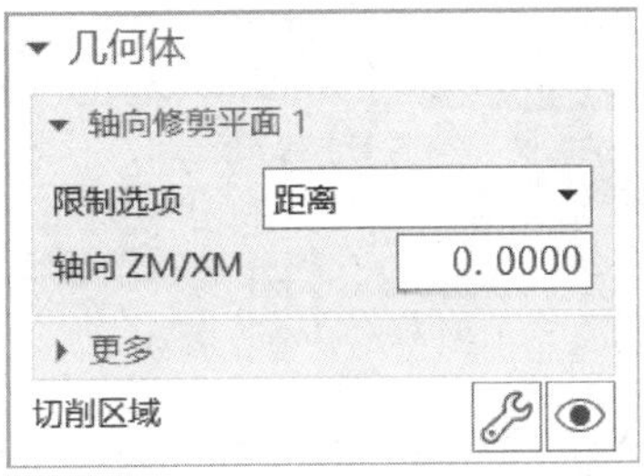

图 3-1-16   几何体选项区域    图 3-1-17   刀轨设置选项区域

第 3 步:设置【进给率和速度】节点参数。单击【进给率和速度】节点,【主轴速度】选项区域【输出模式】选择【RPM】,【主轴速度】输入 600,【进给率】选项区域【切削】输入 0.1,其他采用默认参数,【进给率和速度】节点参数设置完成。

第 4 步:设置【非切削移动】节点参数。单击【非切削移动】节点,【进刀】节点和【退刀】节点参数如图 3-1-18 和图 3-1-19 所示设置完成。

图 3-1-18   进刀节点参数 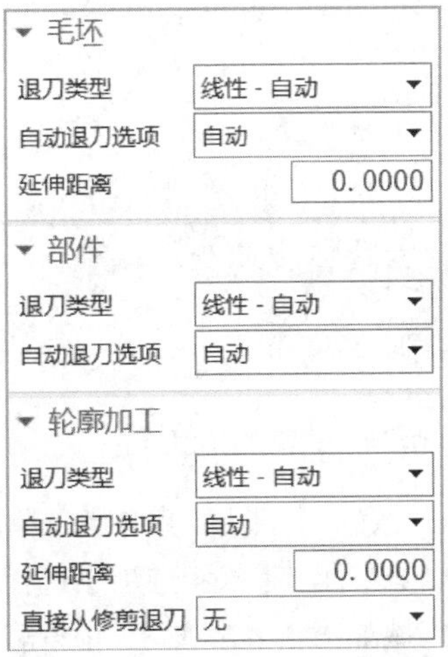   图 3-1-19   退刀节点参数

单击【非切削移动】节点,【逼近】节点【出发点】选项区域如图 3-1-20 所示,【点选项】选择【指定】,指定点选择点(30,40,0);【离开】节点参数如图 3-1-21 所示,【运动到回零点】选项区域【运动类型】选择【直接】,【点选项】选择【与起点相同】,【非切削移动】节点参数设置完成。

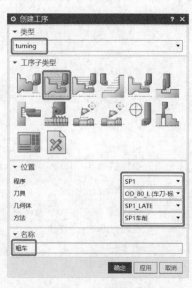

图 3-1-20　逼近节点参数　　　　　图 3-1-21　离开节点参数

第 5 步：生成车端面刀轨。单击【面加工】对话框中【生成】图标，在绘图区查看生成的刀具路径，单击【确定】按钮，完成车端面工序，如图 3-1-22 所示。

3. 粗车加工程序编制

视频

粗车加工程序编制

第 1 步：创建粗车工序。单击【创建工序】图标，弹出【创建工序】对话框，如图 3-1-23 所示，类型选择【turning】，工序子类型选择【粗车】，程序选择【SP1】，刀具选择【OD_80_L】，几何体选择【SP1_LATE】，方法选择【SP1 车削】，名称为【粗车】，单击【确定】按钮，弹出【粗车】对话框。

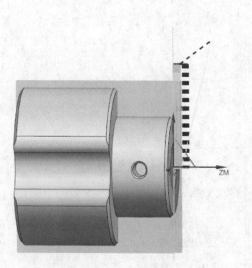

图 3-1-22　车端面刀轨　　　　　图 3-1-23　创建粗车工序

第 2 步：设置【主要】节点参数。单击【主要】节点【几何体】选项区域，如图 3-1-24 所示，径向修剪平面 1【限制选项】选择【点】，【指定点】选择点（20，16.5，0）。【刀轨设置】选项区域如图 3-1-25 所示，【策略】选择【单向线性切削】，【方向】选择【前进】，【水平角度】选择【指定】，【与 XC 的夹角】输入 180，【切削深度】选择【恒定】，【深度】输入 1.5，其他采用默认参数，【主要】节点参数设置完成。

第 3 步：设置【进给率和速度】节点参数。单击【进给率和速度】节点【主轴速度】选项区域，【输出模式】选择【RPM】，【主轴速度】输入 600，【进给率】选项区域【切削】输入 0.1，其他采用默认参数，【进给率和速度】节点参数设置完成。

图 3-1-24 几何体选项区域   图 3-1-25 刀轨设置选项区域

第 4 步：设置【非切削移动】节点参数。单击【非切削移动】节点，【进刀】节点和【退刀】节点参数与面加工工序参数一样。【逼近】节点【出发点】选项区域【点选项】选择【指定】，指定点选择点（35，50，0);【离开】节点参数【运动到回零点】选项区域【运动类型】选择【直接】，【点选项】选择【与起点相同】,【非切削移动】节点参数设置完成。

第 5 步：设置【余量、公差和安全距离】节点参数。单击【余量、公差和安全距离】节点【粗加工余量】选项区域,【恒定】输入 0.5,【面】输入 0,【法向】输入 0;【工件安全距离】选项区域【径向安全距离】输入 1,【轴向安全距离】输入 1。

第 6 步：生成车端面刀轨。单击【粗车】对话框【生成】图标，在绘图区查看生成的刀具路径，单击【确定】按钮，完成粗车工序，如图 3-1-26 所示。

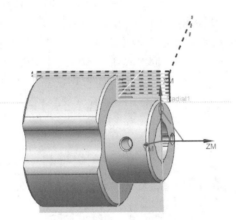

图 3-1-26 粗车刀轨

4. 精车加工程序编制

第 1 步：创建精车工序。单击【创建工序】图标，弹出【创建工序】对话框，类型选择【turning】，工序子类型选择【精车】，程序选择【SP1】，刀具选择【OD_55_L】，几何体选择【SP1_LATE】，方法选择【SP1 车削】，名称为【精车】，单击【确定】按钮，弹出【精车】对话框。

第 2 步：设置【主要】节点参数。单击【主要】节点【刀轨设置】选项区域,【策略】选择【全部精加工】,【方向】选择【前进】,【水平角度】选择【指定】,【与 XC 的夹角】输入 180，其他采用默认参数,【主要】节点参数设置完成。

第 3 步：设置【进给率和速度】节点参数。单击【进给率和速度】节点【主轴速度】选项区域,【输出模式】选择【RPM】,【主轴速度】输入 600,【进给率】选项区域【切

削】输入 0.08，其他采用默认参数，【进给率和速度】节点参数设置完成。

第 4 步：设置【拐角】节点参数。单击【拐角】节点【拐角处的刀轨形状】选项区域，如图 3-1-27 所示，【常规拐角】选择【圆形】，【半径】输入 0.25，【浅角】选择【圆形】，【半径】输入 0.25，【最小浅角】输入 120，【凹角】选择【延伸】，【拐角】节点参数设置完成。

第 5 步：设置【轮廓类型】节点参数。单击【轮廓类型】节点【面和直接范围】选项区域，如图 3-1-28 所示，【最小面角角度】输入 80，【最大面角角度】输入 90，【最小直径角度】输入 350，【最大直径角度】输入 10，【轮廓类型】节点参数设置完成。

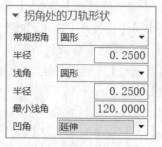

图 3-1-27　拐角节点参数　　　　图 3-1-28　轮廓类型参数

第 6 步：设置【非切削移动】节点参数。单击【非切削移动】节点，【进刀】节点和【退刀】节点参数一样，【轮廓加工】选项区域【进刀类型】选择【线性 - 自动】，【自动进刀选项】选择【自动】，【延伸距离】输入 0，【直接进刀到修剪】选择【无】，如图 3-1-29 所示。【逼近】节点【出发点】选项区域【点选项】选择【指定】，指定点选择点（100，70，0）；【离开】节点参数【运动到回零点】选项区域【运动类型】选择【直接】，【点选项】选择【与起点相同】。【更多】节点【首选直接运动】选项区域，如图 3-1-30 所示，勾选【到进刀起始处】【区域之间】【在上一次退刀之后】等三个选项，【非切削移动】节点参数设置完成。

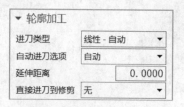 

图 3-1-29　进刀节点参数　　　　图 3-1-30　更多节点参数

第 7 步：生成车端面刀轨。单击【精车】对话框【生成】图标，在绘图区查看生成的刀具路径，单击【确定】按钮，完成精车工序，如图 3-1-31 所示。

5. 钻孔加工程序编制

第 1 步：创建钻孔工序。单击【创建工序】图标，弹出【创建工序】对话框，如图 3-1-32 所示，类型选择【hole_making】，工序子类型选择【定心钻】，程序选择【SP1】，刀具选择【D2.5（钻刀）】，几何体选择【SP1_MILL】，方法选择【SP1 轴向钻】，名称为【钻孔】，单击【确定】按钮，弹出【定心钻】对话框。

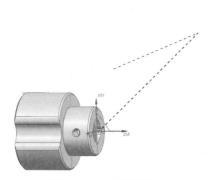

图 3-1-31　精车刀轨

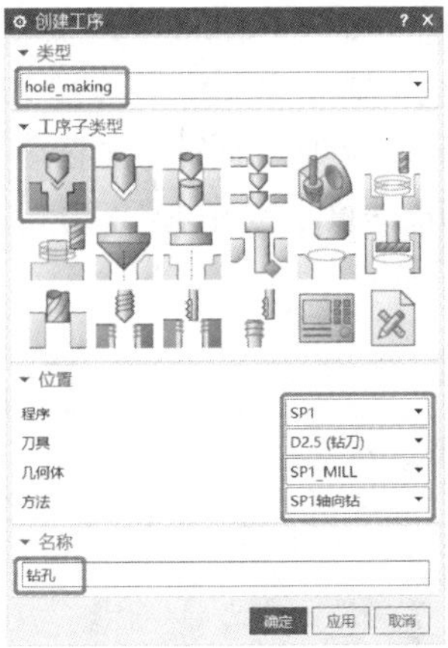

图 3-1-32　创建定心钻工序

第 2 步：设置【主要】节点参数。单击【主要】节点【主要】选项区域，如图 3-1-33 所示，单击【指定特征几何体】右侧图标，弹出【特征几何体】对话框，【中心孔】选项区域【选择对象】选择定位件的两个端面的孔，单击【确定】按钮返回【定心钻】对话框。

第 3 步：设置【进给率和速度】节点参数。单击【进给率和速度】节点【主轴速度】选项区域，【主轴速度】输入 3 000，【进给率】选项区域【切削】输入 50，其他采用默认参数，【进给率和速度】节点参数设置完成。

第 4 步：生成钻孔刀轨。单击【定心钻】对话框中【生成】图标，在绘图区查看生成的刀具路径，单击【确定】按钮，完成钻孔工序，如图 3-1-34 所示。

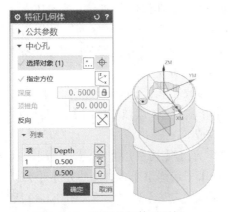

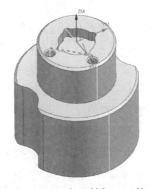

图 3-1-33　特征几何体对话框

图 3-1-34　定心钻加工刀轨

以上是轴向孔的钻孔工序，同理径向孔的钻孔工序操作步骤相似，不同的三处是在【创建工序】时，方法选择【SP1 径向钻】；【主要】节点【指定特征几何体】选择【径向孔】；【进给率和速度】节点【主轴速度】选项区域【主轴速度】输入 1 500，【进给率】选项区域【切削】输入 80。

6. 端面凹槽粗加工程序编制

第 1 步：创建深度轮廓铣工序。单击【创建工序】图标，弹出【创建工序】对话框，如图 3-1-35 所示，类型选择【mill_contour】，工序子类型选择【深度轮廓铣】，程序选择【SP1】，刀具选择【D3R0.5（铣刀 -5 参数）】，几何体选择【SP1_MILL】，方法选择

【METHOD】，名称为【端面凹槽粗加工】，单击【确定】按钮，弹出【深度轮廓铣】对话框。

第2步：设置【主要】节点参数。单击【主要】节点【刀轨设置】选项区域，如图 3-1-36 所示，【陡峭空间范围】选择【无】，【合并距离】输入 3，【最小切削长度】输入 1，【公共每刀切削深度】选择【恒定】，【最大距离】输入 1，其他采用默认参数，【主要】节点参数设置完成。

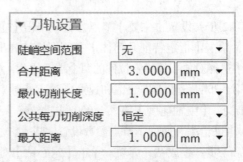

图 3-1-35　创建深度轮廓铣工序　　　　图 3-1-36　刀轨设置选项区域参数

第3步：设置【几何体】节点参数。单击【几何体】节点【几何体】选项区域，如图 3-1-37 所示，【指定部件】选择定位件模型，不勾选【使底面余量与侧面余量一致】，【部件侧面余量】输入 0.5，【部件底面余量】输入 0，【指定切削区域】选择端面凹槽的侧壁，其他采用默认参数，【几何体】节点参数设置完成。

第4步：设置【进给率和速度】节点参数。单击【进给率和速度】节点【主轴速度】选项区域，【主轴速度】输入 3 000，【进给率】选项区域【切削】输入 550，其他采用默认参数，【进给率和速度】节点参数设置完成。

第5步：设置【切削层】节点参数。单击【切削层】节点【范围】选项区域，如图 3-1-38 所示，【范围类型】选择【自动】，【切削层】选择【恒定】，【公共每刀切削深度】选择【恒定】，【最大距离】输入 1。【范围定义】选项区域如图 3-1-39 所示，【范围深度】输入 5，【测量开始位置】选择【顶层】，【每刀切削深度】输入 1，其他采用默认参数，【切削层】节点参数设置完成。

图 3-1-37　几何体选项区域参数　图 3-1-38　范围选项区域参数　图 3-1-39　范围定义选项区域参数

第6步：设置【策略】节点参数。单击【策略】节点【切削方向和顺序】选项区域，【切削方向】选择【顺铣】，【切削顺序】选择【深度优先】，其他采用默认参数，【策略】节点参数设置完成。

第7步：设置【非切削移动】节点参数。单击【进刀】节点【封闭区域】选项区域，如图 3-1-40 所示，【进刀类型】选择【螺旋】，【直径】输入 90，【斜坡角】输入 15，【高度】输入 3，【高度起点】选择【前一层】，【最小安全距离】输入 0，【最小斜坡长度】输入 70，【如果进刀不适合】选择【插销】。【开放区域】选项区域如图 3-1-41 所示，【进刀类型】选择【圆弧】，【半径】输入 30，【弧角】输入 90，【高度】输入 1，【最小安全距离】选择【修剪和延伸】，【最小安全距离】输入 50，不勾选【在圆弧中心处开始】，其他采用默认参数，【非切削移动】节点参数设置完成。

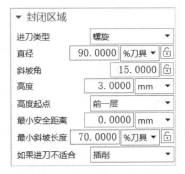

图 3-1-40　封闭区域选项区域参数　　图 3-1-41　开放区域选项区域参数

第8步：生成端面凹槽粗加工刀轨。单击【深度轮廓铣】对话框【生成】图标，在绘图区查看生成的刀具路径，单击【确定】按钮，完成端面凹槽粗加工工序，如图 3-1-42 所示。

7. 两侧凹槽粗加工程序编制

第1步：复制端面凹槽粗加工工序。在工具栏单击【程序顺序视图】图标，工序导航器显示程序顺序视图。右击端面凹槽粗加工工序，依次选择【复制】【粘贴】选项，则生成 "端面凹槽粗加工 -COPY" 工序。右击该工序，选择【重命名】选项，重命名为 "两侧凹槽粗加工 1"。

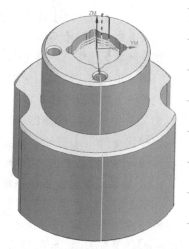

图 3-1-42　端面凹槽粗加工刀轨

第2步：修改【主要】节点参数。单击【主要】节点【刀轨设置】选项区域，【最大距离】输入 2，其他参数不变，【主要】节点参数修改完成。

第3步：修改【几何体】节点参数。单击【几何体】节点【几何体】选项区域，【部件侧面余量】输入 0.75，【指定切削区域】选择一侧凹槽，如图 3-1-43 所示，其他参数不变，【几何体】节点参数修改完成。

第4步：修改【进给率和速度】节点参数。单击【进给率和速度】节点【进给率】选项区域，【切削】输入 350，其他采用默认参数，【进给率和速度】节点参数修改完成。

第5步：修改【切削层】节点参数。单击【切削层】节点【范围】选项区域，【最大距离】输入 2。【范围定义】选项区域【范围深度】输入 35，【每刀切削深度】输入 2，其他参数不变,【切削层】节点参数修改完成。

第6步:生成两侧凹槽粗加工1刀轨。单击【深度轮廓铣】对话框【生成】图标,在绘图区查看生成的刀具路径,单击【确定】按钮,完成两侧凹槽粗加工1工序,如图3-1-44所示。

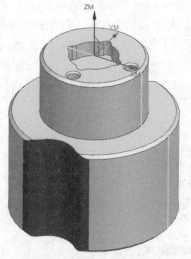

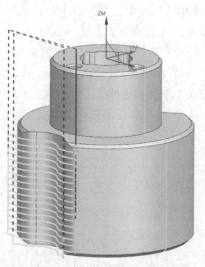

图 3-1-43　指定切削区域参数　　　　图 3-1-44　两侧凹槽粗加工1刀轨

第7步:复制两侧凹槽粗加工1工序。在程序顺序视图中,右击两侧凹槽粗加工1工序,依次选择【复制】【粘贴】选项,则生成"两侧凹槽粗加工1-COPY"工序。右击该工序,选择【重命名】选项,重命名为"两侧凹槽粗加工2"。

第8步:修改【几何体】节点参数。单击【几何体】节点【几何体】选项区域,【指定切削区域】选择另一侧凹槽,其他参数不变,【几何体】节点参数修改完成。

第9步:生成两侧凹槽粗加工2刀轨。单击【深度轮廓铣】对话框中【生成】图标,在绘图区查看生成的刀具路径,与两侧凹槽粗加工1的刀具路径相同,单击【确定】按钮,完成两侧凹槽粗加工2工序。两侧的刀轨如图3-1-45所示。

8. 端面凹槽精加工程序编制

第1步:创建平面铣工序。单击【创建工序】图标,弹出【创建工序】对话框,类型选择【mill_planar】,工序子类型选择【平面铣】,程序选择【SP1】,刀具选择【D8】,几何体选择【SP1_MILL】,方法选择【METHOD】,名称为【端面凹槽精加工】,单击【确定】按钮,弹出【平面铣】对话框。

第2步:设置【主要】节点参数。单击【主要】节点【主要】选项区域,如图3-1-46所示,【指定部件边界】选择端面凹槽的上表面边界,【部件余量】输入0,【指定底面】选择端面凹槽的底面,【切削模式】选择【轮廓】,【步距】选择【% 刀具平直】,【平面直径百分比】输入60,【附加刀路】输入0,其他采用默认参数,【主要】节点参数设置完成。

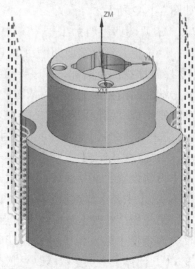

图 3-1-45　两侧凹槽粗加工刀轨

第 3 步：设置【进给率和速度】节点参数。单击【进给率和速度】节点【主轴速度】选项区域，【主轴速度】输入 3 000，【进给率】选项区域【切削】输入 250，其他采用默认参数，【进给率和速度】节点参数设置完成。

第 4 步：设置【策略】节点参数。单击【策略】节点，如图 3-1-47 所示，【切削方向】选择【顺铣】，【开放刀路】选择【保存切削方向】，【切削顺序】选择【层优先】，【凸角】选择【绕对象滚动】，其他采用默认参数，【策略】节点参数设置完成。

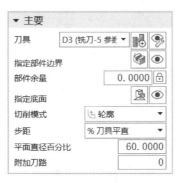

图 3-1-46　主要选项区域参数　　　　　图 3-1-47　策略节点参数

第 5 步：设置【非切削移动】节点参数。单击【进刀】节点【开放区域】选项区域，如图 3-1-48 所示，【进刀类型】选择【圆弧】，【半径】输入 2，【弧角】输入 90，【高度】输入 0.5，【最小安全距离】选择【无】，不勾选【忽略修剪侧的毛坯】和【在圆弧中心处开始】，【初始开放区域】选项区域【进刀类型】选择【与开放区域相同】，【封闭区域】选项区域【进刀类型】选择【与开放区域相同】，【初始封闭区域】选项区域【进刀类型】选择【与封闭区域相同】。其他采用默认参数，【非切削移动】节点参数设置完成。

第 6 步：生成端面凹槽精加工刀轨。单击【平面铣】对话框【生成】图标，在绘图区查看生成的刀具路径，单击【确定】按钮，完成端面凹槽精加工工序，如图 3-1-49 所示。

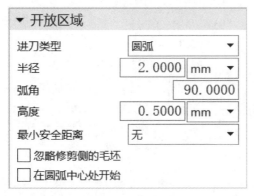

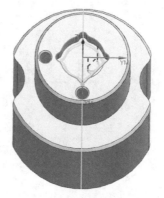

图 3-1-48　开放区域选项区域参数　　　　图 3-1-49　端面凹槽精加工刀轨

9. 两侧凹槽精加工程序编制

第 1 步：复制两侧凹槽粗加工 1 工序。在程序顺序视图中，右击两侧凹槽粗加工 1 工序，依次选择【复制】【粘贴】选项，则生成"两侧凹槽粗加工 1-COPY"工序。右击该工序，选择【重命名】选项，重命名为"两侧凹槽精加工 1"。

第 2 步：修改【主要】节点参数。单击【主要】节点，【刀轨设置】选项区域，【最大距离】输入 1，其他参数不变，【主要】节点参数修改完成。

第 3 步：修改【几何体】节点参数。单击【几何体】节点，【几何体】选项区域【部件侧面余量】输入 0，其他参数不变，【几何体】节点参数修改完成。

第 4 步：设置【进给率和速度】节点参数。单击【进给率和速度】节点，【主轴速度】选项区域【主轴速度】输入 3 000，【进给率】选项区域【切削】输入 250，其他采用默认参数，【进给率和速度】节点参数设置完成。

第 5 步：生成两侧凹槽粗加工 1 刀轨。单击【深度轮廓铣】对话框【生成】图标，在绘图区查看生成的刀具路径，完成两侧凹槽精加工 1 工序。

第 6 步：复制两侧凹槽粗加工 2 工序。在程序顺序视图中，右击两侧凹槽粗加工 2 工序，依次选择【复制】【粘贴】选项，则生成"两侧凹槽粗加工 2-COPY"工序。右击该工序，选择【重命名】选项，重命名为"两侧凹槽精加工 2"。重复第 2~4 步操作，单击【深度轮廓铣】对话框【生成】图标，在绘图区查看生成的刀具路径，完成两侧凹槽精加工 2 工序。

10. 切断加工程序编制

第 1 步：创建切断工序。单击【创建工序】图标，弹出【创建工序】对话框，如图 3-1-50 所示，类型选择【turning】，工序子类型选择【部件分离】，程序选择【SP1】，刀具选择【OD_GROOVE_L】，几何体选择【SP1_LATE】，方法选择【SP1 车削】，名称为【切断】，单击【确定】按钮，弹出【部件分离】对话框。

第 2 步：设置【主要】节点参数。单击【主要】节点【刀轨设置】选项区域，如图 3-1-51 所示，【部件分离位置】选择【自动】，【方向】选择【前进】，【步进角度】选择【指定】，【与 XC 的夹角】输入 0，【深度】选择【分割】，【延伸距离】输入 0，其他采用默认参数，【主要】节点参数设置完成。

图 3-1-50　创建切断工序

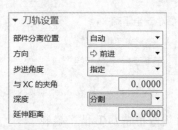

图 3-1-51　刀轨设置选项区域参数

第 3 步：设置【进给率和速度】节点参数。单击【进给率和速度】节点，【主轴速度】选项区域【输出模式】选择【RPM】，【主轴速度】输入 350，【进给率】选项区域【切削】输入 0.05，其他采用默认参数，【进给率和速度】节点参数设置完成。

第 4 步：设置【非切削移动】节点参数。单击【非切削移动】节点，【进刀】节点和【退刀】节点参数一样，【进刀类型】选择【线性 - 自动】，【自动进刀选项】选择【自动】，【安全距离】输入 2，【延伸距离】输入 0，【直接进刀到修剪】选择【无】。【逼近】节点【出发点】选项区域如图 3-1-52 所示，【点选项】选择【指定】，指定点选择点（100，60，0），【运动到进刀起点】选项区域【运动类型】选择【自动】。【离开】节点参数如图 3-1-53 所示，【运动到回零点】选项区域【运动类型】选择【直接】，【点选项】选择【与起点相同】，【非切削移动】节点参数设置完成。

图 3-1-52　进刀节点参数

图 3-1-53　更多节点参数

第 5 步：生成切断刀轨。单击【部件分离】对话框【生成】图标，在绘图区查看生成的刀具路径，单击【确定】按钮，完成切断工序，如图 3-1-54 所示。

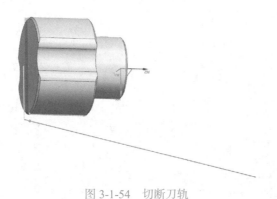

图 3-1-54　切断刀轨

学习笔记

● 文 本

定位件的车
铣复合加工
工单

● 源文件

螺旋槽轴

定位件的车铣复合加工工单

定位件的车铣复合加工工单可扫描二维码查看。

课后作业

编程题

如图 3-1-55 所示的螺旋槽轴结构，进行多轴数控加工分析，制定加工工艺文件，使用 UG 软件进行数控编程，生成合理的刀路轨迹，后处理成数控程序。

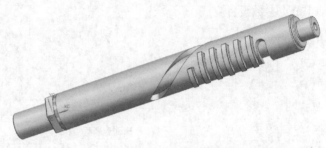

图 3-1-55　螺旋槽轴结构

任务 2　回转轴的车铣复合加工

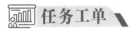学习笔记

任务工单

学习情境 3	车铣复合加工	任务 2	回转轴的车铣复合加工
任务学时		课内 4 学时（课外 2 学时）	
布置任务			
工作目标	（1）根据零件结构特点，合理选择车铣复合加工机床； （2）根据零件的加工要求，制定回转轴的加工工艺文件； （3）使用 UG 软件，完成回转轴的车铣复合加工编程，生成合理的刀路； （4）使用 UG 软件，完成仿真加工，检验刀路是否正确合理		
任务描述	飞行器的回转轴结构相对复杂，主要位置精度要求高。某飞机制造公司工艺部接到回转轴的生产任务，根据设计员设计的回转轴三维造型；工艺员查询机械加工工艺手册关于复杂轴类零件的加工工艺信息，合理规划回转轴的加工工艺路线，制定加工工艺方案；编程员编制加工工艺文件，使用 UG 软件车削加工模板和铣削加工模板创建车铣复合加工操作，设置必要的加工参数、生成刀具路径、检验刀具路径是否正确合理，并对操作过程中存在的问题进行研讨和交流，通过相应的后处理生成数控加工程序，并仿真加工		

学时安排	资讯	计划	决策	实施	检查	评价
	1 学时	0.5 学时	0.5 学时	1 学时	0.5 学时	0.5 学时

任务准备	（1）回转轴零件图纸； （2）电子教案、课程标准、多媒体课件、教学演示视频及其他共享数字资源； （3）回转轴模型； （4）游标卡尺等工具和量具
对学生学习及成果的要求	（1）学生具备回转轴零件图的识读能力； （2）严格遵守实训基地各项管理规章制度； （3）对比回转轴零件三维模型与零件图，分析结构是否正确，尺寸是否准确； （4）每名同学均能按照学习导图自主学习，并完成课前自学的问题训练和自学自测； （5）严格遵守课堂纪律，学习态度认真、端正，能够正确评价自己和同学在本任务中的素质表现； （6）每位同学必须积极参与小组工作，承担加工工艺制定、数控编程、程序校验等工作，做到能够积极主动不推诿，能够与小组成员合作完成任务； （7）每位同学均需独立或在小组同学的帮助下完成任务工单、加工工艺文件、数控编程文件、仿真加工视频等，并提请检查、签认，对提出的建议或有错误务必及时修改； （8）每组必须完成任务工单，并提请教师进行小组评价，小组成员分享小组评价分数或等级； （9）每名同学均完成任务反思，以小组为单位提交

学习笔记

学习导图

任务2　回转轴的车铣复合加工

知识点

外径开槽
- 问题1: 外径开槽工序常用于车削哪些结构?
- 问题2: 外径开槽工序常用的重要参数有哪些?

在面上开槽
- 问题1: 在面上开槽工序常用于车削哪些结构?
- 问题2: 在面上开槽工序与外径开槽工序的不同点有哪些?

面加工
- 问题1: 面加工常用于车削哪些结构?
- 问题2: 面加工的重要参数有哪些?

技能点

比较外径开槽、在面上开槽工序的不同点

使用外径开槽、在面上开槽工序创建切槽刀轨

查询机械加工工艺手册制定回转轴的车铣复合加工工艺方案

使用UG软件对外径粗车、外径精车、外径开槽、在面上开槽、平面铣等工序进行回转轴的车铣复合加工编程

仿真加工回转轴的车铣复合加工过程、检查刀路是否合理

素质思政融入点

通过讲述"中国航天史上的第一"活动,引导学生体会"技术强国"的民族自豪感

通过小组讨论回转轴的加工工艺方案,树立学生良好的成本意识、质量意识、创新意识

通过回转轴数控编程实际操作练习,养成精益求精的工匠精神、热爱劳动的劳动精神

思政案例: 航空工业
大国工匠0.01 mm的较量

课前自学

知识点 1　外径开槽

外径开槽（也称"槽刀"）工序是使用各种插削策略切削部件外径或内径上的槽，常用于粗加工和精加工槽。依次单击【插入】→【工序】选项，弹出【创建工序】对话框，如图 3-2-1 所示，【类型】选择【turning】选项，【工序子类型】选择槽刀，设置工序的位置和名称后，单击【确定】按钮进入【槽刀】对话框。在【槽刀】对话框中重要的节点有【主要】【策略】【拐角】【轮廓类型】【轮廓加工】【切削控制】【非切削移动】等。

图 3-2-1　创建槽刀工序

一、【主要】节点的参数设置

槽刀工序的【主要】节点如图 3-2-2 所示，参数设置与粗车相应参数含义基本相同，只有【刀轨设置】选项区域的【策略】选项常选用【交替插削】，用于粗加工切削窄槽。

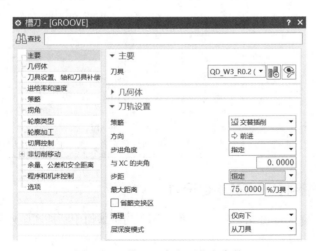

图 3-2-2　槽刀工序主要节点参数

二、【策略】节点的参数设置

【策略】节点中【切削】选项区域的具体参数含义见表 3-2-1。

表 3-2-1 【切削】选项区域参数的含义

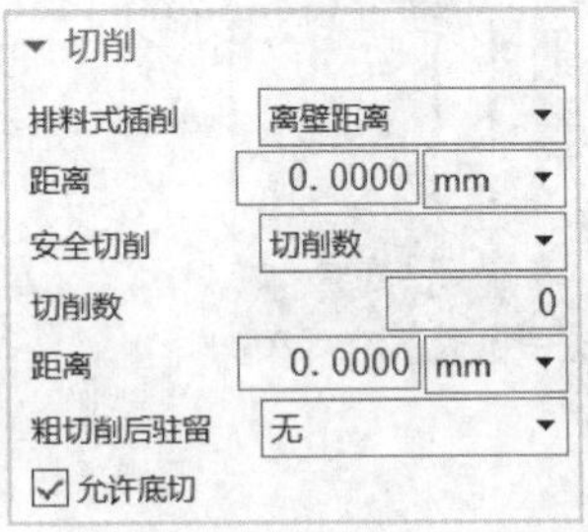

参　数	说　明	图　例
排料式插削	无：不添加排料式插削	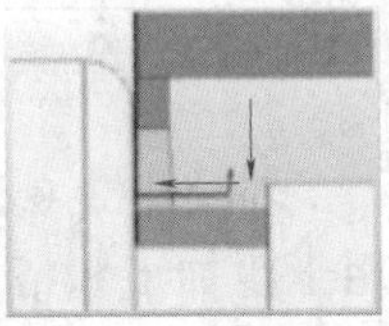
	离壁距离：每一层的切削均从附加插削开始，以去除边界附近的材料，并提供空间以防止在执行侧向切削时刀具的尾角过切部件。排料式插削放置于远离壁（最近的接触点）的指定距离处	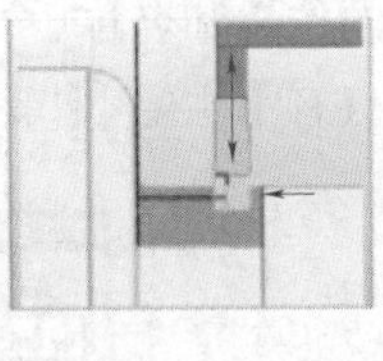
距离	输入离壁距离值	
安全切削	无：不应用安全切削	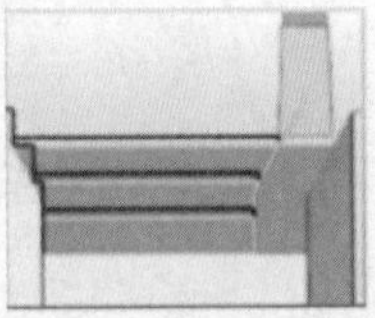
	切削数：指定希望工序生成的安全切削数	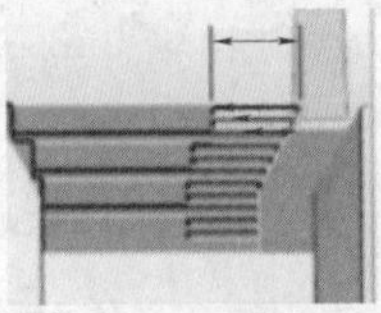
	切削深度：指定安全切削的深度	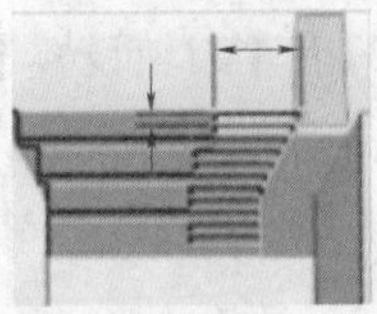
切削数	输入安全切削数	
距离	输入安全切削的长度值	
粗切削后驻留	无：未添加驻留 时间：在插削运动的每个增量深度处输出一个驻留命令	

▼ 切削
排料式插削　离壁距离
距离　0.0000　mm
安全切削　切削数
切削数　0
距离　0.0000　mm
粗切削后驻留　无
☑ 允许底切

三、【切削控制】节点的参数设置

【切削控制】节点参数如图 3-2-3 所示，用于指定如何中断插削序列运动。

【无】不应用切屑控制。

【恒定倒角】按恒定增量距离重复退刀，以断开切屑。

【可变倒角】按可变增量列表中指定的值重复退刀，以断开切屑。

【恒定安全设置】按恒定增量距离重复地从孔中退刀，以清除切屑。

【可变安全设置】按可变增量指定的值重复地从孔中退刀，以清除切屑。

切屑控制

| 切屑控制 | 无 ▼ |

无
恒定倒角
可变倒角
恒定安全设置
可变安全设置

图 3-2-3　槽刀工序切削控制节点参数

知识点 2　在面上开槽

在面上开槽工序用于各种插削策略切削部件面上的槽。单击【插入】→【工序】选项，弹出【创建工序】对话框如图 3-2-4 所示，【类型】选择【turning】选项，【工序子类型】选择在面上开槽，设置工序的位置和名称后，单击【确定】按钮进入【在面上开槽】对话框。在【在面上开槽】对话框中重要的节点有【主要】【策略】【拐角】【轮廓类型】【轮廓加工】【切削控制】【非切削移动】等。与槽刀工序相比，参数含义基本相同。

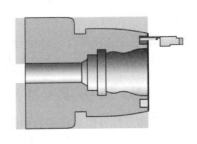

图 3-2-4　创建在面上开槽工序

知识点 3　面加工

面加工工序用于车削轴套类零件的端面。依次单击【插入】→【工序】选项，弹出【创建工序】对话框如图 3-2-5 所示，【类型】选择【turning】选项，【工序子类型】选择面加工，设置工序的位置和名称后，单击【确定】按钮进入【面加工】对话框。在【面加工】对话框中重要的节点有【主要】【策略】【拐角】【轮廓类型】【轮廓加工】【非切削移动】等。

一、【主要】节点的参数设置

【刀轨设置】选项区域的【策略】选项包括单向线性切削、线性往复切削、倾斜单向切削、倾斜往复切削、单向轮廓切削、轮廓往复切削、单向插削、往复插削、交替插削、交替插削（余留塔台）、部件分离、毛坯单向轮廓切削等 12 个选项。

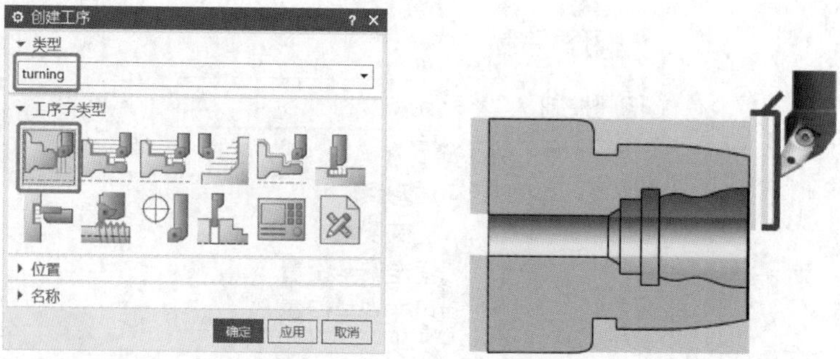

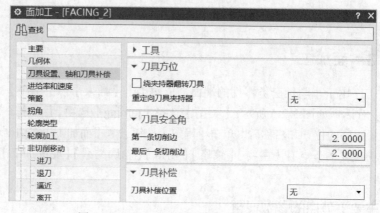

图 3-2-5　创建面加工工序

【单向线性切削】选项用于直层切削。

【线性往复切削】选项用于具有备选方向的直层切削。

【倾斜单向切削】选项用于在一个方向上进行上斜 / 下斜切削。

【倾斜往复切削】选项用于在备选方向上进行上斜 / 下斜切削。

【单向轮廓切削】选项用于轮廓平行粗加工。

【轮廓往复切削】选项用于具有交替方向的轮廓平行粗加工。

【单向插削】选项用于在一个方向上进行插削。

【往复插削】选项用于在交替方向上重复插削指定的层。

【交替插削】选项用于具有交替步距方向的插削。

【交替插削(余留塔台)】选项用于步进方向交替的插削和在剩余材料上留下"塔状物"的插削运动。

【部件分离】选项用于将部件与余量分离。

【毛坯单向轮廓切削】选项用于沿毛坯除料同时保持毛坯的轮廓。

二、【刀具设置、轴和刀具补偿】节点的参数设置

刀具设置、轴和刀具补偿节点参数如图 3-2-6 所示。

图 3-2-6　刀具设置、轴和刀具补偿节点参数

1.【工具】选项区域的参数设置

【工具】选项区域为当前工序选择已有的刀具或者创建新的刀具。

2.【刀具方位】选项区域的参数设置

【绕夹持器翻转刀具】选项用于跨刀具夹持器翻转刀具以反方向切削。

【重定向刀具夹持器】选项通过选择【无】，刀具夹持器将不更改方位。通过选择【固定】，并通过拖动操控器手柄或在"刀具夹持器角度"框中输入值，可以在车床工作平面旋转刀具夹持器。

3.【刀具安全角】选项区域的参数设置

使用刀具安全角创建对材料的斜切削运动。【第一条切削边】应用于沿 X 轴正向顺时针首次遇到的刀片边。【最后　条切削边】应用于沿 X 轴正向顺时针最后遇到的刀片边。

4.【刀具补偿】选项区域的参数设置

刀具补偿仅可用于精加工工序中的精加工刀路和粗加工工序中的轮廓加工刀路。使用不同尺寸的刀具时，采用刀具补偿可针对一个刀轨获得相同的结果。

【大国重器】

查一查 中国航天史的第一次有哪些？这些第一次，中国航天人研发了哪些世界领先技术？

想一想 你的航天梦是什么？

学习笔记　自学自测

一、单选题（只有 1 个正确答案，每题 10 分）

1. 下列（　　）可以用于车削退刀槽。

　A. 在面上开槽工序

　B. 外径开槽工序

　C. 粗车工序

　D. 螺纹车削工序

2. 退刀槽加工时，常常使用（　　）切削策略。

　A. 单向线性切削

　B. 线性往复切削

　C. 倾斜单向切削

　D. 倾斜往复切削

3. 车端面编程时，使用（　　）工序。

　A. 粗车

　B. 精车

　C. 面加工

　D. 槽刀

二、多选题（有至少 2 个正确答案，每题 10 分）

1. 在面上开槽工序的切削策略主要有（　　）。

　A. 单向线性切削

　B. 线性往复切削

　C. 倾斜单向切削

　D. 倾斜往复切削

2. 使用槽刀工序时，通过指定（　　）等位置，确定槽的形状和位置。

　A. 轴向修剪平面

　B. 径向修剪平面

　C. 修剪点

　D. 端点

三、判断题（对的划√，错的划 ×，每题 20 分）

1. 轮廓往复切削选项用于具有交替方向的轮廓平行粗加工。（　　）

2. 交替插削选项用于具有交替步距方向的插削。（　　）

3. 单向线性切削选项用于具有备选方向的直层切削。（　　）

• 视 频

回转轴的车
铣复合加工

任务实施

按照零件加工要求，制定回转轴加工工艺；编制回转轴加工程序；完成回转轴的仿真加工，后处理得到数控加工程序，完成零件仿真加工。

一、制定回转轴车铣复合加工工艺

1. 回转轴零件分析

该零件的特点是结构对称，零件整体外形成轴状，轴上有梯形槽，中间端面也有槽结构。

2. 毛坯选用

零件材料为 45 钢棒料切割而成，45 钢硬度不高，易于切削加工。尺寸为 $\phi35\times40$。零件四周单边最小余量为 2 mm，零件长度方向为了保证零件的装夹，余量为 10 mm。

3. 装夹方式

回转轴毛坯使用三爪卡盘进行定位装夹，以减少定位误差。

4. 加工工序

零件选用车铣复合机床加工，三爪卡盘夹持，遵循先粗后精、先面后孔的加工原则。制定回转轴加工工序见表 3-2-2。

表 3-2-2　回转轴加工工序

回转轴示意图

序号	加工内容	刀具	主轴转速 /（r/min）	进给速度
1	车端面加工	ID_80_L	1 500	0.1 mm/r
2	粗车加工	ID_80_L	1 500	0.1 mm/r
3	精车加工	ID_55_L	1 500	0.1 mm/r
4	车侧面槽加工	OD_GROOVE_L	1 500	0.08 mm/r
5	四周铣加工	D10	3 300	250 mm/min
6	钻孔加工	D2.5	1 000	100 mm/min

• 源文件

回转轴

二、数控程序编制

1. 编程准备

第 1 步：启动 UG NX 软件，打开软件工作界面。依次单击【文件】→【打开】选项，打开【打开文件】对话框，选择"回转轴 .prt"文件，单击【确定】按钮，打开回转轴零件模型。

第 2 步：设置加工环境。选择【应用模块】选项卡，单击【加工】选项，进入加工环境。在弹出的【加工环境】对话框中，【CAM 会话配置】选项选择【cam_general】，【要创建的 CAM 设置】选项选择【turning】，单击【确定】按钮，完成车削加工模板的加载。

第 3 步：设置机床坐标系。在工具栏单击【几何视图】按钮，工序导航器显示几何视图，双击【MCS_MAIN_SPINDLE】选项，弹出【MCS_MAIN_SPINDLE】对话框，双击【指定机床坐标系】右侧图标，如图 3-2-7 所示，指定坐标原点在端面圆心，并确认坐标轴的方向，单击【确定】按钮，完成加工坐标系的设置。

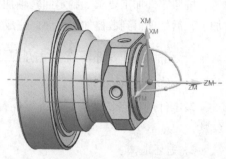

图 3-2-7　加工坐标系设定

第 4 步：设置部件和毛坯。工序导航器显示几何视图，双击【WORKPIECE_MAIN】选项，弹出【WORKPIECE_MAIN】对话框，单击【指定部件】右侧按钮，弹出【部件几何体】对话框，在绘图区选择回转轴模型，单击【确定】按钮完成部件设置。单击【指定毛坯】右侧按钮，弹出【毛坯几何体】对话框，选择图 3-2-8 所示毛坯模型，单击【确定】按钮完成毛坯设置。

第 5 步：设置车削截面。双击【TURNING_WORKPIECE_MAIN】选项，弹出【TURNING_WORKPIECE_MAIN】对话框，自动生成车加工截面和毛坯界面，【部件旋转轮廓】选择【自动】，如图 3-2-9 所示内部轮廓线。【毛坯旋转轮廓】选择【自动】，如图 3-2-9 所示外部轮廓线。

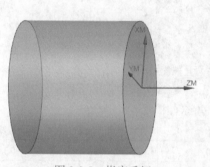

图 3-2-8　指定毛坯

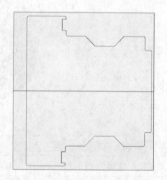

图 3-2-9　指定车削截面

第 6 步：创建铣削几何体。单击【创建几何体】图标，弹出【创建几何体】对话框，【类型】选择【mill_contour】，【几何体子类型】选择【MCS】图标，【名称】输入【MCS_MILL】，单击【确定】按钮弹出【MCS】对话框，单击【指定机床坐标系】右侧图标，弹出【坐标系】对话框，将坐标系原点和方向调整到图 3-2-10 所示，单击【确定】按钮，返回【MCS】对话框，【安全设置】选项区域【安全设置选项】选择【自动平面】，【安全距离】输入 10，单击【确定】按钮。

第 7 步：创建刀具。在工具栏单击【机床视图】按钮，工序导航器显示机床视图。单击【创建刀具】图标，

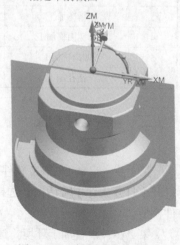

图 3-2-10　铣削几何体坐标系

弹出【创建刀具】对话框，如图 3-2-11 所示。【类型】选择【turning】，刀具子类型选择第一个【OD_80_L】图标，刀具名称修改为 OD_80_L，单击【确定】按钮，弹出【车刀 - 标准】对话框，设置刀具参数，【ISO 刀片形状】选择【C（菱形 80）】，【插入位置度】选择【顶侧】，【刀尖半径】输入 0.4，【方向角度】输入 5，【刀具号】输入 1，其他参数默认，如图 3-2-11 所示，单击【确定】按钮，完成外圆车刀的创建。

图 3-2-11　创建外圆车刀

同理【创建刀具】对话框，【类型】选择【turning】，刀具子类型选择第一个【OD_55_L】图标，刀具名称修改为 OD_55_L，单击【确定】按钮，弹出【车刀 - 标准】对话框，设置刀具参数，【ISO 刀片形状】选择【D（菱形 55）】，【插入位置度】选择【顶侧】，【刀尖半径】输入 0.4，【方向角度】输入 62.5，【刀具号】输入 2，其他参数默认，如图 3-2-12 所示，单击【确定】按钮，完成成型车刀的创建。

同理【创建刀具】对话框，【类型】选择【turning】，刀具子类型选择第一个【OD_GROOVE_L】图标，刀具名称为 OD_GROOVE_L，单击【确定】按钮，弹出【槽刀 - 标准】对话框，设置刀具参数，【刀片形状】选择【标准】，【插入位置度】选择【顶侧】，【方向角度】输入 0【刀片长度】输入 12，【刀片宽度】输入 2，【半径】输入 0.2，【侧角】输入 2，【尖角】输入 0，【刀具号】输入 3，其他参数默认，如图 3-2-13 所示，单击【确定】按钮，完成槽刀的创建。

同理【创建刀具】对话框，【类型】选择【mill_contour】，刀具子类型选择第一个【MILL】图标，刀具名称修改为 D10，单击【应用】按钮，弹出【铣刀 -5 参数】对话框，设置刀具参数，【直径】输入 10，【下半径】输入 0，【刀具号】【补偿寄存器】【刀具补偿寄存器】输入 4，其他参数默认，单击【确定】按钮，完成立铣刀 D10 的创建。

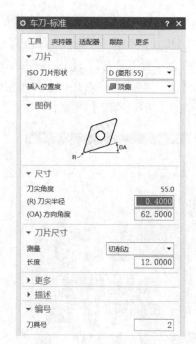

图 3-2-12　创建成型车刀

图 3-2-13　创建槽刀

　　同理【创建刀具】对话框,【类型】选择【mill_contour】, 刀具子类型选择【CHAMFER_MILL】, 刀具名称修改【CHAMFER_MILL_1】, 单击【确定】按钮, 弹出【倒斜铣刀】对话框, 设置刀具参数,【直径】输入 6,【刀具号】【补偿寄存器】【刀具补偿寄存器】输入 5, 其他参数默认, 如图 3-2-14 所示, 单击【确定】按钮, 完成倒角铣刀的创建。

　　同理【创建刀具】对话框,【类型】选择【hole_making】, 刀具子类型选择第二个【STD_DRILL】图标，刀具名称修改为 STD_DRILL，单击【确定】按钮，弹出【钻刀】对话框，设置刀具参数，【直径】输入 2.5，【刀尖角度】输入 118，【刀尖长度】输入 0.751，【长度】输入 80，【刀刃长度】输入 35，【刀具号】输入 6，【补偿寄存器】输入 6，其他参数默认，如图 3-2-15 所示，单击【确定】按钮，完成钻刀的创建。

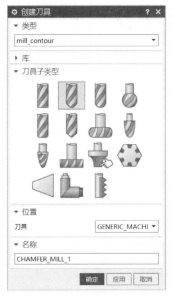 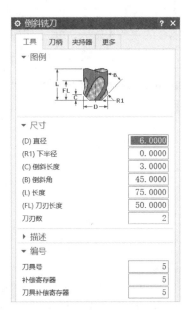

图 3-2-14　创建倒斜铣刀

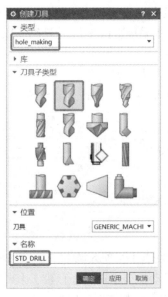 

图 3-2-15　创建钻刀

2. 车端面加工程序编制

第 1 步：创建粗车工序。单击【创建工序】图标，弹出【创建工序】对话框如图 3-2-16 所示，类型选择【turning】，工序子类型选择【ROUGH TURN】，程序选择【PROGRAM】，刀具选择【OD_80_L】，几何体选择【TURNING WORKPIECE_MAIN】，方法选择【ROUGHING MATHOD】，名称为【车端面】，如图 3-2-16 所示，单击【确定】按钮，弹出【粗车】对话框。

第 2 步：设置【主要】节点参数。单击【主要】节点【几何体】选项区域轴向修剪平面 2，【限制选项】选择【点】，单击右侧点对话框，选择图 3-2-17 所示的点。【刀轨设置】选项区域【策略】选择【单向线性切削】，【方向】选择【前进】，【水平角度】选择【指定】，【与 XC 的夹角】输入 270，【切削深度】选择【可变平均值】，【最大值】输入 3，【最小值】输入 0，其他采用默认参数，【主要】节点参数设置完成。

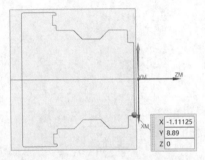

图 3-2-16　创建车端面工序　　　　图 3-2-17　轴向修剪平面的点

第 3 步：设置【进给率和速度】节点参数。单击【进给率和速度】节点【主轴速度】选项区域【输出模式】选择【SMM】，【表面速度】输入 180，勾选【最大 RPM】并输入 1 500，【进给率】选项区域【切削】输入 0.1，其他采用默认参数，【进给率和速度】节点参数设置完成。

第 4 步：设置【非切削移动】节点参数。单击【非切削移动】节点【进刀】节点和【退刀】节点，【轮廓加工】选项区域参数如图 3-2-18 和图 3-2-19 所示设置完成。

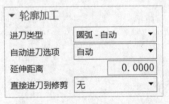
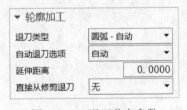

图 3-2-18　进刀节点参数　　　　图 3-2-19　退刀节点参数

单击【非切削移动】节点【逼近】节点【出发点】选项区域，如图 3-2-20 所示，【点选项】选择【无】，【运动到起点】选项区域【运动类型】选择【直接】，【点选项】选择【点】，【指定点】选择点（10，30，0）;【离开】节点参数如图 3-2-21 所示，【运动到回零点】选项区域【运动类型】选择【直接】，【点选项】选择【点】，【指定点】选择点（10，30，0），【非切削移动】节点参数设置完成。

第 5 步：设置【余量、公差和安全距离】节点参数。单击【余量、公差和安全距离】节点，【粗加工余量】选项区域【恒定】输入 0.1，【面】和【径向】都输入 0。其他采用

默认参数，完成【余量、公差和安全距离】节点参数设置。

图 3-2-20　逼近节点参数　　图 3-2-21　离开节点参数

第 6 步：生成车端面刀轨。单击【粗车】对话框【生成】图标，在绘图区查看生成的刀具路径，单击【确定】按钮，完成车端面工序，如图 3-2-22 所示。

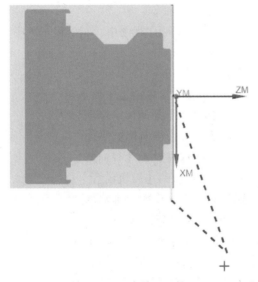

图 3-2-22　车端面刀轨

3．粗车加工程序编制

（1）粗车外圆程序编制

第 1 步：复制车端面工序。在程序顺序视图中，右击车端面工序，依次选择【复制】【粘贴】选项，则生成"车端面 -COPY"工序。右击该工序，选择【重命名】选项，重命名为"粗车"。

第 2 步：修改【主要】节点参数。单击【主要】节点【几何体】选项区域【修剪点 1】，选择图 3-2-23 所示部件轮廓的左上角，【刀轨设置】选项区域【与 XC 的夹角】输入 180，其他参数不变，【主要】节点参数修改完成。

第 3 步：修改【余量、公差和安全距离】节点参数。【粗加工余量】选项区域【恒定】输入 0.08，【面】和【径向】都输入 0。其他采用默认参数，完成【余量、公差和安全距离】节点参数设置。

第 4 步：生成粗车加工刀轨。单击【粗车】对话框【生成】图标，在绘图区查看生成的刀具路径，完成粗车加工工序，如图 3-2-24 所示。

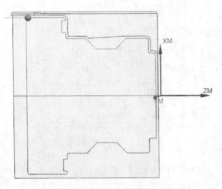

图 3-2-23　修剪点

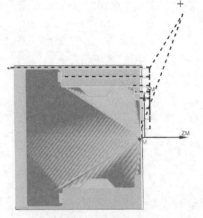

图 3-2-24　粗车刀轨

（2）粗车梯形槽程序编制

第 1 步：复制粗车工序。在程序顺序视图中，右击粗车工序，依次选择【复制】【粘贴】选项，则生成"粗车 -COPY"工序。右击该工序，选择【重命名】选项，重命名为"粗车梯形槽"。

第 2 步：修改【主要】节点参数。单击【主要】节点，【刀具】修改为【OD_55_L】，【几何体】选项区域【轴向修剪平面 1】选择点 1，【径向修剪平面 1】选择点 2，【轴向修剪平面 2】选择点 3，【径向修剪平面 2】选择点 4，如图 3-2-25 所示，【刀轨设置】选项区域【与 XC 的夹角】输入 0，【最大值】输入 1，其他参数不变，【主要】节点参数修改完成。

第 3 步：设置【非切削移动】节点参数。单击【非切削移动】节点，【进刀】节点和【退刀】节点【轮廓加工】选项区域参数如图 3-2-26 和图 3-2-27 所示设置完成。

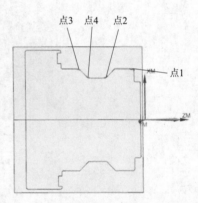

图 3-2-25　选择点

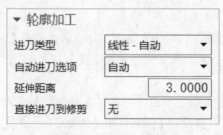

图 3-2-26　进刀节点参数

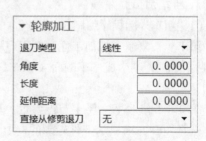

图 3-2-27　退刀节点参数

第 4 步：修改【余量、公差和安全距离】节点参数。【粗加工余量】选项区域【恒定】输入 0.15，【面】和【径向】都输入 0，其他采用默认参数，完成【余量、公差和安全距离】节点参数设置。

第 5 步：生成粗车加工刀轨。单击【粗车】对话框【生成】图标，在绘图区查看生成的刀具路径，完成粗车梯形槽加工工序，如图 3-2-28 所示。

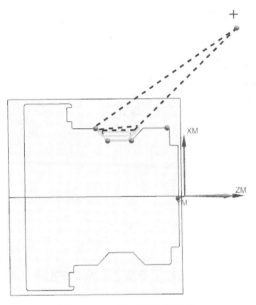

图 3-2-28　粗车梯形槽刀轨

4. 精车加工程序编制

（1）精车外圆程序编制

第 1 步：创建精车工序。单击【创建工序】图标，弹出【创建工序】对话框如图 3-2-29 所示，类型选择【turning】，工序子类型选择【FINISH TURN】，程序选择【PROGRAM】，刀具选择【OD_80_L】，几何体选择【TURNING WORKPIECE_MAIN】，方法选择【FINISHIING MATHOD】，名称为【精车】，单击【确定】按钮，弹出【精车】对话框。

第 2 步：设置【主要】节点参数。单击【主要】节点，【刀轨设置】选项区域如图 3-2-30 所示，【策略】选择【全部精加工】，【方向】选择【反向】，【水平角度】选择【指定】，【与 XC 的夹角】输入 180，其他采用默认参数，【主要】节点参数设置完成。

图 3-2-29　创建精车工序　　　　　　图 3-2-30　刀轨设置选项区域

第 3 步：设置【进给率和速度】节点参数。单击【进给率和速度】节点，【主轴速度】

选项区域【输出模式】选择【SMM】,【表面速度】输入 180,勾选【最大 RPM】并输入 1 500,【进给率】选项区域【切削】输入 0.1,其他采用默认参数,【进给率和速度】节点参数设置完成。

第 4 步:设置【非切削移动】节点参数。单击【非切削移动】节点,【进刀】节点和【退刀】节点【轮廓加工】选项区域参数如图 3-2-31 和图 3-2-32 所示设置完成。

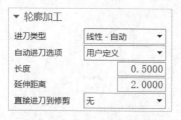

图 3-2-31　进刀节点参数　　　　图 3-2-32　退刀节点参数

单击【非切削移动】节点,【逼近】节点【出发点】选项区域【点选项】选择【无】。【运动到起点】选项区域【运动类型】选择【直接】,【点选项】选择【点】,【指定点】选择点(10,30,0);【离开】节点参数【运动到回零点】选项区域【运动类型】选择【直接】,【点选项】选择【点】,【指定点】选择点(10,30,0),【非切削移动】节点参数设置完成。

第 5 步:设置【余量、公差和安全距离】节点参数。单击【余量、公差和安全距离】节点,【精加工余量】选项区域【恒定】、【面】和【径向】都输入 0。其他采用默认参数,完成【余量、公差和安全距离】节点参数设置。

第 6 步:生成精车刀轨。单击【精车】对话框【生成】图标,在绘图区查看生成的刀具路径,单击【确定】按钮,完成精车工序,如图 3-2-33 所示。

(2)精车梯形槽程序编制

第 1 步:复制精车工序。在程序顺序视图中,右击精车工序,依次选择【复制】【粘贴】选项,则生成"精车 -COPY"工序。右击该工序,选择【重命名】选项,重命名为"精车梯形槽"。

第 2 步:修改【主要】节点参数。单击【主要】节点,【刀具】修改为【OD_55_L】,【几何体】选项区域【修剪点 1】选择点 1,【修剪点 2】选择点 2,如图 3-2-34 所示,其他参数不变,【主要】节点参数修改完成。

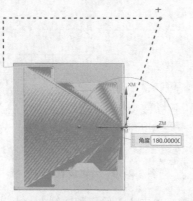

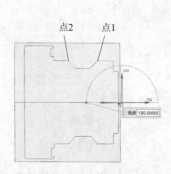

图 3-2-33　精车刀轨　　　　　　　图 3-2-34　修剪点

第 3 步：设置【非切削移动】节点参数。单击【非切削移动】节点，【进刀】节点和【退刀】节点【轮廓加工】选项区域参数如图 3-2-35 和图 3-2-36 所示设置完成。

轮廓加工	
进刀类型	线性 - 自动
自动进刀选项	用户定义
长度	0.5000
延伸距离	2.0000
直接进刀到修剪	无

图 3-2-35　进刀节点参数

轮廓加工	
退刀类型	线性
角度	0.0000
长度	0.5000
延伸距离	0.0000
直接从修剪退刀	无

图 3-2-36　退刀节点参数

第 4 步：修改【余量、公差和安全距离】节点参数。【粗加工余量】选项区域【恒定】输入 0，【面】和【径向】都输入 0。其他采用默认参数，完成【余量、公差和安全距离】节点参数设置。

第 5 步：生成精车梯形槽加工刀轨。单击【精车梯形槽】对话框【生成】图标，在绘图区查看生成的刀具路径，完成粗车梯形槽加工工序，如图 3-2-37 所示。

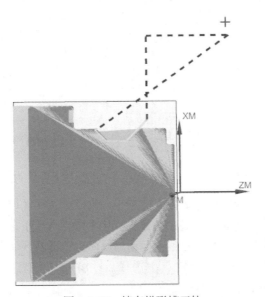

图 3-2-37　精车梯形槽刀轨

5. 车侧面槽程序编制

第 1 步：创建车侧面槽工序。单击【创建工序】图标，弹出【创建工序】对话框，类型选择【turning】，工序子类型选择【GROOVE FACE】，程序选择【PROGRAM】，刀具选择【OD_GROOVE_L】，几何体选择【TURNING WORKPIECE_MAIN】，方法选择【FINISHIING MATHOD】，名称为【车侧面槽】，单击【确定】按钮，弹出【精车】对话框。

第 2 步：设置【主要】节点参数。单击【主要】节点【几何体】选项区域，【径向修剪平面 1】选择点 1，【径向修剪平面 2】选择点 2，如图 3-2-38 所示，【刀轨设置】选项区域参数如图 3-2-39 所示，其他参数不变，【主要】节点参数修改完成。

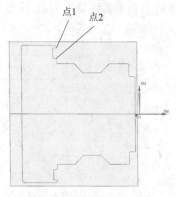

图 3-2-38　选择点

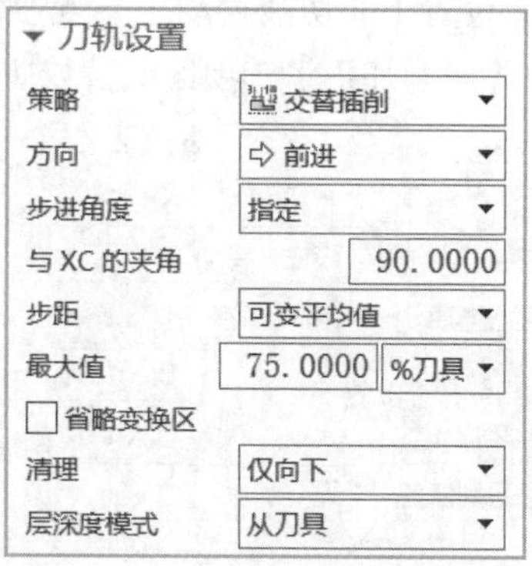

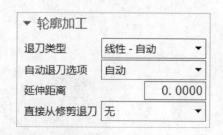

图 3-2-39　刀轨设置选项区域

第 3 步：设置【进给率和速度】节点参数。单击【进给率和速度】节点，【主轴速度】选项区域【输出模式】选择【SMM】，【表面速度】输入 180，勾选【最大 RPM】并输入 1 500，【进给率】选项区域【切削】输入 0.08，其他采用默认参数，【进给率和速度】节点参数设置完成。

第 4 步：设置【非切削移动】节点参数。单击【非切削移动】节点，【进刀】节点和【退刀】节点【轮廓加工】选项区域参数如图 3-2-40 和图 3-2-41 所示设置完成。

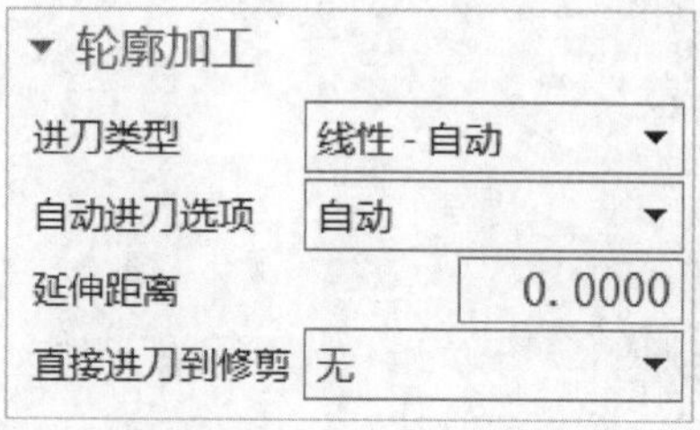

图 3-2-40　进刀节点参数

图 3-2-41　退刀节点参数

单击【非切削移动】节点，【逼近】节点【出发点】选项区域【点选项】选择【无】。【运动到起点】选项区域【运动类型】选择【直接】，【点选项】选择【点】，【指定点】选择点（10，30，0）；【离开】节点参数【运动到返回点】选项区域【运动类型】选择【直接】，【点选项】选择【点】，【指定点】选择点（10，30，0），【非切削移动】节点参数设置完成。

第 5 步：设置【余量、公差和安全距离】节点参数。单击【余量、公差和安全距离】节点，【粗加工余量】选项区域【恒定】、【面】和【径向】都输入 0。其他采用默认参数，完成【余量、公差和安全距离】节点参数设置。

第 6 步：生成车侧面槽刀轨。单击【在面上开槽】对话框【生成】图标，在绘图区查看生成的刀具路径，单击【确定】按钮，完成车侧面槽工序，如图 3-2-42 所示。

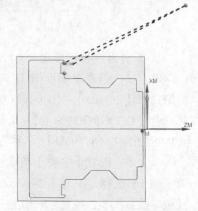

图 3-2-42　车侧面槽刀轨

6．铣四周程序编制

第1步：创建平面铣工序。单击【创建工序】图标，弹出【创建工序】对话框，类型选择【mill_planar】，工序子类型选择【平面铣】，程序选择【PROGRAM】，刀具选择【D10】，几何体选择【MCS】，方法选择【METHOD】，名称为【铣四周 1】，单击【确定】按钮，弹出【平面铣】对话框。

第2步：设置【主要】节点参数。单击【主要】节点【主要】选项区域，如图 3-2-43 所示，【指定部件边界】选择一条直边，【部件余量】输入 0，【指定底面】选择与上表面距离 9.5 的底面，【切削模式】选择【轮廓】，【步距】选择【% 刀具直径】，【平面直径百分比】输入 50，【附加刀路】输入 0，其他采用默认参数，【主要】节点参数设置完成。

第3步：设置【进给率和速度】节点参数。单击【进给率和速度】节点，【主轴速度】选项区域【主轴速度】输入 3 300，【进给率】选项区域【切削】输入 250，其他采用默认参数，【进给率和速度】节点参数设置完成。

第4步：设置【策略】节点参数。单击【策略】节点，如图 3-2-44 所示，【切削方向】选择【顺铣】，【切削顺序】选择【层优先】，【凸角】选择【绕对象滚动】，其他采用默认参数，【策略】节点参数设置完成。

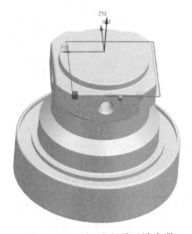

▼ 策略	
切削方向	顺铣 ▼
☑ 岛清根	
☑ 临界深度顶面切削	
▼ 切削顺序	
切削顺序	层优先 ▼
▼ 拐角	
凸角	绕对象滚动 ▼
调整进给率	无 ▼
光顺	无 ▼

图 3-2-43　主要选项区域参数　　　　图 3-2-44　策略节点参数

第5步：设置【非切削移动】节点参数。单击【进刀】节点【开放区域】选项区域，如图 3-2-45 所示，【进刀类型】选择【线性】，【长度】输入 50%，【旋转角】输入 0，【斜坡角】输入 0，【高度】输入 3，【最小安全距离】选择【修剪和延伸】，【最小安全距离】输入 50%，不勾选【忽略修剪侧的毛坯】，【初始开放区域】选项区域【进刀类型】选择【与开放区域相同】，【封闭区域】选项区域【进刀类型】选择【与开放区域相同】，【初始封闭区域】选项区域【进刀类型】选择【与封闭区域相同】。其他采用默认参数，【非切削移动】节点参数设置完成。

▼ 开放区域		
进刀类型	线性	▼
长度	50.0000	%刀具 ▼
旋转角		0.0000
斜坡角		0.0000
高度	3.0000	mm ▼
最小安全距离	修剪和延伸	▼
最小安全距离	50.0000	%刀具 ▼
☐ 忽略修剪侧的毛坯		

图 3-2-45　开放区域选项区域参数

第6步：生成铣四周 1 刀轨。单击【平面铣】对话框【生成】图标，在绘图区查看生成的刀具路径,单击【确定】按钮,完成铣四周 1 工序。

第 7 步:复制铣四周 1 工序,粘贴并重命名为"铣四周 2"工序,双击"铣四周 2"工序,修改【指定部件边界】,单击【生成】图标,完成铣四周 2 刀轨。同理,完成铣四周 3、铣四周 4 刀轨,如图 3-2-46 所示。

第 8 步:复制铣四周 1 工序,粘贴并重命名为"铣四周倒角 1"工序,双击"铣四周 11"工序,修改【刀具】选择【CHAMFER_MILL 倒角铣刀】,【指定底面】选择与上表面距离 5.4 的底面,单击【生成】图标,完成铣四周倒角 1 刀轨。同理,完成铣四周倒角 2、铣四周倒角 3、铣四周倒角 4 刀轨,如图 3-2-47 所示。

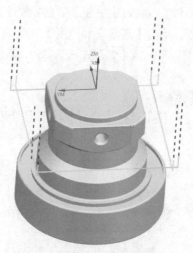
图 3-2-46   铣四周刀轨

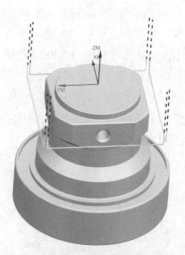
图 3-2-47   铣四周倒角刀轨

7. 钻孔加工程序编制

第 1 步:创建钻孔 1 工序。单击【创建工序】图标,弹出【创建工序】对话框,类型选择【hole_making】,工序子类型选择【钻孔】,程序选择【PROGRAM】,刀具选择【STD DRILL】,几何体选择【MCS_MILL】,方法选择【DRILL_METHOD】,名称为【钻孔 1】,单击【确定】按钮,弹出【钻孔】对话框。

第 2 步:设置【主要】节点参数。单击【主要】节点【主要】选项区域【指定特征几何体】右侧图标,弹出【特征几何体】对话框,【中心孔】选项区域【选择对象】选择孔壁,单击【确定】按钮返回【钻孔】对话框。

第 3 步:设置【进给率和速度】节点参数。单击【进给率和速度】节点【主轴速度】选项区域【主轴速度】输入 1 000,【进给率】选项区域【切削】输入 100,其他采用默认参数,【进给率和速度】节点参数设置完成。

第 4 步:生成钻孔刀轨。单击【钻孔】对话框【生成】图标,在绘图区查看生成的刀具路径,单击【确定】按钮,完成钻孔 1 工序。同理,复制钻孔 1 工序,粘贴并重命名钻孔 2,修改孔壁,生成钻孔 2 刀轨。同理,生成钻孔 3、钻孔 4 刀轨。

回转轴的车铣复合加工工单

回转轴的车铣复合加工工单可扫描二维码查看。

课后作业

编程题

如图 3-2-48 所示的装配通轴结构，进行多轴数控加工分析，制定加工工艺文件，使用 UG 软件进行数控编程，生成合理的刀路轨迹，后处理成数控程序。

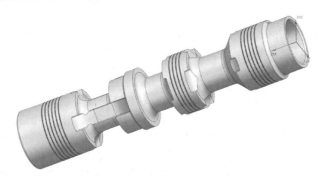

图 3-2-48　装配通轴结构

文本

回转轴的车铣复合加工工单

源文件

装配通轴

任务3　航空件的车铣复合加工

任务工单

学习情境 3	车铣复合加工	任务 3	航空件的车铣复合加工
任务学时		课内 8 学时（课外 2 学时）	
布置任务			
工作目标	（1）根据零件结构特点，合理选择车铣复合加工机床； （2）根据零件的加工要求，制定航空件的加工工艺文件； （3）使用 UG 软件，完成航空件的车铣复合加工编程，生成合理的刀路； （4）使用 UG 软件，完成仿真加工，检验刀路是否正确合理		
任务描述	飞行器的内部航空件结构复杂，位置精度要求高。某飞机制造公司工艺部接到航空件的生产任务，根据设计员设计的航空件三维造型；工艺员查询机械加工工艺手册关于复杂曲面轴类零件的加工工艺信息，合理规划航空件的加工工艺路线，制定加工工艺方案；编程员编制加工工艺文件，使用 UG 软件车削模板和铣削模板创建车铣复合加工操作，设置必要的加工参数、生成刀具路径、检验刀具路径是否正确合理，并对操作过程中存在的问题进行研讨和交流，通过相应的后处理生成数控加工程序，并仿真加工		

学时安排	资讯	计划	决策	实施	检查	评价
	1 学时	0.5 学时	0.5 学时	5 学时	0.5 学时	0.5 学时

任务准备	（1）航空件零件图纸； （2）电子教案、课程标准、多媒体课件、教学演示视频及其他共享数字资源； （3）航空件模型； （4）游标卡尺等工具和量具
对学生学习及成果的要求	（1）学生具备航空件零件图的识读能力； （2）严格遵守实训基地各项管理规章制度； （3）对比航空件零件三维模型与零件图，分析结构是否正确，尺寸是否准确； （4）每名同学均能按照学习导图自主学习，并完成课前自学的问题训练和自学自测； （5）严格遵守课堂纪律，学习态度认真、端正，能够正确评价自己和同学在本任务中的素质表现； （6）每位同学必须积极参与小组工作，承担加工工艺制定、数控编程、程序校验等工作，做到能够积极主动不推诿，能够与小组成员合作完成任务； （7）每位同学均需独立或在小组同学的帮助下完成任务工单、加工工艺文件、数控编程文件、仿真加工视频等，并提请检查、签认，对提出的建议或有错误务必及时修改； （8）每组必须完成任务工单，并提请教师进行小组评价，小组成员分享小组评价分数或等级； （9）每名同学均完成任务反思，以小组为单位提交

学习导图

任务3　航空件的车铣复合加工

知识点
- 螺纹车削
  - 问题1: 螺纹车削工序常用于车削哪些结构?
  - 问题2: 螺纹车削工序常用的重要参数有哪些?
- 中心线钻孔
  - 问题1: 中心线钻孔工序常用于车削哪些结构?
  - 问题2: 中心线钻孔工序的重要参数有哪些?
- 中心线定心钻
  - 问题1: 中心线定心钻常用于车削哪些结构?
  - 问题2: 中心线定心钻与中心线钻孔有哪些不同?

技能点
- 使用螺纹车削工序创建外螺纹刀轨
- 比较加工中心线钻孔和中心线定心钻工序的不同点
- 查询机械加工工艺手册制定航空件的车铣复合加工方案
- 使用UG软件外径粗车、外径精车、螺纹车削,可变轮廓铣等工序进行航空件的车铣复合加工编程
- 仿真加工航空件的车铣复合加工过程,检查刀路是否合理

素质思政融入点
- 通过讲述"我国的航天梦"活动,引导学生感悟伟大的航天精神和载人航天精神
- 通过小组讨论航空件的加工工艺方案,树立学生良好的成本意识、质量意识、创新意识
- 通过航空件数控编程实际操作练习,养成精益求精的工匠精神,热爱劳动的劳动精神

思政案例: 大国工匠数控微雕为国保驾护航

● 文 本

螺纹车削

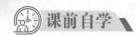

课前自学

知识点 1　螺纹车削

　　螺纹车削工序可以沿部件的外径或内径切削直螺纹或锥螺纹，用于切削外螺纹或者内螺纹。依次单击【插入】→【工序】选项，弹出【创建工序】对话框，如图 3-3-1 所示，【类型】选择【turning】选项，【工序子类型】选择螺纹车削，设置工序的位置和名称后，单击【确定】按钮进入【螺纹车削】对话框。在【螺纹车削】对话框中重要的节点有【主要】【几何体】【刀具设置、轴和刀具补偿】【进给率和速度】【附加刀路】【非切削移动】等。

图 3-3-1　创建螺纹车削工序

一、【主要】节点的参数设置

　　1.【主要】选项区域的参数设置

　　【工具】用于选择要指派到当前工序的刀具。

　　2.【几何体】选项区域的参数设置

　　【几何体】选项区域的参数如图 3-3-2 所示，螺纹几何体允许通过选择顶线来定义螺纹起点和终点。螺纹长度由顶线的长度指定，可以通过指定起始和终止偏置来修改螺纹长度。要创建倒斜角螺纹，则手工计算偏置并设置合适的偏置。

▼ 几何体	
输入模式	手动 ▼
✳ 选择顶线 (0)	⊕
✳ 选择终止线 (0)	⊕
深度选项	深度和角度 ▼
深度	0.0000
与 XC 的夹角	180.0000
▶ 偏置	

图 3-3-2　螺纹车削工序主要节点几何体选项区域参数

　　【输入模式】选项包括手动、模型基于、从表等 3 个选项。【手动】选项用于通过选择顶线来定义螺纹起点和终点。【模型基于】选项用于加工从模型中的几何体中抽取的螺纹。【从表】选项用于根据表中所列参数加工螺纹。

【选择顶线】选择螺纹的顶线。

【选择终止线】选择螺纹的结束位置线。

【深度选项】用于在通过指定螺纹深度和锥角进行粗加工时选择方法和要移除的材料量。可以通过选择根线或通过输入深度和角度值来指定总深度。

【深度和角度】可输入深度和角度值。

【从 XC 的角度】用于指定角度值。0° 和 180° 角适用于卧式车床，90° 和 270° 角适用于立式车床。

【偏置】允许调整螺纹的长度。正偏置值将加长螺纹；负偏置值将缩短螺纹。偏置是沿着螺旋角测量的，螺旋角取决于指定深度时所用的方法。

3.【螺距】选项区域的参数设置

【螺距】选项区域参数见表 3-3-1，用于指定螺距设置。

表 3-3-1 【螺距】选项区域参数含义

	参　数	说　　明	图　例
▼ 螺距 螺距选项　螺距 螺距变化　恒定 距离　　　　1.0000 输出单位　与输入相同	螺距选项	螺距是指在一条螺纹到与中心线平行的下一螺纹间测量的相应点之间的距离	
		导程是螺纹在每一圈沿中心线前进的距离。对于单螺纹，导程等于螺距。对于双螺纹，导程等于螺距的 2 倍	
		每毫米螺纹圈数是指平行于中心线测量的每毫米的螺纹数目	
	螺距变化	包括恒定、起点和终点、起点和增量等选项	
	距离	输入螺距值	
	输出单位	与输入相同	

4.【刀轨设置】选项区域的参数设置

【刀轨设置】选项区域的【方向】用于指定切削的方向。可以选择反向或向前。

【进给方法】用于选择进给方法。【径向进给】选项是最常用的进给方法。刀片两侧均匀磨损，并可产生适合精细螺距的刚性 V 形切屑。【后侧面进给】选项可提供较长的刀具寿命并实现理想切屑控制。用于所有螺纹车削工序和刀片类型。【前侧面进给】选项可提供较长的刀具寿命并实现理想切屑控制。用于所有螺纹车削工序和刀片类型。【增量式进给】选项是较大螺纹轮廓的首选，可实现刀片的均匀磨损并提供最长的刀具寿命。

二、【附加刀路】节点的参数设置

【刀路数】用于指定螺纹终止处刀路的数目，以控制螺纹尺寸并最小化刀具挠曲。

【增量】用于指定连续刀路之间的增量距离。

三、【非切削移动】节点的参数设置

1.【进刀】节点的参数设置

【进刀】节点参数见表 3-3-2，可控制刀具如何逼近工件。

表 3-3-2　【进刀】节点参数的含义

	参　数	说　　明	图　例
▼ 进刀 进刀　自动 移动类型　进刀 ▼ 进给 进给　自动 进给角度　0.0000 进给长度　自动	进刀	自动：聚焦螺旋角、工序和螺纹顶线的位置计算进给值。结果矢量与螺纹矢量是垂直的	
		矢量：可输入矢量	
		角度：可输入进刀角度	
	移动类型	进刀：按进刀进给率进行进刀移动	
		螺纹：按与螺纹运动相同的进给率进行进刀移动	

续上表

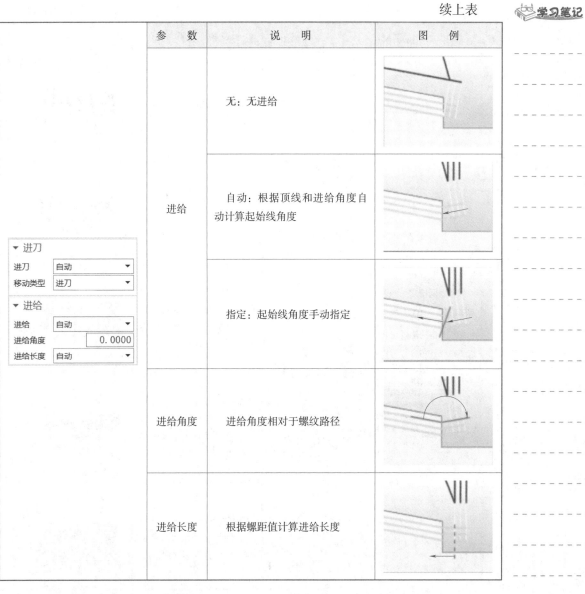

参　数	说　明	图　例
进给	无：无进给	
	自动：根据顶线和进给角度自动计算起始线角度	
	指定：起始线角度手动指定	
进给角度	进给角度相对于螺纹路径	
进给长度	根据螺距值计算进给长度	

2.【局部返回】节点的参数设置

【局部返回】节点参数见表 3-3-3，用于定义局部返回点的模式。

表 3-3-3　【局部返回】节点参数的含义

参　数	说　明	图　例
局部返回模式	螺纹刀路用于指定螺纹刀路的局部返回移动	

参　数	说　明	图　例
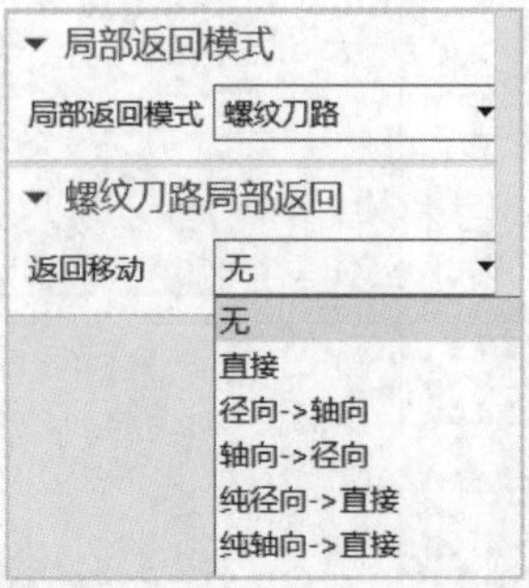 返回移动	无：未指定方法	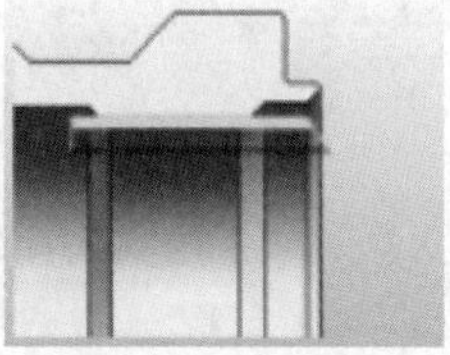
	直接：直接指定位置	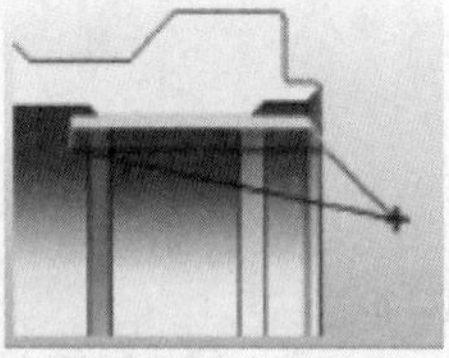
	径向->轴向：刀具先垂直于主轴中心线进行移动，然后平行于主轴中心线移动	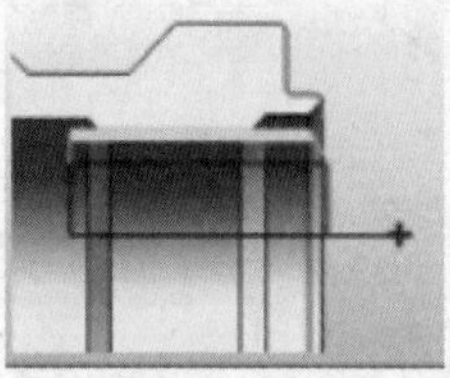
	轴向->径向：刀具先平行于主轴中心线进行移动，然后垂直于主轴中心线移动	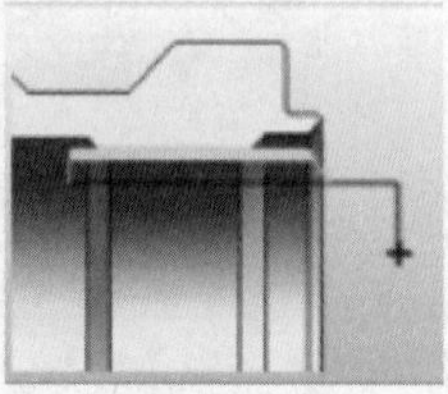
	纯径向->直接：刀具沿径向移动到径向安全平面，然后直接移动到该点	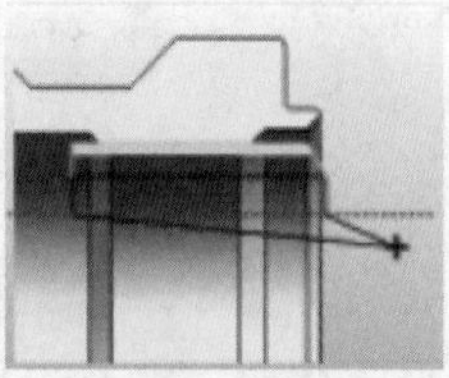
	纯轴向->直接：刀具沿平行于主轴中心线的轴向移动到轴向安全距离，然后直接移动到该点	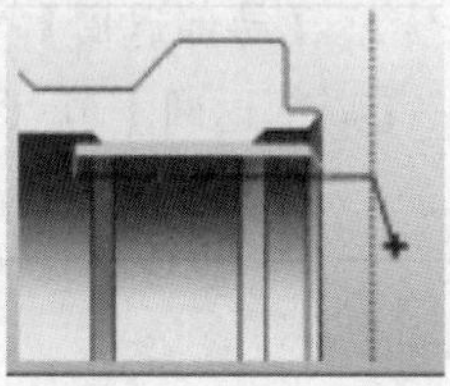

（左侧对话框内容）

▼ 局部返回模式
局部返回模式　螺纹刀路
▼ 螺纹刀路局部返回
返回移动　无
　　　　　无
　　　　　直接
　　　　　径向->轴向
　　　　　轴向->径向
　　　　　纯径向->直接
　　　　　纯轴向->直接

知识点 2　中心线钻孔

中心线钻孔工序常用于车削加工中钻孔。依次单击【插入】→【工序】选项，弹出【创建工序】对话框，如图 3-3-3 所示，【类型】选择【centerline】选项，【工序子类型】选择中心线钻孔，设置工序的位置和名称后，单击【确定】按钮进入【中心线钻孔】对话

视　频
钻削工序

文　本
中心线钻孔

框。在【中心线钻孔】对话框中重要的节点有【主要】【几何体】【刀具设置】【进给率和速度】【策略】【非切削移动】等。

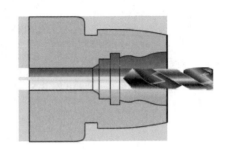

图 3-3-3　创建中心线钻孔工序

一、【主要】节点的参数设置

【主要】节点的参数设置见表 3-3-4。

表 3-3-4　【主要】节点参数含义

	参数说明
	工具：选择当前钻孔刀具
	刀具方位：反转刀轴的方向
	循环类型：循环、钻孔、断屑、攻螺纹等
	输出选项： 已仿真：软件计算钻刀刀轨。 机床加工周期：使用 NC 机床的机床加工周期
	深度选项：距离、终点、横孔尺寸、横孔、埋头直径、深度参考
	距离：输入孔深度值
	参考深度： 刀尖：指刀尖会达到所需深度。 刀肩：指刀肩会达到所需深度。 循环跟踪点：指跟踪点会达到所需深度
	偏置：用于控制从深度参考列表中选择的刀尖或刀肩的偏置
	跟踪数据： 无：选项将不会在工序开始时更改跟踪点。 SYS_CL_SHOULDER：定义刀肩处的跟踪点。 SYS_CL_TIP：定义刀尖处的跟踪点

二、【策略】节点的参数设置

【策略】节点中【刀轨设置】选项区域的参数设置如表 3-3-5 所示。

表 3-3-5 【策略】节点中【刀轨设置】参数含义

	参数说明
 **刀轨设置** 安全距离　3.0000 驻留　无 钻孔位置　在中心线上 起始位置　自动 入口直径　0.0000 显示起点和终点　👁 进刀距离　0.0000 主轴停止　无 退刀　至起始位置	安全距离：在工件周围建立一个没有切削刀具运动的安全区域
	驻留：指定加工刀路末端刀具运动中的延迟，以减轻刀具压力
	钻孔位置：在中心线上、不在中心线上、用于远离中心线钻孔
	起始位置：选择【自动】，设置一个起始位置。选择【指定】用于从图形窗口中选择起始位置
	入口直径：在存在埋头或沉头孔时减少空中切削。软件使用指定的入口直径和钻点角度来调整钻刀与材料的接触点
	进刀距离：用于已仿真周期。在切削开始之前定义沿刀轴进刀运动
	主轴停止：可用于已仿真周期，出屑周期除外。用于指定是否以及何时停止主轴
	退刀：【至起始位置】是指刀具退出至切削起始位置。【手动】指定的退刀距离属于附加偏置，总是加到"安全距离"上。刀具退回到偏置后的位置

知识点 3　中心线定心钻

对后续中心线钻孔工序进行中心线定心钻的车削工序。单击【插入】→【工序】选项，弹出【创建工序】对话框，如图 3-3-4 所示，【类型】选择【centerline】选项，【工序子类型】选择【中心线定心钻】，设置工序的位置和名称后，单击【确定】按钮进入【中心线定心钻】对话框。在【中心线定心钻】对话框中重要的节点有【主要】【几何体】【刀具设置】【进给率和速度】【策略】【非切削移动】等。

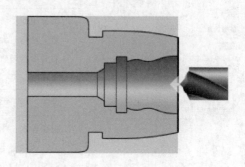

图 3-3-4　创建中心线定心钻工序

一、【间隙】节点的参数设置

【间隙】节点参数见表 3-3-6，用于定义局部返回点的模式。

表 3-3-6　【间隙】节点参数含义

参　数	说　明	图　例
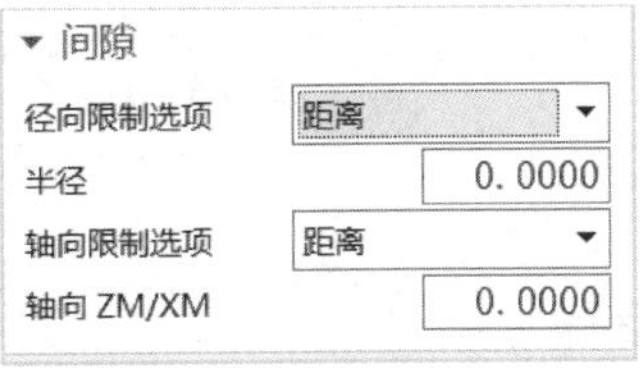 径向限制选项	无：不创建平面	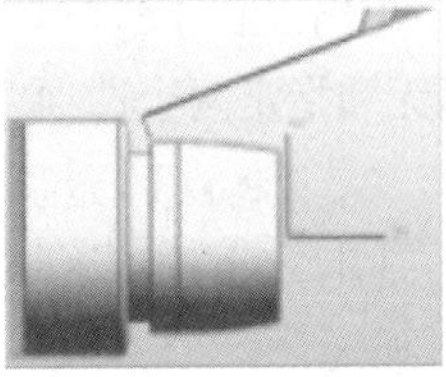
	点：用于指定点位置以放置平面	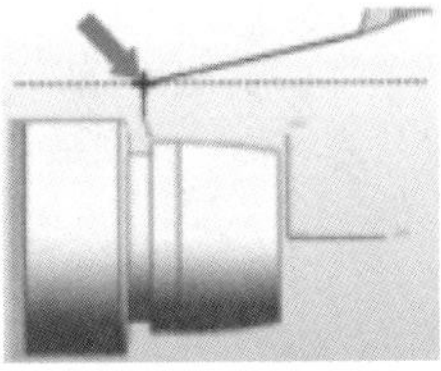
	距离：用于指定沿 Y 轴的偏置距离以放置平面	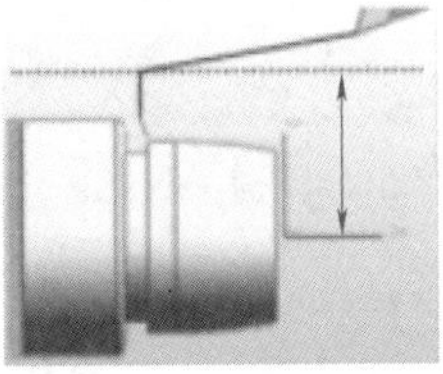
半径	用于指定沿 Y 轴的半径值以放置平面	
轴向限制选项	无：不创建平面	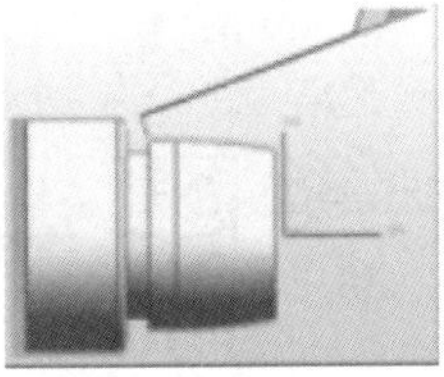
	点：用于指定点位置以放置平面	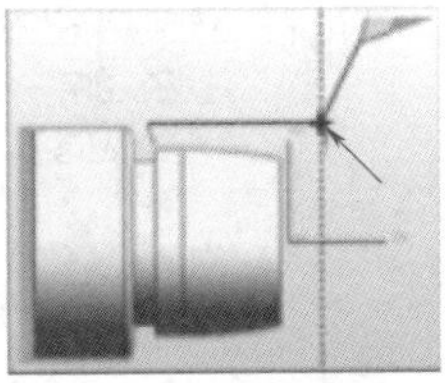
	距离：用于指定沿 X 轴的偏置距离以放置平面	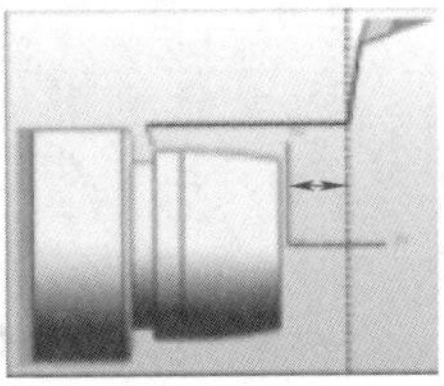
轴向 ZM/XM	用于指定沿 X 轴的偏置距离值以放置平面	

▼ 间隙
径向限制选项　距离
半径　0.0000
轴向限制选项　距离
轴向 ZM/XM　0.0000

学习笔记

二、【逼近】节点的参数设置

1.【出发点】选项区域的参数设置

【出发点】选项区域用于指定在一段新的刀轨起始处定义初始刀具位置。【点选项】包括无和指定两个选项。【无】不创建出发点。【指定】用于指定出发点并使避让点选项可用。

2.【起点】选项区域的参数设置

【起点】选项区域的参数见表3-3-7，用于指定刀具移到起点。

表3-3-7 【起点】选项区域参数含义

参　数	说　明	图　例
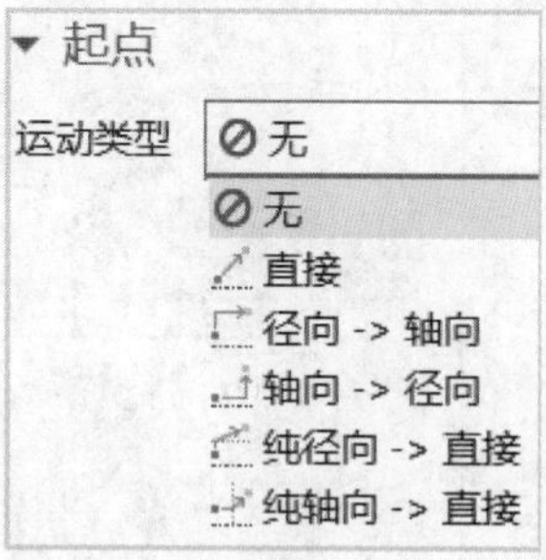 无	不指定任何运动类型	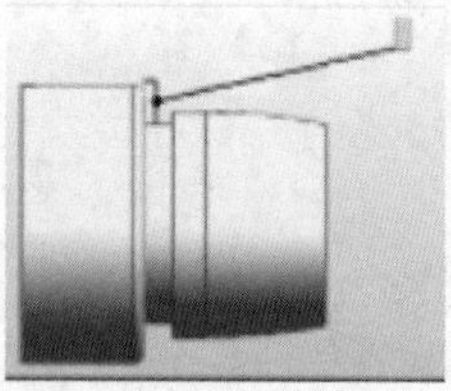
直接	刀具直接移到起点、进刀起点、返回或回零点，而不进行碰撞检查	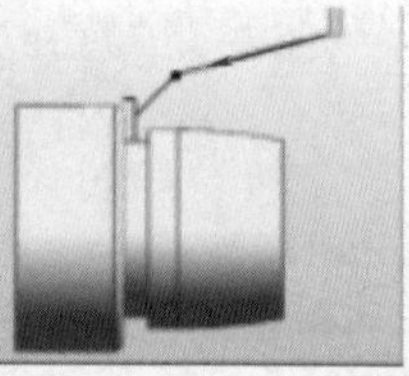
径向 -> 轴向	刀具先垂直于主轴中心线进行移动，然后平行于主轴中心线移动	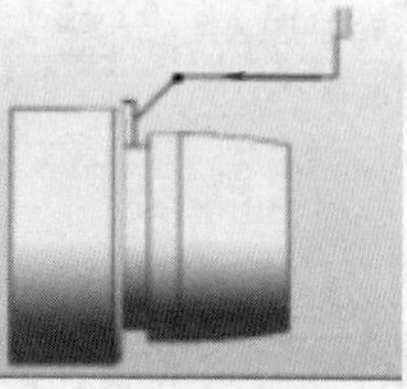
轴向 -> 径向	刀具先平行于主轴中心线进行移动，然后垂直于主轴中心线移动	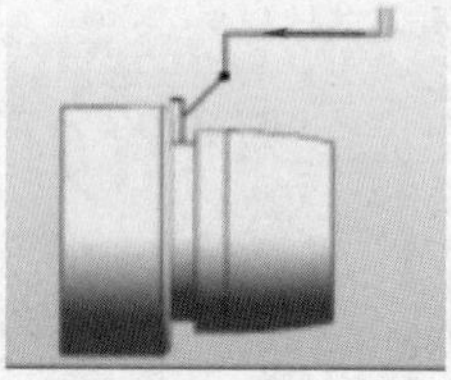
纯径向 -> 直接	刀具沿径向移动到径向安全距离，然后直接移动到该点。首先需要指定径向平面	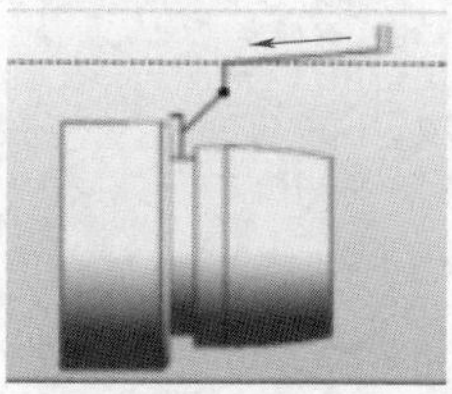
纯轴向 -> 直接	刀具沿平行于主轴中心线的轴向移动到轴向安全距离，然后直接移动到该点。首先需要指定轴向平面	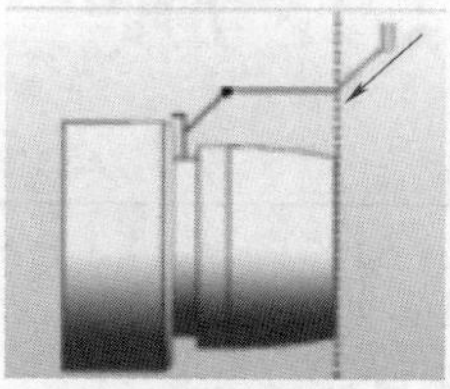

▼ 起点
运动类型　⊘ 无
　　　　　⊘ 无
　　　　　↗ 直接
　　　　　┌ 径向 -> 轴向
　　　　　┘ 轴向 -> 径向
　　　　　⌐ 纯径向 -> 直接
　　　　　⌐ 纯轴向 -> 直接

3.【逼近】选项区域的参数设置

【逼近】选项区域的参数见表 3-3-8，用于指定在起点和进刀运动开始之间的可选的系列运动。

表 3-3-8　【逼近】选项区域参数含义

	参　数	说　明	图　例
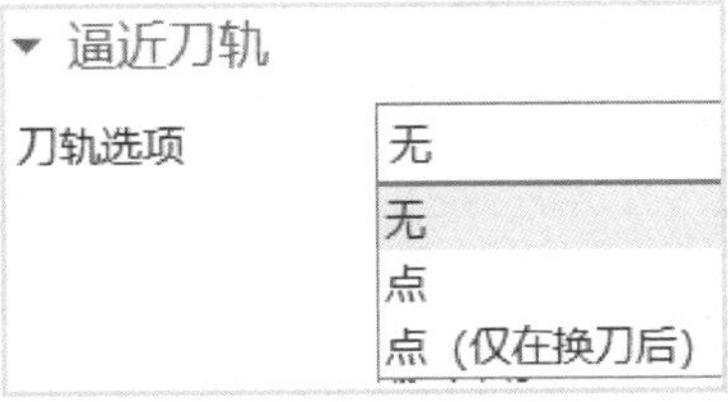 ▼ 逼近刀轨 刀轨选项　无 　无 　点 　点（仅在换刀后）	无	未指定逼近刀轨	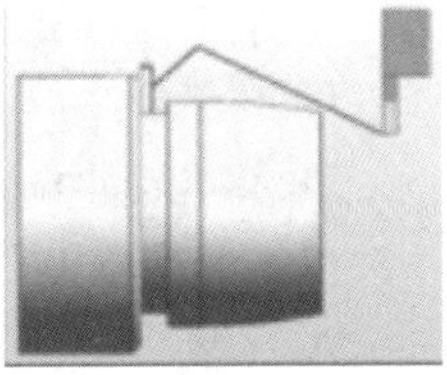
	点	用于通过指定点位置来创建逼近刀轨运动	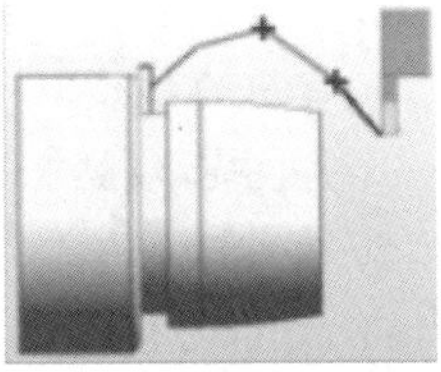
	点（仅在换刀后）	仅当上一个工序使用其他刀具时才执行逼近刀轨运动	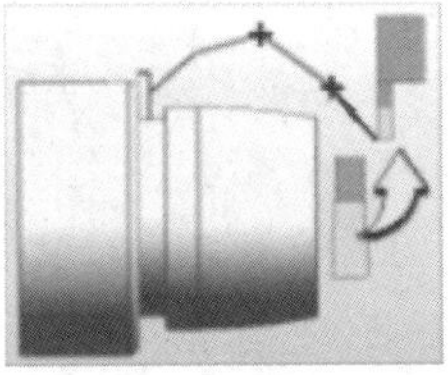

【大国重器】

查一查 为了神舟飞船成功飞上太空，有多少航天人为之奋斗？他们特别能吃苦、特别能战斗、特别能攻关、特别能奉献，这是一种什么精神？

查一查 我国的航天梦有哪些？我们成功地实现了哪些梦想？还有哪些梦想正在探索中？如果你参与其中，有哪些计划？

学习笔记   自学自测

一、单选题（只有1个正确答案，每题20分）

1.在螺纹车削工序中，螺纹终止线描述正确的是（   ）。

　A.螺纹终止线是螺纹大径

　B.螺纹终止线是螺纹小径

　C.螺纹终止线是螺纹的结束位置线

　D.螺纹终止线是螺纹的起始位置线

2.螺纹长度由（   ）的长度指定。

　A.根线　　　　　B.顶线　　　　　C.起止线　　　　D.终止线

二、多选题（有至少2个正确答案，每题20分）

1.常用的钻孔工序有（   ）。

　A.中心线钻孔

　B.钻孔

　C.中心线定心钻

　D.孔铣

2.钻孔的循环类型主要有（   ）。

　A.钻孔、攻螺纹

　B.钻孔、扩孔

　C.钻孔、铰孔

　D.钻孔、锪孔

三、判断题（对的划√，错的划×，每题10分）

1.螺纹几何体允许通过选择顶线来定义螺纹起点和终点。　　　　　　　（　　）

2.导程是螺纹在每一圈沿中心线前进的距离。对于单螺纹，导程等于螺距的2倍。

（　　）

任务实施

按照零件加工要求，制定航空件加工工艺；编制航空件加工程序；完成航空件的仿真加工，后处理得到数控加工程序，完成零件仿真加工。

一、制定航空件车铣复合加工工艺

1. 航空件零件分析

零件形状复杂，整体外形成轴状，零件上有凸圆柱、六边形、螺旋叶片和外螺纹等特征。从加工工艺角度分析，零件既有车削结构又有铣削结构。

2. 毛坯选用

零件材料为 AL7075 棒料切割而成，尺寸为 $\phi 105 \times 130$。这种铝合金，具有良好的机械性能，易于加工。毛坯长度方向为了保证零件的装夹，留有充足余量。

3. 装夹方式

航空件毛坯使用三爪卡盘进行定位装夹，以减少定位误差。

4. 加工工序

零件选用车铣复合机床加工，三爪卡盘夹持，遵循先粗后精、先面后孔的加工原则。制定航空件加工工序见表 3-3-9。

● 视 频

航空件的车
铣复合加工

● 源文件

航空件

表 3-3-9 航空件加工工序

航空件示意图

序号	加工内容	刀具	主轴转速 /（r/min）	进给速度 /（mm/min）
1	粗车外圆	OD_80_L_1	900	150
2	精车外圆	OD_80_L_1	1 000	120
3	外径切槽	OD_GROOVE_L	500	40
4	车外螺纹	OD_THREAD_L	600	2
5	凸圆柱加工	D6R1	3 500	500
6	螺旋叶片加工	D6R1	3 500	800
7	六边形加工	D6	3 500	600

二、数控程序编制

1. 编程准备

第 1 步：启动 UG NX 软件，打开软件工作界面。依次单击【文件】→【打开】选项，打开【打开文件】对话框，选择"航空件 .prt"文件，单击【确定】按钮，打开航空件零件模型。

第2步：设置加工环境。选择【应用模块】选项卡，单击【加工】按钮，进入加工环境。在弹出的【加工环境】对话框中，在【CAM 会话配置】选项中选择【cam_general】选项，在【要创建的 CAM 设置】选项中选择【turning】，单击【确定】按钮，完成车削加工模板的加载。

第3步：设置机床坐标系。在工具栏单击【几何视图】按钮，工序导航器显示几何视图，双击【MCS_SPINDLE】选项，弹出【MCS_SPINDLE】对话框，双击【指定机床坐标系】右侧图标，如图 3-3-5 所示，指定坐标原点在端面圆心，并确认坐标轴的方向，单击【确定】按钮，完成加工坐标系的设置。

第4步：设置部件和毛坯。工序导航器显示几何视图，双击【WORKPIECE】选项，弹出【WORKPIECE】对话框，单击【指定部件】右侧按钮，弹出【部件几何体】对话框，在绘图区选择航空件模型，单击【确定】按钮完成部件设置。单击【指定毛坯】右侧按钮，弹出【毛坯几何体】对话框，选择图 3-3-6 所示毛坯模型，单击【确定】完成毛坯设置。

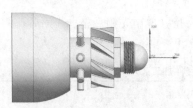 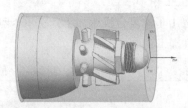

图 3-3-5　加工坐标系设定　　　　图 3-3-6　指定毛坯

第5步：设置车削截面。双击【TURNING_WORKPIECE_MAIN】选项，弹出【TURNING_WORKPIECE_MAIN】对话框，自动生成车加工截面和毛坯界面，【部件旋转轮廓】选择【自动】,【毛坯旋转轮廓】选择【自动】。

第6步：创建铣削几何体。单击【创建几何体】图标，弹出【创建几何体】对话框，【类型】选择【mill_contour】,【几何体子类型】选择【MCS】图标，【名称】输入【MCS_MILL】，单击【确定】按钮弹出【MCS】对话框，单击【指定机床坐标系】右侧图标，弹出【坐标系】对话框，将坐标系原点和方向调整到图 3-3-7 所示，单击【确定】按钮，返回【MCS】对话框,【安全设置】选项区域【安全设置选项】选择【自动平面】,【安全距离】输入 10，单击【确定】按钮。

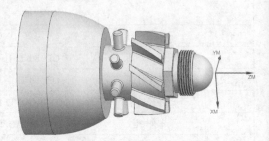

图 3-3-7　铣削几何体坐标系

第7步：创建刀具。在工具栏单击【机床视图】按钮，工序导航器显示机床视图。单击【创建刀具】图标，弹出【创建刀具】对话框,【类型】选择【turning】，刀具子类型选择第一个【OD_80_L】图标，刀具名称修改为【OD_80_L】，单击【确定】按钮，弹出【车刀 - 标准】对话框，设置刀具参数,【ISO 刀片形状】选择【C（菱形 80）】,【插入位置度】选择【顶侧】,【刀尖半径】输入 0.4,【方向角度】输入 5,【刀具号】输入 1，其他参数默认，单击【确定】按钮，完成外圆车刀的创建。

同理【创建刀具】对话框,【类型】选择【turning】,刀具子类型选择第一个【OD_55_L】图标,刀具名称修改为【OD_55_L】,单击【确定】按钮,弹出【车刀 - 标准】对话框,设置刀具参数,【ISO 刀片形状】选择【D(菱形 55)】,【插入位置度】选择【顶侧】,【刀尖半径】输入 0.4,【方向角度】输入 287.5,【刀具号】输入 2,其他参数默认,单击【确定】按钮,完成成型车刀的创建。

同理【创建刀具】对话框,【类型】选择【turning】,刀具子类型选择【OD_GROOVE_L】图标,刀具名称为【OD_GROOVE_L】,单击【确定】按钮,弹出【槽刀 - 标准】对话框,设置刀具参数,【刀片形状】选择【标准】,【插入位置】选择【顶侧】,【方向角度】输入 90【刀片长度】输入 12,【刀片宽度】输入 3,【半径】输入 0,【侧角】输入 2,【尖角】输入 0,【刀具号】输入 3,其他参数默认,单击【确定】按钮,完成槽刀的创建。

同理【创建刀具】对话框,【类型】选择【turning】,刀具子类型选择【OD_THREAD_L】图标,刀具名称为【OD_THREAD_L】,单击【确定】按钮,弹出【螺纹刀 - 标准】对话框,设置刀具参数,【刀片形状】选择【标准】,【插入位置度】选择【顶侧】,【方向角度】输入 90【刀片长度】输入 20,【刀片宽度】输入 10,【左角】输入 30,【右角】输入 30,【刀尖半径】输入 0,【刀尖偏置】输入 5,【刀具号】输入 4,其他参数默认,如图 3-3-8 所示,单击【确定】按钮,完成螺纹刀的创建。

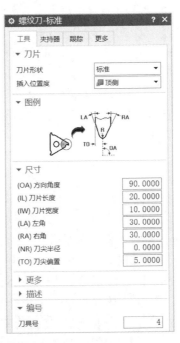

图 3-3-8　创建螺纹车刀

同理【创建刀具】对话框,刀具子类型选择【MILL】,修改刀具名称【B6】,单击【应用】按钮。弹出【铣刀 -5 参数】对话框,设置刀具参数,【直径】为 6,其他参数默认,单击【确定】按钮。同理,创建 B6R1、D6R3、B4 等铣削刀具。

2. 粗车外圆加工程序编制

第 1 步:创建粗车外圆工序。单击【创建工序】图标,弹出【创建工序】对话框,类型选择【turning】，工序子类型选择【ROUGH TURN】，程序选择【PROGRAM】，刀具选择【OD_80_L】，几何体选择【MCS_SPINDLE】，方法选择【ROUGHING MATHOD】，名称为【粗车外圆】，单击【确定】按钮，弹出【粗车】对话框。

第2步：设置【主要】节点参数。单击【主要】节点【刀轨设置】选项区域，【策略】选择【单向线性切削】，【方向】选择【前进】，【水平角度】选择【指定】，【与 XC 的夹角】输入 180，【切削深度】选择【恒定】，【深度】输入 1.5，其他采用默认参数，【主要】节点参数设置完成。

第3步：设置【进给率和速度】节点参数。单击【进给率和速度】节点，【主轴速度】选项区域【输出模式】选择【RPM】，【主轴速度】输入 900，【进给率】选项区域【切削】输入 150，其他采用默认参数，【进给率和速度】节点参数设置完成。

第4步：设置【非切削移动】节点参数。单击【非切削移动】节点【进刀】节点【轮廓加工】选项区域【进刀类型】选择【圆弧 - 自动】，【自动进刀选项】选择【自动】，【延伸距离】输入 0，【直接进刀到修剪】选择【无】。【退刀】节点参数与【进刀】节点相似，其他参数使用默认值，【非切削移动】节点参数设置完成。

单击【非切削移动】节点【逼近】节点，【出发点】选项区域【点选项】选择【无】。【运动到起点】选项区域【运动类型】选择【直接】，【点选项】选择【点】，【指定点】选择点（–53，0，159）;【离开】节点参数【运动到回零点】选项区域【运动类型】选择【径向 - 轴向】，【点选项】选择【点】，【指定点】选择点（–100，0，259），【非切削移动】节点参数设置完成。

第5步：设置【余量、公差和安全距离】节点参数。单击【余量、公差和安全距离】节点，【粗加工余量】选项区域【恒定】输入 0.2，【面】和【径向】都输入 0，其他采用默认参数，完成【余量、公差和安全距离】节点参数设置。

第6步：生成粗车外圆刀轨。单击【粗车】对话框【生成】图标，在绘图区查看生成的刀具路径，单击【确定】按钮，完成粗车外圆工序，如图 3-3-9 所示。

图 3-3-9　粗车外圆刀轨

3. 精车外圆加工程序编制

第1步：创建精车外圆工序。单击【创建工序】图标，弹出【创建工序】对话框，类型选择【turning】，工序子类型选择【FINISH TURN】，程序选择【PROGRAM】，刀具选择【OD_80_L】，几何体选择【MCS_SPINDLE】，方法选择【FINISHIING MATHOD】，名称为【精车外圆】，单击【确定】按钮，弹出【精车】对话框。

第2步：设置【主要】节点参数。单击【主要】节点，【刀轨设置】选项区域【策略】选择【全部精加工】，【方向】选择【前进】，【水平角度】选择【指定】，【与 XC 的夹角】输入 180，其他采用默认参数，【主要】节点参数设置完成。

第3步：设置【进给率和速度】节点参数。单击【进给率和速度】节点，【主轴速度】选项区域【输出模式】选择【RPM】，【主轴速度】输入 1 000，【进给率】选项区域【切削】输入 120，其他采用默认参数，【进给率和速度】节点参数设置完成。

第4步：设置【非切削移动】节点参数。单击【非切削移动】节点【进刀】节点，

【轮廓加工】选项区域【进刀类型】选择【圆弧 - 自动】，【自动进刀选项】选择【自动】，【延伸距离】输入 0，【直接进刀到修剪】选择【无】。【退刀】节点参数与【进刀】节点相似，其他参数使用默认值，【非切削移动】节点参数设置完成。

单击【非切削移动】节点【逼近】节点，【出发点】选项区域【点选项】选择【无】。【运动到起点】选项区域【运动类型】选择【直接】，【点选项】选择【点】，【指定点】选择点（-53, 0, 159）;【离开】节点参数【运动到返回点】选项区域【运动类型】选择【径向 - 轴向】，【点选项】选择【点】，【指定点】选择点（-100, 0, 259），【非切削移动】节点参数设置完成。

第 5 步：设置【余量、公差和安全距离】节点参数。单击【余量、公差和安全距离】节点，【精加工余量】选项区域【恒定】、【面】和【径向】都输入 0，其他采用默认参数，完成【余量、公差和安全距离】节点参数设置。

第 6 步：生成精车外圆刀轨。单击【精车】对话框【生成】图标，在绘图区查看生成的刀具路径，单击【确定】按钮，完成精车外圆工序，如图 3-3-10 所示。

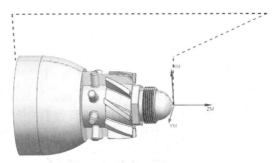

图 3-3-10　精车刀轨

4. 外径切槽工序程序编制

第 1 步：创建外径切槽工序。单击【创建工序】图标，弹出【创建工序】对话框，类型选择【turning】，工序子类型选择【槽刀】，程序选择【PROGRAM】，刀具选择【OD_GROOVE_L】，几何体选择【MCS_SPINDLE】，方法选择【MATHOD】，名称为【外径切槽】，单击【确定】按钮，弹出【精车】对话框。

第 2 步：设置【主要】节点参数。单击【主要】节点，【几何体】选项区域【轴向修剪平面 1】的【限制选项】选择【点】，单击右侧点对话框，选择点（0, 0, 123）;【轴向修剪平面 2】的【限制选项】选择【点】，单击右侧点对话框，选择点（0, 0, 127）。【刀轨设置】选项区域【策略】选择【单向插削】，【方向】选择【前进】，【水平角度】选择【指定】，【与 XC 的夹角】输入 180，其他采用默认参数，【主要】节点参数设置完成。

第 3 步：设置【进给率和速度】节点参数。单击【进给率和速度】节点，【主轴速度】选项区域【输出模式】选择【RPM】，【主轴速度】输入 500，【进给率】选项区域【切削】输入 40，其他采用默认参数，【进给率和速度】节点参数设置完成。

第 4 步：设置【非切削移动】节点参数。单击【非切削移动】节点【进刀】节点，【轮廓加工】选项区域【进刀类型】选择【线性 - 自动】，【自动进刀选项】选择【自动】，【延伸距离】输入 0，【直接进刀到修剪】选择【无】。【退刀】节点参数与【进刀】节点相似，其他参数使用默认值，【非切削移动】节点参数设置完成。

单击【非切削移动】节点【逼近】节点，【出发点】选项区域【点选项】选择【无】。【运动到起点】选项区域【运动类型】选择【直接】，【点选项】选择【点】，【指定点】选择点（-53, 0, 159）;【离开】节点参数【运动到回零点】选项区域【运动类型】选择【径向 - 轴向】，【点选项】选择【点】，【指定点】选择点（-100, 0, 259），【非切削移动】节点参数设置完成。

第 5 步：设置【余量、公差和安全距离】节点参数。单击【余量、公差和安全距离】

节点,【精加工余量】选项区域【恒定】、【面】和【径向】都输入 0,其他采用默认参数,完成【余量、公差和安全距离】节点参数设置。

第 6 步:生成外径切槽刀轨。单击【精车】对话框【生成】图标,在绘图区查看生成的刀具路径,单击【确定】按钮,完成外径切槽工序,如图 3-3-11 所示。

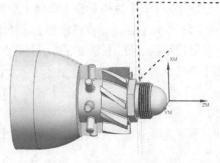

图 3-3-11　外径切槽刀轨

5. 车外螺纹工序程序编制

第 1 步:创建车外螺纹工序。单击【创建工序】图标,类型选择【turning】,工序子类型选择【螺纹车削】,程序选择【PROGRAM】,刀具选择【OD_THREAD_L】,几何体选择【MCS_SPINDLE】,方法选择【METHOD】,名称为【车外螺纹】,单击【确定】按钮,完成车外螺纹工序创建,如图 3-3-12 所示。

第 2 步:设置【主要】节点参数。单击【主要】节点,【几何体】选项区域【输入模式】选择【手动】,如图 3-3-13 所示,【选择顶线】和【选择根线】都选择螺纹顶端的截面线,如图 3-3-14 所示,【开始偏置】为 5,【结束偏置】为 2,【根偏置】为 1.1。【螺距】选项区域螺距的距离为 2。【刀轨设置】选项区域【切削深度】选择【恒定】,【最大距离】为 0.2,【螺纹头数】为 1。其他参数使用默认数值,【主要】节点参数设置完成。

图 3-3-12　创建车外螺纹工序

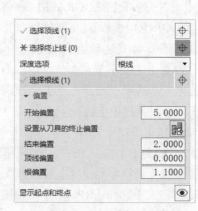

图 3-3-13　主要节点参数

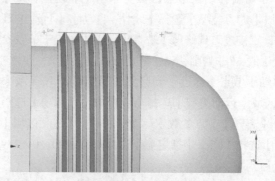

图 3-3-14　螺纹的顶线

第 3 步：设置【非切削移动】节点参数。单击【进给率和速度】节点，主轴速度设为600，进给率中切削设为 2，其他采用默认参数，【进给率和速度】节点参数设置完成。

第 4 步：设置【非切削移动】节点参数。单击【非切削移动】节点【逼近】节点，【出发点】选项区域如图 3-3-14 所示，【点选项】选择【无】。【运动到起点】选项区域【运动类型】选择【直接】，【点选项】选择【点】，【指定点】选择点（-25，0，159）；【离开】节点参数，【运动到返回点】选项区域【运动类型】选择【径向 - 轴向】，【点选项】选择【点】，【指定点】选择点（-100，0，259）；其他参数模式设置，【非切削移动】节点参数设置完成。

第 5 步：生成车外螺纹刀轨。单击【螺纹车削】对话框【生成】图标，在绘图区查看生成的刀具路径，单击【确定】按钮，完成车外螺纹工序，如图 3-3-15 所示。

6. 凸圆柱加工程序编制

航空件有 8 个小圆柱，放射状分布在一个圆柱外表面。加工过程可以细化为 8 个小圆柱的加工和圆柱之间的曲面加工。先加工圆柱之间的区域面，再依次加工小圆柱。

（1）圆柱之间的区域面加工

使用可变轮廓铣工序，选用 B6 立铣刀，在参数设置方面，【驱动方式】选择【曲线 / 点】，曲线选择做好的辅助线，如图 3-3-16 所示。【投影矢量】选择【刀轴】。在【刀轴】选项选择【远离直线】指定矢量选 X 轴正方向。主轴速度为 3 500，进给率的切削为 500，完成 1 个区域加工刀轨。通过【变换】复制刀轨，完成 8 个圆柱之间区域面加工刀轨，如图 3-3-17 所示。

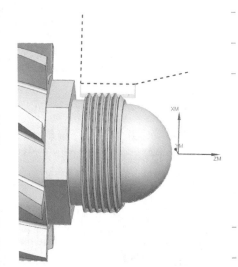

图 3-3-15　车外螺纹刀轨

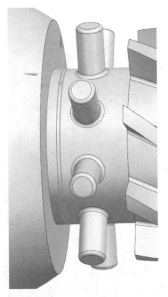

图 3-3-16　设置驱动曲线　　　图 3-3-17　圆柱之间区域面加工刀轨

（2）凸圆柱加工

使用深度轮廓铣工序，选用 B6 立铣刀，在参数设置方面，【指定切削区域】选择凸圆柱面。【刀轴】选择凸圆柱的旋转轴。主轴速度设为 3 500，进给率中切削设为 1 200，完成 1 个圆柱加工刀轨。通过【变换】复制刀轨，完成 8 个圆柱加工，如图 3-3-18 所示。

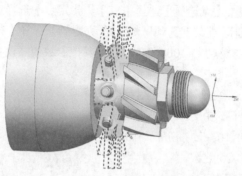
图 3-3-18　凸圆柱加工刀轨

7. 螺旋叶片加工程序编制

航空件有 8 个小螺旋叶片，需要先依次粗加工叶片，再精加工轮毂，最后依次精加工叶片，编程方法都是使用可变轮廓铣工序，但是刀轴设置不同。

（1）粗加工螺旋叶片

使用可变轮廓铣工序，选用 B6 立铣刀，在参数设置方面，【驱动方式】选择【曲面区域】，选择做好的辅助面，如图 3-3-19 所示。驱动设置中【切削模式】选择【往复】，【步距】选择【数量】，【步距数】为 10。在【刀轴】选项选择【4 轴，垂直于驱动体】。【多刀路】选项中【部件余量偏置】为 10，勾选【多重深度切削】，【步进方法】选择【增量】，增量值为 1。【部件余量】为 0.1。主轴速度为 3 500，进给率的切削为 800，完成 1 个螺旋叶片粗加工刀轨。通过【变换】复制刀轨，完成 8 个螺旋叶片粗加工，如图 3-3-20 所示。

图 3-3-19　设置曲面区域

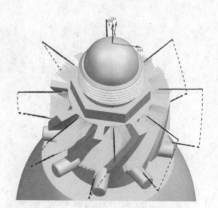
图 3-3-20　螺旋叶片粗加工刀轨

（2）精加工轮毂

使用可变轮廓铣工序，选用 B6R1 立铣刀，在参数设置方面，【驱动方式】选择【曲面区域】，选择做好的辅助面，如图 3-3-19 所示。驱动设置中【切削模式】选择【往复】，【步距】选择【数量】，【步距数】为 10。在【刀轴】选项选择【4 轴，相对于驱动体】（也可以选择 4 轴，垂直于驱动体）。主轴速度为 3 500，进给率的切削为 800。通过【变换】复制刀轨，完成轮毂精加工，如图 3-3-21 所示。

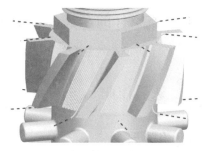

图 3-3-21　轮毂精加工刀轨

（3）精加工螺旋叶片

使用可变轮廓铣工序，选用 B6R1 立铣刀，在参数设置方面，【驱动方式】选择【曲面区域】，选择做好的辅助面，如图 3-3-22 所示。驱动设置中【切削模式】选择【往复】，【步距】选择【数量】，【步距数】为 20。在【刀轴】选项选择【远离直线】。主轴速度为 3 500，进给率的切削为 800，完成 1 个螺旋叶片精加工刀轨。通过【变换】复制刀轨，完成 8 个螺旋叶片精加工，如图 3-3-23 所示。

图 3-3-22　设置曲面区域

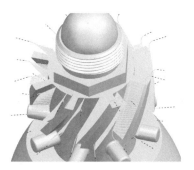

图 3-3-23　螺旋叶片精加工刀轨

8．六边形加工程序编制

使用实体轮廓 3D 工序，选用 B6R1 立铣刀，在参数设置方面，【指定壁】选择六边形的六个侧面。【刀轴】选择【+ZM 轴】。【多刀路】选项中【部件余量偏置】为 7，勾选【多重深度切削】，【步进方法】选择【增量】，增量值为 1。【部件余量】为 0.1。主轴速度设为 3 500，进给率中切削设为 600，完成六边形精加工，如图 3-3-24。

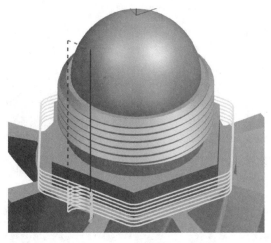

图 3-3-24　六边形精加工刀轨

学习笔记

航空件的车铣复合加工工单

航空件的车铣复合加工工单可扫描二维码查看。

● 文本

航空件的车
铣复合加工
工单

课后作业

● 源文件

环形基座

编程题

如图 3-3-25 所示的环形基座结构，进行多轴数控加工分析，制定加工工艺文件，使用 UG 软件进行数控编程，生成合理的刀路轨迹，后处理成数控程序。

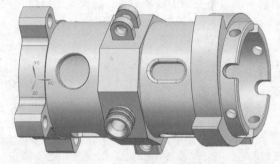

图 3-3-25   环形基座结构

▌自学自测参考答案

学习情境1任务1　自学自测答案

一、单选题

1.B　2.D

二、多选题

1.ABCDE　2.ABD　3.ABC

学习情境1任务2　自学自测答案

一、单选题

1.C　2.C　3.B　4.C

二、多选题

1.BCD　2.ABCD

三、判断题

1.√　2.×　3.√

学习情境1任务3　自学自测答案

一、单选题

1.A　2.D　3.B

二、多选题

1.ABCD　2.BCD　3.ABCD

三、判断题

1.√　2.×

学习情境2任务1　自学自测答案

一、单选题

1.B　2.C　3.A　4.A

二、多选题

1.ABC　2.ACD　3.AC　4.ABCD　5.AB

三、判断题

1.√　2.×　3.√　4.√　5.×

学习情境2任务2　自学自测答案

一、单选题

1.B　2.B　3.D　4.D

二、多选题

1.ABCD　2.AC　3.ABC　4.ABCD

三、判断题

1.√　2.√

学习情境2任务3　自学自测答案

一、单选题

1.B　2.C　3.A　4.C

二、多选题

1.BCD　2.BCD　3.ABCD　4.ACD

三、判断题

1.√　2.√　3.√　4.×

学习情境3任务1　自学自测答案

一、单选题

1.D　2.A　3.D

二、多选题

1.ABCD　2.ABCD　3.ABCD

三、判断题

1.√　2.√　3.√

学习情境3任务2　自学自测答案

一、单选题

1.B　2.A　3.C

二、多选题

1.ABCD　2.ABC

三、判断题

1.√　2.√　3.×

学习情境3任务3　自学自测答案

一、单选题

1.C　2.B

二、多选题

1.ABCD　2.ABCD

三、判断题

1.√　2.×

参考文献

[1] 张喜江. 多轴数控加工中心编程与加工 [M]. 北京：化学工业出版社，2020.

[2] 程豪华，陈学翔. 多轴加工技术 [M]. 北京：机械工业出版社，2019.

[3] 石皋莲，季业益. NX10.0 多轴数控编程典型案例教程 [M]. 北京：高等教育出版社，2019.

[4] 张浩，易良培. UG 软件多轴数控编程与加工案例教程 [M]. 北京：机械工业出版社，2021.

[5] 北京兆迪科技有限公司. UG 软件数控加工完全学习手册 [M]. 北京：机械工业出版社，2019.

[6] 何县雄. UG 软件数控加工编程应用实例 [M]. 北京：机械工业出版社，2018.